JN187075

新 大 橋（東京隅田）

木造から高張力鋼橋まで

東京の隅田川にかかる新大橋は歌川広重（1797～1858）「名所江戸百景」の中に「大はしあたけの夕立」として登場する．

「新大橋，両国橋より川下の方，浜町より深川六間堀へ架す．長さ凡そ百八間あり．……」とある．百八間をメートルに直すと 194 m の長さである．

新大橋は何度となく破損，流出，焼落を繰り返えした後，明治 18（1885）年に洋式の木橋に架け替えられる．明治 45 年（1912 年）には鉄製のピントラス橋として，現在の位置に生まれ変わった．橋長九二間三尺，幅九間三尺というから前より 30 m ほど短くなっている．

また，この橋の床は木造ではなくコンクリート製（鋼製との説もある）ということで，大正 12 年（1923 年）の関東大地震の際，隅田川の多くの橋は木床が焼け落ちて通行できなかったが，この橋だけは通行できたし，昭和 20 年（1945 年）の大空襲のときも焼けずに残り，多くの人命を救って「人助け橋」と呼ばれたという．

現在の新大橋は橋長 1 700 m，幅員 24 m の 2 径間連続斜張橋である．

図 1　歌川広重 作「大はしあたけの夕立」（東京富士美術館提供）

▼進化①

図 2　旧新大橋（出典：中央区フォトギャラリー）

▼進化②

図 3　現在の新大橋（昭和 52 年竣工）（著者撮影）

栗子（くりこ）トンネル（福島・山形）

馬車道からエクスプレスウェイまで

明治初期，当時アジア最長の約 870 m のトンネルを含む延長約 50 km，後に明治天皇に「萬世大路（ばんせいたいろ）」と名付けられた山岳ルートの道路工事は，明治 9（1876）年 12 月に山形県米沢側から着手された．しかし，岩質は硬く作業ははかどらず，当時世界で 3 台だけのアメリカ製の削岩機を輸入した．

こうして，栗子山隧道（すいどう）は明治 14（1881）年 9 月, 4 年 10 ヵ月の歳月をかけ完成した．

昭和初期，自動車交通時代への対応の必要から，萬世大路の改良工事が昭和 8（1933）年 4 月から 4 ヵ年間かけて行われた．改修後は自動車交通に適応し，福島～米沢間に戦後からは定期バスも運行された．

昭和 30 年代，再び近代的な道路に改修を迫られる．標高の高い山岳区間は，幅員狭小・急カーブ・急勾配の砂利道で, 冬期 5 ヵ月間は積雪のため通行不能だった．

昭和 41（1966）年 5 月，竣工式が行われ「栗子ハイウェイ」と名付けられた．

現在進行中の東北中央自動車道は，現在より約 190 m 低い位置を通過しており，福島～米沢間約 9 km のトンネルが，現栗子トンネルの真下に建設されている．完成すると東京湾アクアトンネルに次ぐ全国で 5 番目に長いトンネルとなる．

図 1　高橋由一 作　石版画「栗子隧道西口ノ図」
最高標高 880 m, 矩形断面幅員 5.5 m, 高さ 3.6 m, 素堀

▼ 進化①

図 2　国道 13 号線西栗子ハイウェイトンネル
最高標高 626 m, 真円断面, 幅員 8.0 m, 高さ 15 m, コンクリート巻立 TBM 工法
（米沢市役所企画調査部提供）

▼ 進化②

図 3　東北中央自動車道トンネル
最高標高 436 m, 真円断面幅員 11.2 m, 高さ 7.1 m, コンクリート吹きつけロックボルト，NATM 工法
（米沢市役所企画調査部撮影）

絵とき
構造力学

栗津清蔵 監修　石川　敦 著

はじめに

学生「『こうりょく』とか『こうりき』って，いったいどんな科目ですか.」

先生「『構造力学』（こうぞうりきがく）の略だから『構力』（こうりき）といいます. 大学や短大の『材料力学』,『応用力学』, 工業高校の『土木設計』や『建築設計』の基礎的な内容といってよいでしょう.」

学生「ところで先生,『構力』って卒業してから実際に役立つのでしょうか. 先輩の話だと, "現場ではあまり使わないよ" なんていっていましたけれど.」

先生「たしかに, 卒業後ただちに『構力』の計算をしたり, 設計したりすることはないと思う. また,『構力』を知らなければ仕事がまったくできないということもないだろう.」

学生「設計会社だって, いまは, どこの会社でも設計は PC でやってしまうんでしょう.『構力』の面倒な計算など必要ないように思いますけど.」

先生「そのように, PC みたいに, YES, NO と考えるのは短絡すぎるよ. ファジィでないとネ. そもそも, 力学は人間がこの世の中で経験したことを法則にまとめたものだから, 力学を知らなくても, 法則にかなったことを経験的に身につけていけば, 仕事に何ら不自由はないわけです. となると, 何かわけのわからない公式や数式だらけの『構力』など学ばなくても, と思われるかもしれないが, そうとばかりはいえません. やはり,『構力』を知ると, 知らないとでは違いがあります.」

先生は細長の厚紙を本と本との間にかけ渡し, その上に硬貨を１枚, ２枚と置き,

「このように硬貨をのせると, 厚紙は大きくたわんでしまいますね.」

つぎに, 同じ大きさの厚紙を∧形に折り曲げたものに硬貨をのせ,

「これだと, 同じ厚紙なのに, ちっともたわまないだろう.」

同じように凵形や筒形のものなど, つぎつぎと実験を公開.

「高々これだけなのに, 夕べ一晩かかってしまって寝不足気味かな.」

学生「よくできました.」（拍手）「ところで, いまの実験はどういう意味？」

先生「それじゃ，説明しよう.」（学生たちは身を乗り出す）

「つまり，同じ材質，同じ大きさの材料でつくったものでも，形によって強さが異なるということです．それは，断面の形には，『断面係数』」

学生「それきた！」

先生「まあ聞けよ．『断面係数』というのがあって，その値が大きいほど曲がりにくい，つまり，強い形ということなのです．だから，部材には『断面係数』の大きいものを使用するのです.」

学生「なるほど，これはファジィりました（恥入りました).」（笑い）

先生「どういたしまして．聞くのは一時（いっとき）のファジィ（恥）聞かぬは……ですネ.」

本書は，短大や工業高校の建設系学科の学生，生徒諸君が学ぶ基礎的知識を，各テーマごとにユニークなイラストを用いて，やさしく図解したもので，1998 年に発行した『絵とき　応用力学（改訂 2 版)』に加筆・修正を加え，近年のガイダンスに沿うよう「構造力学」と書名を変えて発行するものです.

本書はまた，このように初めて学ぶ人のために企画・執筆したものですが，学校を卒業し現場で活躍されているエンジニアの方々や建設系各種試験の受験者の方々にも，改めて“学生時代の復習”をするうえでお役に立つと考えています.

終わりに，本書の出版にあたり，いろいろとご尽力をいただいたオーム社書籍編集局の方々ならびにイラストを担当していただいた星野扶美氏に対し，心からお礼申し上げます.

2015 年 7 月

著者しるす

目　　次

1章　構造力学の基礎

2章　はりの計算

6章 トラス

7章 たわみと不静定ばり

1章

構造力学の基礎

土木工学の分野において，構造力学・土質力学・水理学の三つは同じ力を扱う科目として共通する面もあり，土木施設ならびに構造物の設計に必要な基礎的科目とされている．

これら三つの中の「構造力学」は，土木構造物が外力の作用を受けた場合，内部にどのような力を受けるか，またどのように変形するのかを研究する応用力学の一部門として，さまざまな土木構造物の設計に，直接役立てるための基礎科目である．

構造物の材料の強さや部材の変形など，力とのかかわり合いを調べることは，「力」という目には見えないものを扱っていくだけに，つかみどころがなく，理屈っぽいところが多いかもしれないが，学習の方法を基礎的な事項から一歩一歩正しく理解していくようにすれば，楽しく学んでいけるはずである．

材料の強さといい，部材の変形といっても，その「本当の主役は何なのか」．学習のはじめるにあたって，ここから基本をはっきりさせてみよう．そうすれば，君も土木技術者（Civil Engineer）の仲間入りというわけだ．

1 土木構造物のいろいろ

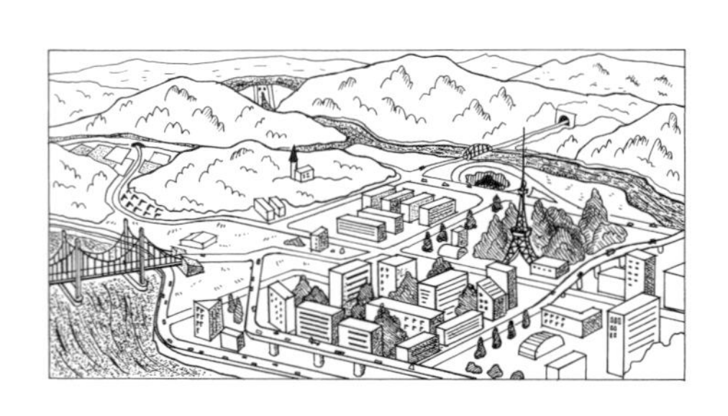

一般に社会基盤（Infrastructure）といわれる数多くの土木施設の中で，文明の発生は川からの歴史にしたがって，河川を最初に，砂防，港湾，発電水力，上水道，下水道，ダム，橋梁，トンネル，新交通システム，そして複合構造を取り上げる．

河川 Potamology

水害国日本にとって洪水から守るには河川の堤防は不可欠だ．その堤体を保護するための護岸工事がともなうが，魚類の棲息に象徴される自然環境との調和が求められる．

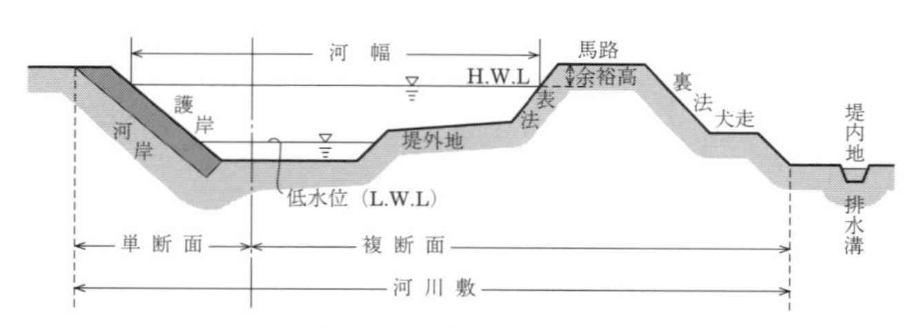

図 1·1　河川の横断図

雨水は河川に流れ込むが，大都市圏では山林などの緑地が少なく，道路もアスファルトで覆われているため，降雨は直接あるいは，下水管路を通してあっという間に，河川に流れ込む．その結果，一気に河川の水のかさが増して氾濫し，被害を及ぼすことがある．

図 1·2　多摩川の改修工事の一環として設けられた川崎河港水門

こうした問題を解決する役割を果しているのに**地下河川**というものがある．降雨は地上に設けられた堰から地下河川に流れ込み，その下流でポンプによって海に排出される．

砂　防
Wildbacherbauung

河川の氾濫は豪雨と山地の荒廃によって起こるのだから，緑化安定の造林事業と土木工事としての砂防といわれる土砂や岩石の流出を押えるダム（砂防ダム）が必要とされる．

図 1･3　砂防ダム

砂防ダムは土石流といわれるような土砂の集合的な運搬を分散させ，土石流の持つ衝撃力を緩和させる働きをする．また，山津波は山崩れによって直接生じる土石流のことをいい，一般に土石流よりも規模が大きくなる傾向にある．なお，砂防ダムに対する次のような問題点も指摘されている．

（1）　環境破壊

（2）　コストが高い

（3）　災害防止効果への疑問

などである．

港　湾
Harbour

河川文化の次は海港文化であって，世界各国の交易の玄関口は「**港湾**」である．船の発着の安全のためには種々の交通連絡設備が必要である．こうした港湾業務のほかにわれわれの生活は海と密接にかかわっている．たとえば東京湾横断道路や東京湾岸の横浜ベイブリッジなどの連絡，さらに関西空港も海上に建設されている．漁港も数多く，そのための海岸保全や防波堤も大切な海の構造物である．とりわけ，海底地震や地殻変動により起こされる津波といえば，東日本大震災後，その対策が重要な国家的課題となっている．

図 1･4　横浜港　象の鼻防波堤
（出典：横浜市港湾局 HP）

図 1･5　防潮堤
（出典：CIVIC FORCE HP）

発電水力 Hydro-electric Engineering

高所にある河川および湖沼の水を水路に導いて急に低い所に水圧鉄管を通して落下させる．その落下の射流または水圧で水車を回転し発電機に直結して電気を起こす．

図 1·6　ダム式発電

これを**水路式**といっている．ほかに河川ダムで締め切って水を貯え，その水面下の水圧管を発電所内の水車に通して発電する．これを**ダム式**という．さらに，満干潮の差の大きな所では潮力発電および風力発電も行われる．

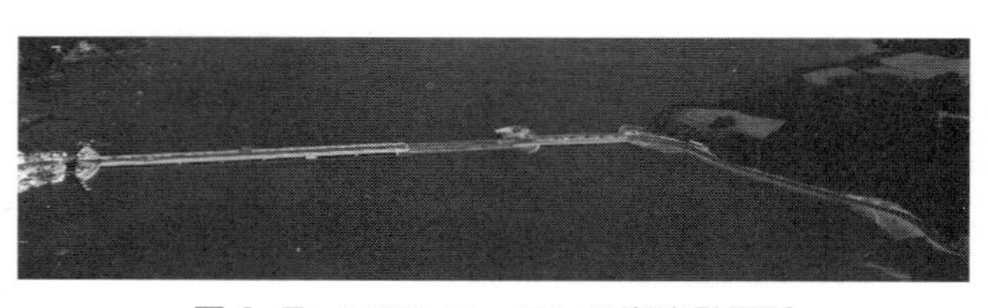
図 1·7　フランス・ランス潮汐発電所
最大出力 240 MW，1 日 6 時間ないし 16 時間運転可能で，年間発電力は 5.44 億 kW（出典：冊子「L'USINE MAREMOTRICE DE LA RANCE」）

上水道 Water Supply

古代ローマでは谷川からローマの町へ引いた水道はアーケード（アーチ）の上を流れるようになっていて，人々はその下をくぐるようになっていた．BC305 年に完成したこの橋を人々は「アッピアの水道橋」と呼んだ．

現代の水道は自然水を浄化するために多くのプロセスを通じて供給される．

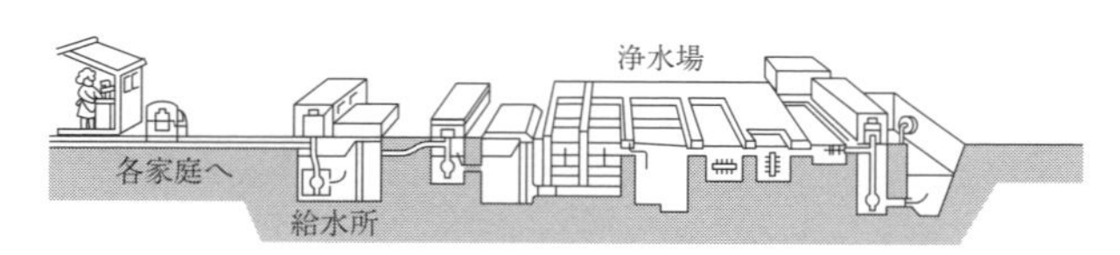

図 1·8　水源から家庭までの上水道の経路

下水道 Sewage

下水のできるところの家庭と工場の排水を合わせて**汚水**というが，雨水と地下水も合流して下水総量となる．**下水**は処理場に導かれて病原菌を撲滅して無害にし，再生水としてトイレや噴水に利用されるほか，海や川へ流される．下水道施設は，管路，中継ポンプ場，終末処理場などから構成されている．

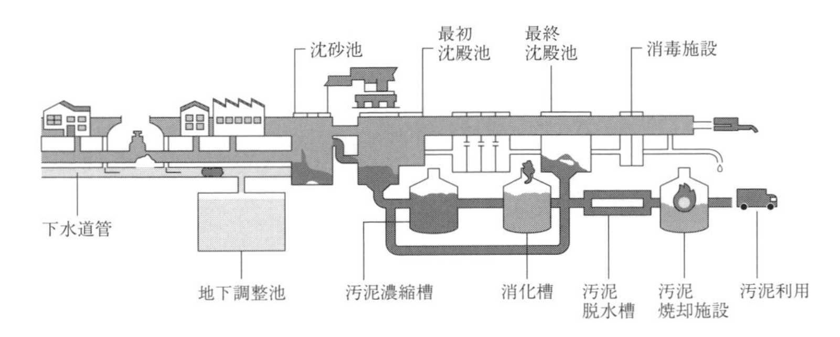

図 1·9 家庭からの再生水までの下水道

ダム Dam

ダムは，流水を調節，利用するために河川を横断してつくられる高さ 15 m 以上の構造物をいう．ダムは材料によって，コンクリートダムとフィルダムに大別される．コンクリートダムは水圧の支え方によって重力ダム，アーチダムなどに分けられる．また，フィルダムは土を用いるアースダムと岩を用いるロックダムに分けられる．

重力ダムはコンクリートの自重で水圧に耐える形式である．底面の岩盤に充分な強度が要求される．フィルダムは重力ダムと同原理だが，材料がコンクリートでなく，土や岩石なので堤体の斜面をゆるくし，底面積が大きくなるため基礎にかかる力が分散されるので，あまり強度のない

図 1·10 木津川流域高山ダム
洪水調節をはじめ水道用水ならびに発電（最大出力 6 000 kW）
（出典：冊子「木津川ダム統合管理所概要」）

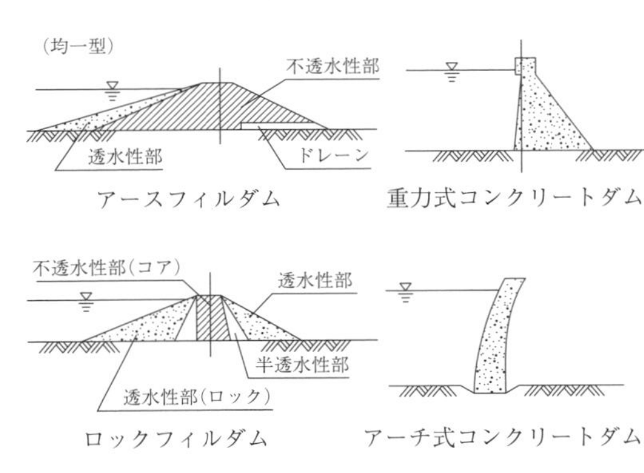

図 1·11

岩盤上にもつくることができる利点がある．

橋　梁
Bridge

河川・海峡・交通路などを横断して人・自動車などを対岸に渡すための構造物を**橋**という．

現存の橋では 2 000 年前のローマの水路橋や陸橋があるが，19 世紀に入って鋼材および鉄筋コンクリートが用いられるようになって，力学的に橋梁技術が大きく進歩した．

橋梁の型式としては桁橋（Beam bridge），トラス橋（Truss bridge），アーチ橋（Arch bridge），ラーメン（Rahmen），吊橋（Suspension bridge），斜張橋（Cable stayed bridge）などが代表的であるが，鉄筋コンクリートの橋といっても，PC（Prestressed Concrete）といって，あらかじめ外力による応力を打ち消すように，逆方向の応力を与える方式の部材を主桁や床版に用いる PC 橋もある．なお，ついでに近年になって斜張橋が広く用いられるようになっているが，これにはコンピュータの進歩が大きく寄与していることをつけ加えておく．

図 1·12　横浜ベイブリッジ
上下 2 層の道路橋で上層は首都高速湾岸線，下層は国道 357 号線，3 径間連続トラス斜張橋
（出典：冊子「横浜ベイブリッジ」）

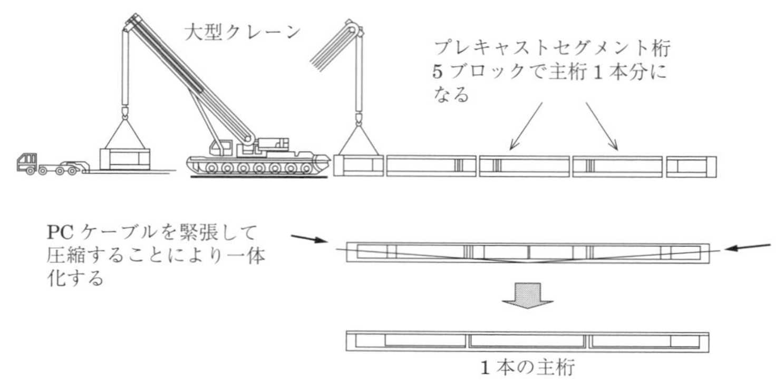

図 1·13　PC 橋主桁の「プレキャストセグメント方式」による施工順序

図 1·14　東北中央自動車道元立橋（上部工設置中）
橋長 37.4 m，有効幅員 13.5 m
上部工：PC 単純テンションョニングバルブ T 桁橋　下部工：逆 T 式橋台
（山形河川国道事務所提供）

トンネル Tunnel

トンネルは橋梁とともに道路・鉄道および通水などの連絡をするものである．トンネルは直線に延ばすのが測量も施工も都合がよいが，曲線のもある．勾配は排水上，トンネルの中央辺か高い方がよい．水路のトンネルは片勾配となる．断面形はトンネルの種類や地盤の質等によって異なるが，上半単芯円が上半 3 芯円が多い．

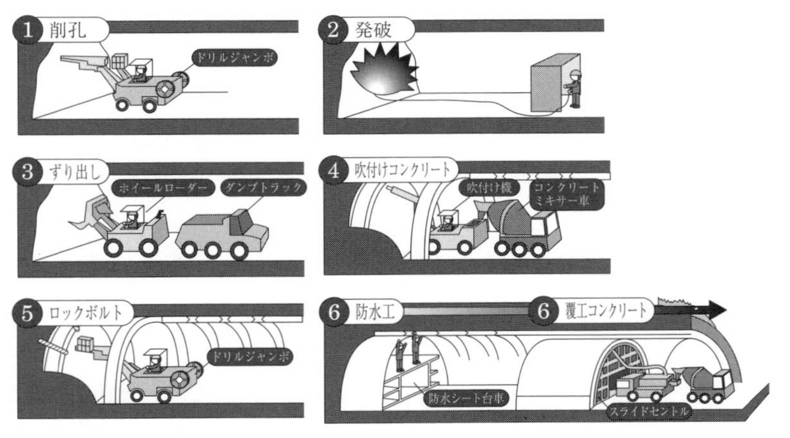

図 1·15

一般にトンネルというと，鉄道や道路となるが，目的地に速く着くために最短距離でトンネルがつくられる．都市の地下には，地下鉄のトンネル以外にも，多くのトンネルがあり，建設も進んでいる．たとえば，河川の氾濫による災害が発生する．治水対策の一つとして，地下河川トンネルがつくられている．

さらに，電力，ガス，通信などの施設が，地下の特性をいかして，トンネル化され，社会を支え発展に役立っている．

図 1·16 (a)　掘削作業
(出典：仙台河川国道事務所 HP)

(b)　支保工作業

新交通システム Automated Guideway Transit

都市交通は都市における経済活動や市民生活を支える重要な基盤施設である．しかし，近年の交通需要の増大により交通施設の不足や環境の悪化などの問題が生じている．

都市交通施設の整備についての社会要請の面から，路面交通混雑の影響を受けない公共機関として，都市高速鉄道（地下鉄など）があるが，建設コストおよび運営費が高いこともあって，それよりコストが低廉で簡便な，いわゆる新交通システムが期待を集めている．

図 1·17 (a)　モノレール
(出典：「土木技術」1987.12)

複合構造 Hybrid structure

複合構造とは複数の材料を組み合わせた合成構造と異種部材を連結した混合構造の総称である．

合成構造の例としては，鉄骨を鉄筋コンクリー

(b)　リニアモーターカー
（出典：山梨県立リニア見学センター HP）

ト（RC）部材に入れた「鉄骨鉄筋コンクリート（SRC）」，鋼桁とその上に置かれる RC 床版もしくは PC 床版を接合した「鋼コンクリート合成桁」などがある．

混合構造としては，柱に圧縮に強い RC 部材，SRC 部材，CFT（コンクリート充填鋼管）部材などを用い，梁として鋼構造や PC 部材を用いた「梁部材と柱部材の混合構造」，複合斜張橋のように，梁の一部分に鋼構造，他の部分に RC 構造あるいは PC 構造を用いた「梁部材と梁部材の混合構造」などがある．

以上のようなさまざまな土木施設をつくり出し，利用するプロセスは，図 1·18 のような作業の積み重ねであり，繰り返しである．

図 1·18 に示すすべてのプロセスを通して最新の技術と成果を使うのはもちろん，景観，環境，造形などの専門家や利用者・市民の参加する機会がどんどん増える傾向にあるのが，わが国の今日の姿と言えよう．

調査・企画 ➡ 計　画 ➡ 設　計 ➡ 建設施工 ➡ 供　用 ➡ 維持管理 ➡ 評価更新

図 1·18

2 宇宙にその謎を追え

力の発見者ニュートン

世の中には，力と名のつく言葉が驚くほど多い．権力・財力といったものから，学力・能力といったものまで実にさまざまである．

このような力に関心を持つ諸君も多いことと思うが，残念ながら，こういった力は構造力学の対象とはしない．われわれの扱う力は，構造物に作用する力である．橋の上を通る自動車や列車の重み，ダムでたくわえられた水の圧力，トンネルのまわりの土の圧力，大災害をもたらすおそろしい地震，これらは，いずれも構造物を動かし，形を変える働きをする力である．

さて，そのような**力**とはいったい何か．力については，太古の昔からいろいろと考えられてきた．あるときは，神であり霊魂であった．また，あるときは悪魔でもあった．

これを現代の科学としての力学にまとめあげたのが**ニュートン**（アイザック・ニュートン 1642～1727）である．もともとニュートンは天文学の研究をやっていて，ガリレオやデカルトの天体の運動の原理からニュートン自身の「運動の法則」を作った．これが**ニュートンの法則**といわれるものである．

ニュートン
（英国ケンブリッジ大学）
（著者撮影）

物体にある作用が働き，その物体がある加速度で動きだす．そのような動きを起こすのは，その物体の質量 m とそのときの加速度 α をかけた値を持つ，力というものである．というのがニュートンの**運動の方程式**である．

〔物体の質量〕×〔加速度〕=〔物体に働く力〕

$$m\alpha = F \quad (1\cdot1)$$

ここで，質量 m とは物体の動きにくさと考えておこう．加速度 α は速度の変わり方で，車のアクセルを踏むと速度が上がる．その加速度のことである．

重さは力である

さあ，これからはわれわれの住んでいる地球をいったん離れて，宇宙への旅に出よう．

宇宙船は地球を周回している．船内では鉛筆は落ちていかない．目の前に浮遊している．鉛筆だけでなく，すべて無重量状態である．

地上では，大きさの違う鉄の玉を持ったときの手ごたえは，大きい玉は大きく，小さい玉は小さい．つまり，玉の大きさと手ごたえには対応があった．宇宙船内では，大きい玉も小さい玉もともに浮遊しており，玉の大きさと手ごたえに対応はない．ここで，玉の大きさをそれに含まれる「**原子の数の多少**」と考えることにしよう．すなわち，「原子の数の多少」と「手ごたえ」とは区別しなければならない．

こうして，「原子の数の多少」に相当する量を「**質量**」，「手ごたえ」に相当する量を「**重さ**」と呼ぶのである．このように，「質量」と「重さ」は異なるものであるが，密接な関係もある．これを式に書くと，次のようになる．

〔質量〕×〔場所で変わる係数〕=〔重さ〕

ここで，〔場所で変わる係数〕を g，質量を m で表すと重さ W は

$$mg = W \quad (1\cdot2)$$

となる．式（1·1）と見比べると，〔場所で変わる係数〕の g は，物体に生じる〔加速度〕であり，**重力の加速度**と呼ばれる．この地上での標準値は 9.81 $\mathrm{m/s^2}$（くわしくは 9.806 65 $\mathrm{m/s^2}$）で，宇宙船内では 0，月面上では地上の 1/6 である．

このように，地球上の物体に働く重力の大きさあるいは重さは，実は地球の引力であって，ふつうの力のように物体に直接作用しているわけではないから，例外ではあっても電気力や磁気力と同様に，同じ**力**なのだということである．

なお，同じ地上では重力の加速度が一定（平均値であるが）なので，質量が等しければそれらの物体に働く重力の大きさ，すなわち重さはみな等しくなる．

3 情報は三つ

力の三要素と単位

これまで,「力」,その正体を探し求めてきたが,いぜんとして,「力とはこれだ」と見せるようなわけにはいかない.目に見えないものであることには変わりはない.そこで力を目でわかるように表すにはどうすればよいかを考えてみよう.

いまマッチ箱を図 1·26 のように,鉛筆の先で押してみると,押す力の大きさによってマッチ箱の動きは異なる.また,同じ大きさでもその作用位置によって,さらにまた作用の方向と向きによっても異なることがわかる.だから,まず力を表すにはそのように**大きさ**,**作用点**,**方向**の三つの情報が必要といえる.これを力の**三要素**といっている.

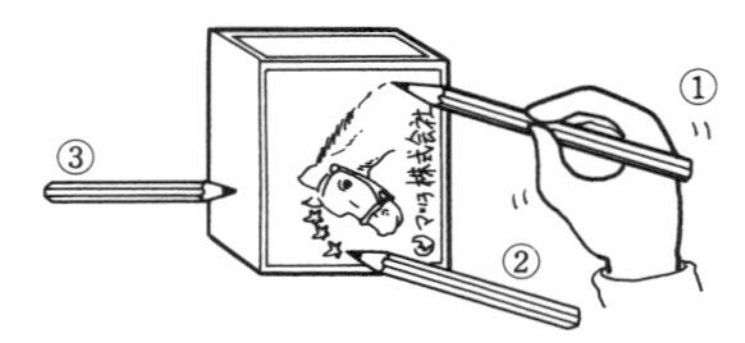

力① で倒れる
力② 力①と同じ大きさ,方向,向きでも作用点が低いと倒れない.
力③ 力①と同じ大きさでもこの方向では倒れない.

図 1·26 力の三要素

次へ進む前に,ここで力の単位について説明しておこう.工学の分野では,国際単位系が採用される前まで力の単位として「**力の重力単位**」を用いてきた.質量 1 kg の物体に働いている重力を 1 kg 重の力と決めると,この 1 kg 重の力にさからって,この物体をささえておくための上向きに加えなければならない力の大きさも,やはり 1 kg 重の力である.1 kg 重の力は 1〔kgf〕と表してきた.これに対し,ニュートンの運動方程式によると,**力は物体の質量 m〔kg〕にその加速度 α〔m/s²〕をかけたものであるから,力の単位は〔kg·m/s²〕となる.このときの単位〔kg·m/s²〕を〔N〕(ニュートン)といい**,これが現在用いられている**国際単位系(SI と略称)**における力の単位である.重力単位の〔kgf〕と SI 単位の〔N〕との間には,次の関係がある($1\,\mathrm{N} = 1\,\mathrm{kg} \times 1\,\mathrm{m/s^2} = 1\,\mathrm{kgm/s^2}$).

$$1〔\mathrm{kgf}〕= 9.806\,65〔\mathrm{N}〕 \tag{1·3}$$

すなわち，質量 1 kg の物体に働く重力の大きさは，質量 1 kg に重力の加速度 $\boldsymbol{g}$ の標準値 9.81 m/s^2 をかけて 9.81〔kg·m/s^2〕= 9.81〔N〕となる．

見えない力は図で示す

構造力学では，計算だけでなく図形を描いて解く方法も用いられる．力を図に表すには，その大きさを線分の長さで，作用点，方向を，その線分と先につけた矢印で示せばよい．力の作用点を通って，力の方向を示す線を**作用線**といい，力の大きさは適当な**力の尺度**を決める．

物体に作用する力は，図 1·27（a）のように，点 O から作用線上のある点 O′ に移すことができる．また，力と物体の関係で，図（b）のように，物体 A に B から力が作用するとき，力を必ず A の近くに描き，また A から B に作用する力は A の近くには描かないことになっている．また，構造力学では，力を単純化して考えることが多い．図（c）の象を例にとって説明すると，象の前足と後足にかかる体重は，一本化して象の重心にかかると考える．

O′ に力 OA と大きさ等しく，向きの反対な 2 力を加えると，OA と O′A′ はつりあうからこの 2 力を取り除いても影響がない．残るのは O′A′で，力 OA を O′ に移したことになる．

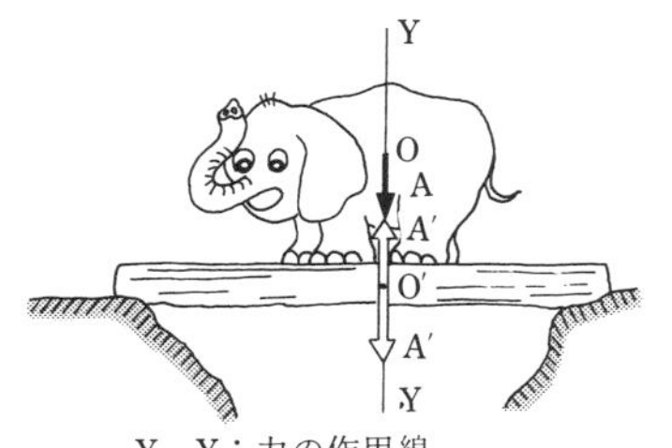

Y－Y：力の作用線
O′A′：OA と等しい大きさの力

（a）

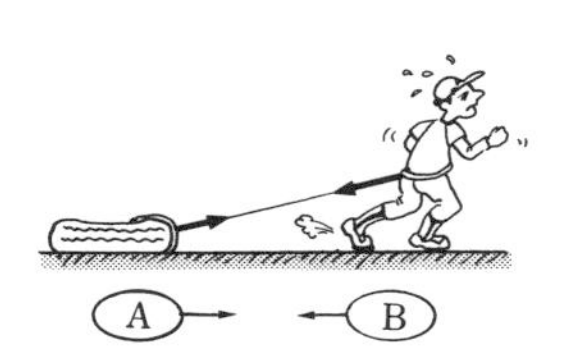

A は→で引かれている

A は←で押されている

（b）

（c）

図 1·27　力の図示

4 パチンコの威力

力の平行四辺形

子供の遊び道具のパチンコは，小枝にとりつけられた2本のゴムひもを引張ったとき，ひもがもとに戻ろうとする二つの力が，一つの力となって小石をはじき出す．

このように，二つ以上の力は，結果において，同じ効果を与える一つの力におきかえられる．このおきかえられた力を**合力**といい，その合力がどのような大きさで，どのような方向に，どの点に作用するかを求めるのが**力の合成**である．

いま，図1･28のように，同じ作用線上にはない2力 $P_1 = 120$ kN, $P_2 = 80$ kN の合力 R は，それぞれ力の尺度として，3 cm と 2 cm で表し P_1 と P_2 を2辺とする平行四辺形の対角線の長さから大きさが求められる．また，方向は矢印，作用点は2力と同じ点Oである．次に，これを計算で求めるとどうなるだろうか．

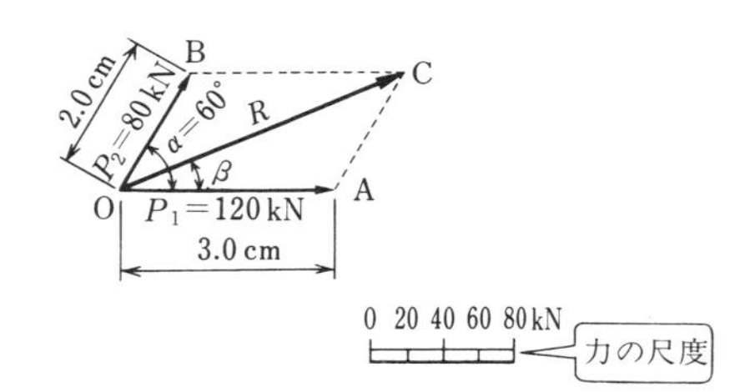

図1･28　力の平行四辺形

図1･29に示すように，直交する x, y 二つの軸をとり，P_1 と P_2 の x, y 方向の成分を求めると，次のようになる．

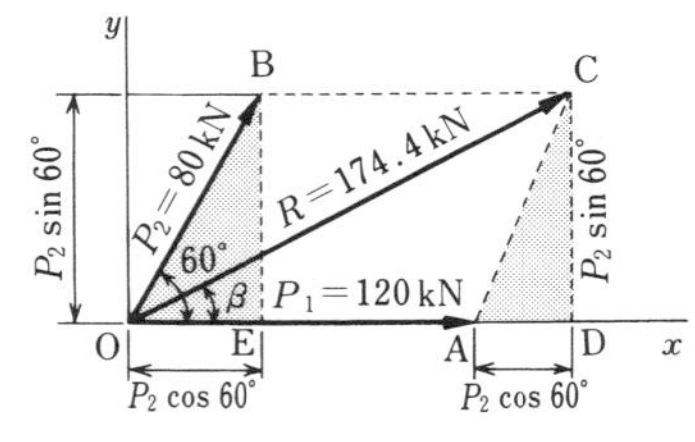

図1･29　2力の合成

P_1 の y 方向の成分はなく x 方向の成分 OA $= P_1 = 120$ kN

P_2 の y 方向の成分 CD $=$ BE $= P_2 \sin 60° = 80 \times \sin 60° = 69.28$ kN

P_2 の x 方向の成分 AD $=$ OE $= P_2 \cos 60° = 80 \times \cos 60° = 40.00$ kN

x 方向の成分の合計を ΣH, y 方向の成分の合計を ΣV とすると

$\Sigma H = \mathrm{OA} + \mathrm{AD} = 120 + 40 = 160$ kN　　$\Sigma V = \mathrm{CD} = 69.28$ kN

となる．ここで，合力の大きさ R は

$$R^2 = \mathrm{OD}^2 + \mathrm{CD}^2 = (\Sigma H)^2 + (\Sigma V)^2$$

$$R = \sqrt{(\Sigma H)^2 + (\Sigma V)^2} = \sqrt{160^2 + 69.28^2} = 174.4\ \mathrm{kN}$$

となる．次に，合力の方向は，x 軸に対し β 度とすると

$$\tan\beta = \frac{\Sigma V}{\Sigma H} = \frac{69.28}{160} = 0.433\,0 \quad \left(\beta = \tan^{-1}\left(\frac{69.28}{160}\right) = 23°24'45''\right)$$

ここで，β は電卓か三角関数表（p.101）から，$\beta = 23°25'$ となる．

よって，合力 R は，O 点に大きさが 174.4 kN，x 軸と 23°24′ の方向で矢印の向きに作用する．

一般に，**1 点に作用する 2 力**を合成するには，図 1·30 のように，2 力の作用点 O を原点とする直交軸 x，y をとり，P_1，P_2 の水平分力を求め，2 力の**水平分力**の合計を ΣH，**鉛直分力**の合計を ΣV とすると，合力の大きさ R と x 軸に対する合力の作用線の角度 β は次の式から求めることができる．このとき，右向きや上向きに作用する力を正，その反対に作用する力を負とすると，ΣH および ΣV の符号から，合力の方向が判断できる．

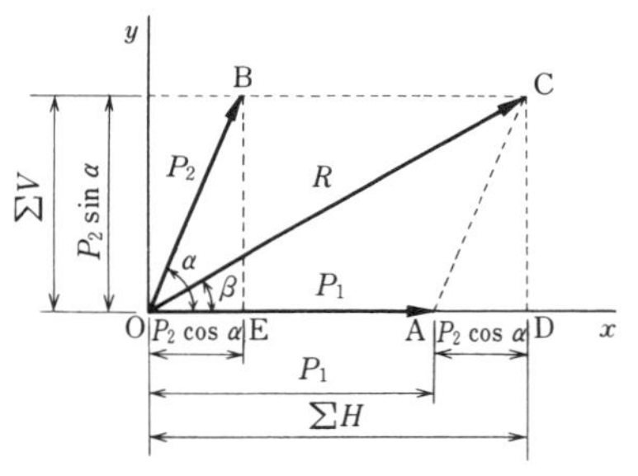

図 1·30　1 点に作用する 2 力の合成

$$R = \sqrt{(\Sigma H)^2 + (\Sigma V)^2} \qquad \tan\beta = \frac{\Sigma V}{\Sigma H} \qquad \left(\beta = \tan^{-1}\frac{\Sigma V}{\Sigma H}\right) \qquad (1·4)$$

No. 1　合力の大きさと方向を求めてみよう

図 1·31 のように，$P_1 = 120$ kN と $P_2 = 80$ kN の 2 力がたがいに直角に作用するときの合力 R の大きさと方向を求めよ．

〔解〕

$\cos\alpha = \cos 90° = 0$ であるから

$\mathrm{AD} = P_2 \cos 90° = 0$

$\sin\alpha = \sin 90° = 1$ であるから

$\mathrm{CD} = P_2 \sin 90° = P_2 = 80$ kN

$\Sigma H = \mathrm{OA} = 120$ kN　　$\Sigma V = \mathrm{OB} = 80$ kN

$$R = \sqrt{(\Sigma H)^2 + (\Sigma V)^2} = \sqrt{120^2 + 80^2} = 144.2\ \mathrm{kN}$$

$$\tan\beta = \frac{\Sigma V}{\Sigma H} = \frac{80}{120} = 0.666\,7$$

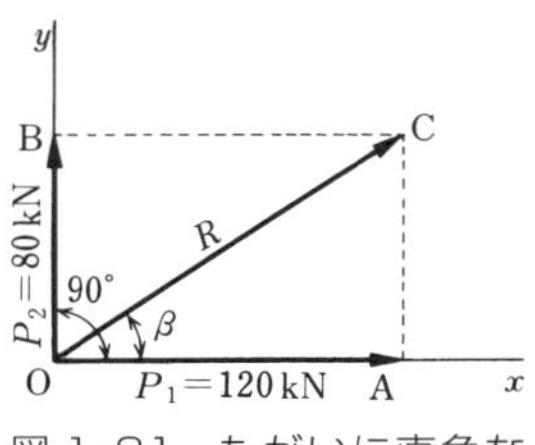

図 1·31　たがいに直角な 2 力の合成

$$P=\tan^{-1}\left(\frac{80}{120}\right)=33°41'24''$$

よって，$\beta=33°41'$ となる．したがって，合力 R は点 O に大きさ 144.2 kN で，x 軸に対し $33°41'$ の方向に矢印の向きに作用する．

これまでは，1 点に作用する 2 力の合成について学んできたが，次に**1 点に作用する多数の力の合成**について学習しよう．

図 1·32 のように，1 点 O に 3 力が作用するときの合力の大きさと方向を求めてみよう．直交軸 x，y を図のようにとり，これら 3 力の各水平分力の和 ΣH を求めると

$$\Sigma H=\overrightarrow{30}\times\cos 60°-\overleftarrow{40}\times\cos 30°+\overrightarrow{20}\times\cos 45°$$
$$=-5.498\ \text{kN}$$

また，3 力の各鉛直分力の和 ΣV を求めると

$$\Sigma V=\overset{\uparrow}{30}\times\sin 60°+\overset{\uparrow}{40}\times\sin 30°-\overset{\downarrow}{20}\times\sin 45°$$
$$=31.84\ \text{kN}$$

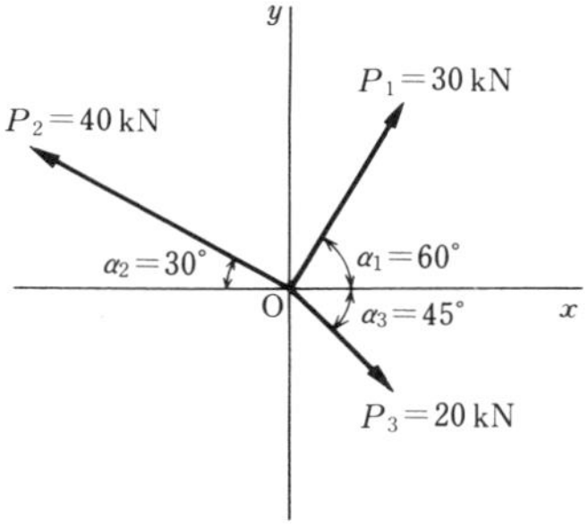

図 1·32　1 点に作用する多数の力の合成

したがって，合力 R の大きさは

$$R=\sqrt{(\Sigma H)^2+(\Sigma V)^2}$$
$$=\sqrt{(-5.498)^2+(31.84)^2}=32.31\ \text{kN}$$

また，x 軸に対する合力 R の作用線の角度 β は

$$\tan\beta=\frac{\Sigma V}{\Sigma H}=\frac{31.84}{5.498}=5.791\qquad \beta=\tan^{-1}\left(\frac{\Sigma V}{\Sigma H}\right)=80°12'11''$$

よって，$\beta=80°12'$ で，ΣH が負，ΣV が正であるから，合力 R は図 1·33 に示すような方向になる．以上の結果から，合力 R は，原点 O に大きさ 32.3 kN で，x 軸に対し $80°12'$ の方向に矢印の向きに作用する．

このように，三つの力が 1 点に作用するときも，式(1·4)が適用できる．一般に，1 点に作用する多数の力の合成は，式(1·4)によって求められる．

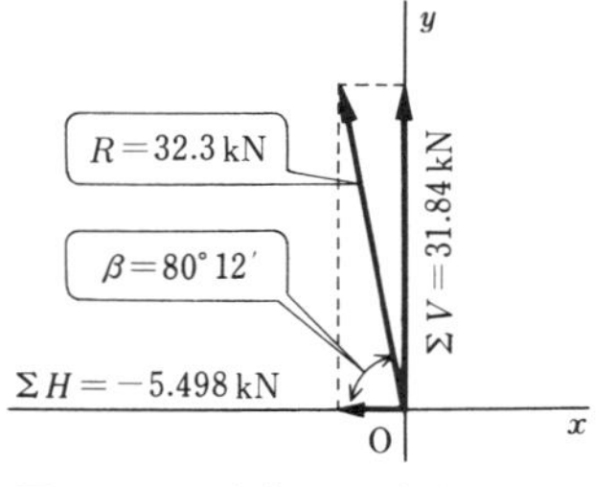

図 1·33　合力 R の方向と向き

合力の通り路はどこ

構造物の受ける力は，一般に，その大きさ，方向そして作用点はまちまちであるから，**1 点に作用しない力の合成**を学ぶことにしよう．

図 1·34 のような 2 力の場合，前節で学んだように作用点を作用線上の別なところに移してもかまわないから，力 P_1 と P_2 をそれぞれの作用線の交点に移してやると，力の平行四辺形から合力は求められる．力はいくつあっても，この方法を繰り返していけばよい．次に図 1·35 のような連力図を説明しよう．

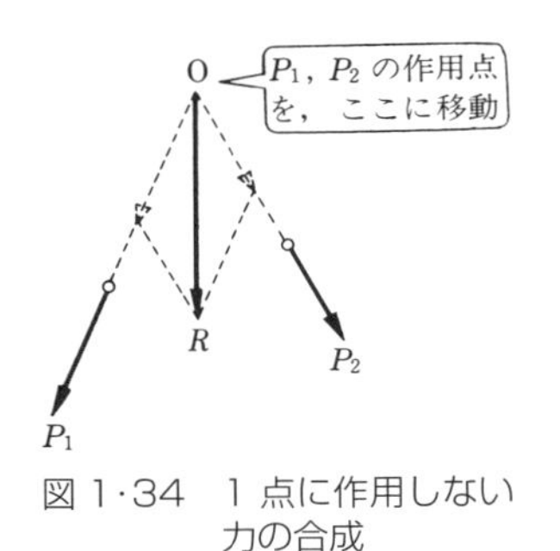

図 1·34　1 点に作用しない力の合成

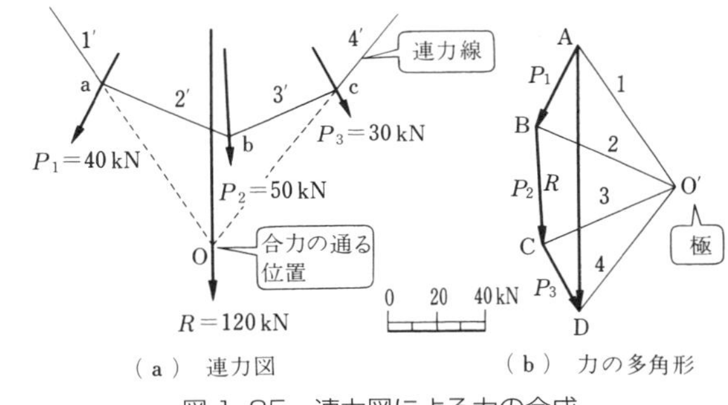

（a）連力図　（b）力の多角形

図 1·35　連力図による力の合成

(1)　P_1，P_2，P_3 のおのおのの力に平行に，同じ大きさで P_1，P_2，P_3 を連結する．このとき，始点 A と終点 D とを結んだ線が合力 R の大きさと方向を示し，向きは矢印である．この多角形 ABCD を**力の多角形**という．

(2)　力の多角形の右側どこでもよい，点 O′ をとり，この O′ と各力の始点・終点を結び，これを直線 1，2，3，4 とする．

(3)　直線 1 と平行に図 (a) のように直線 1′ を引き，力 P_1 の作用線との交点を a とする．

以下同じようにして，直線 2′，3′，4′ を引き，最初の線 1′ と最後の 4′ をそれぞれ延長し，交点 O を求めると，これが合力 R の通る位置である．

(4)　図 (b) の R を，図 (a) の点 O を通るように，そっくりそのまま移せば，これが求める合力である．

ここで，図 (a) の折れ線 1′，2′，3′，4′ を**連力線**といい，図 (b) の O′ 点を**極**という．図 (b) で力 P_1，P_2，P_3 の順序を変えても，また極 O′ の位置を変えても，合力の作用線の位置は変わらない．

5 驚異の卵乗り

一つの力を2方向に分ける

卵の形は，力学的に大変じょうぶな構造をしている．それは，卵の上から加えられた力は放射状に分解されて，殻を伝わっていくからである．そのようなとき，その分けられた力を**分力**，分力を求めることを**力の分解**という．

図1·36（a）のように卵の上に人間が乗ったとき，体重を卵1個の負担する力 p が卵に働き，それが，θ の角度で p_x，p_y の2力に分けられるというわけである．このような分力を求めるのに，力の合成で学んだ力の平行四辺形が使える．

図1·36（b）において，力 P を x，y 方向に分解してみよう．

点Aから x 方向に下ろした垂線の足をA′とすると

$$AA' = P\sin 30° = P_y \sin 60°$$

よって $$P_y = \frac{P\sin 30°}{\sin 60°} = \frac{600\times\sin 30°}{\sin 60°} = 346.4\ \mathrm{N}$$

また，$OA' = OB + BA' = P_x + P_y\cos 60° = P\cos 30°$

よって $$P_x = P\cos 30° - P_y\cos 60° = 600\times\cos 30° - 346.4\times\cos 60° = 346.4\ \mathrm{N}$$

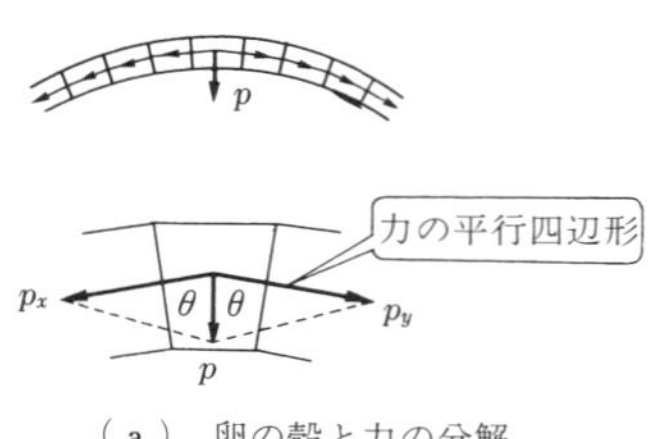

（a） 卵の殻と力の分解

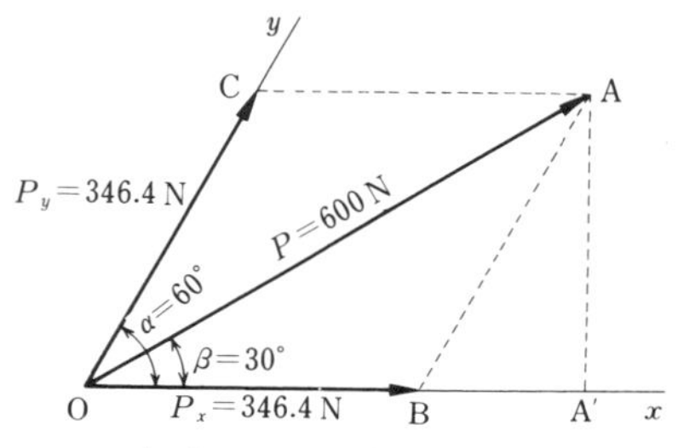

（b） x, y の2方向の分力

図1·36 一つの力を2方向に分解

となる．

一般に力 P の，角度 β，α をなす x，y 2 方向の分力 P_x，P_y は次式で表される．

$$P_y=\frac{P\sin\beta}{\sin\alpha} \qquad P_x=P\cos\beta-P_y\cos\alpha=\left(\frac{P\sin(\alpha-\beta)}{\sin\alpha}\right) \tag{1·5}$$

多数の力を *x*, *y* の 2 方向に分ける

多数の力を 2 方向に分解するには，それらの力の合力を求め，この合力を 2 方向に分解すればよい．

図 1·37 のように，三つの力 P_1，P_2，P_3 を x，y 方向に分解してみよう．

（1）　連力図によって合力 R を求める．

（2）　図（b）で，力の多角形の始点と終点から x，y の方向線に，それぞれ平行線を引き，その交点 O″ を求め，x，y 方向の分力 P_x，P_y の大きさと方向を求める．

（3）　図（b）で点 O″ と点 O′ を結び，この線 z に平行な線 z′ を図（a）に描き 1′ 線，2′ 線と交わった点を m，n とすると，P_x は点 m，P_y は点 n を通ることになる．

（4）　図（b）の P_x，P_y を図（a）に移す．

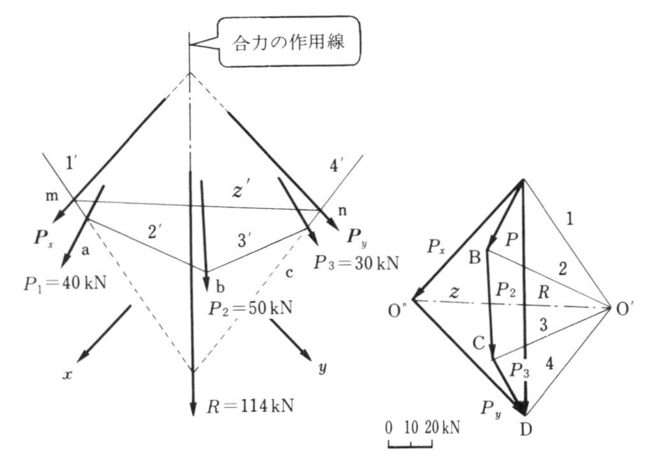

（a）　連力図　　（b）　力の多角形

図 1·37　連力図による力の分解

6
技術文明 “てこ” に始まる

力のモーメント

世界でいちばん古い文明を切り開いたエジプト人たちは **“てこの原理”** を応用して，はねつるべをつくり，ナイル川のほとりから高地へ水をくみ上げた．てこは人類が最初に使った道具の一つだった．

てこの原理というのは，図 1･38 のように一つの支点でささえられた 1 本の棒の，長い方の端を下に押すと，短い方の端に，支点からの距離に反比例して大きな力が上向きに作用させることができるというものである．

棒には，支点を中心に棒を右まわりに回転させようとする力Pと，左まわりに回転させようとする力Wが働いていて，この二つのモーメントがつりあっている．

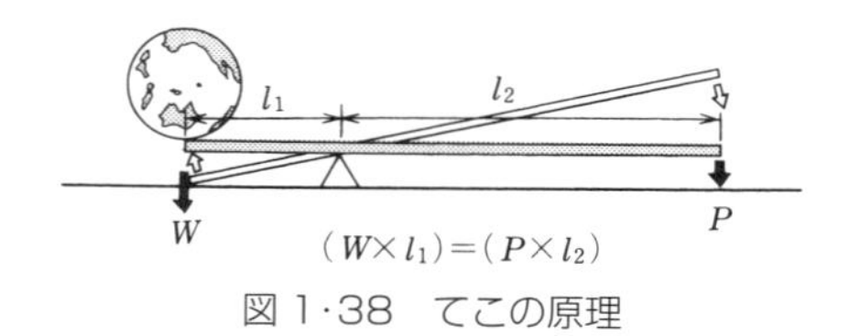

図 1･38　てこの原理

ここで，**力のモーメントというのは，物体を支点のまわりに回転させる力の働きで，力の大きさと支点までの距離をかけたものである**．この場合，距離というのは，回転中心から力の中心までの距離のことで，力の作用線上では，回転させる働きは起こらない．

力のモーメントの計算では，図 1･39 のように力が作用する場合，**時計まわりに回転させようとするものを正（＋），反時計まわりに回転させようとするものを負（－）** と約束する．

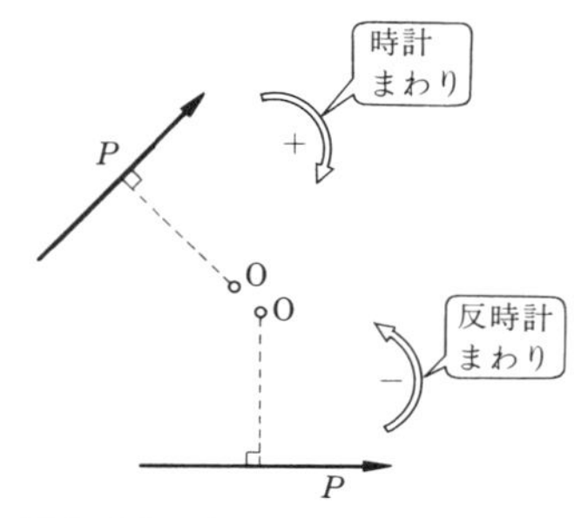

図 1･39　力のモーメントの正，負

力のモーメントは，〔**力**〕×〔**距離**〕であるから，単位は一般に〔N·m〕で表される．

図1·40（a）のように，多数の力の点Oに対するモーメントの和は，それらの力の合力の，点Oに対するモーメントに等しい，すなわち

$$M_0 = P_1 l_1 + P_2 l_2 + P_3 l_3 = Rl \qquad (1 \cdot 6)$$

これを**バリニオンの定理**という．この定理を応用すると，多数の平行な力の合力の作用位置を求めることができる．

図1·40（b）で，$P_1 = 20$ kN，$P_2 = 60$ kN，$P_3 = 40$ kN，$l_1 = 7$ m，$l_2 = 3$ m のときの合力の大きさ・方向・作用位置を，バリニオンの定理を用いて求めてみよう．

力は上向きを正，下向きを負として合力 R は

$$R = 20 + 60 - 40 = 40 \text{ kN}$$

Rの位置をP_3の作用線上の点Oから左へlとし

$$M_0 = 20 \times 7 + 60 \times 3 = 40 \times l$$

よって　$l = (140 + 180)/40 = 8$ m となる．

ここで，l の値が正なので仮定通り点Oから左へ8 mに $R = 40$ kN が上向きに作用する．

いま，もしも合力 R の位置を点Oから右へ l と仮定したとすると，$l = -8$ m となるはずである．したがって，l の値が負となった場合は，仮定とは反対の位置であることを意味する．

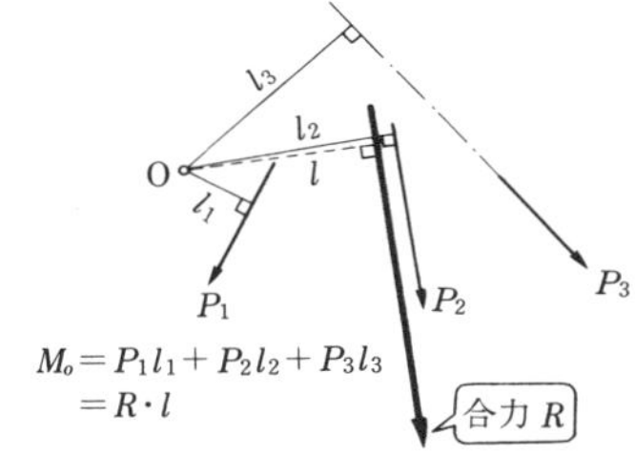

（a）　O点のまわりのモーメント

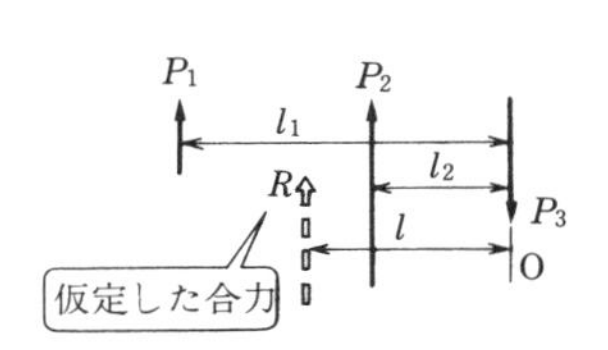

（b）　合力の作用位置

図1·40　バリニオンの定理

偶力のモーメント

さて，大きさが等しく，逆向き平行な二つの力の合力は求められるであろうか．一般にこのような二つの力は一つの力に合成することができなくて，二つの力が一体となって特別な働きをする．これを**偶力**と呼んでいる．

図1·41において，二つの力のある一つの点Oに対するモーメントM_0は

$$M_0 = P(l + x) - Px = Pl$$

これを**偶力によるモーメント**といい，O点をどこにとっても Pl で求められる．

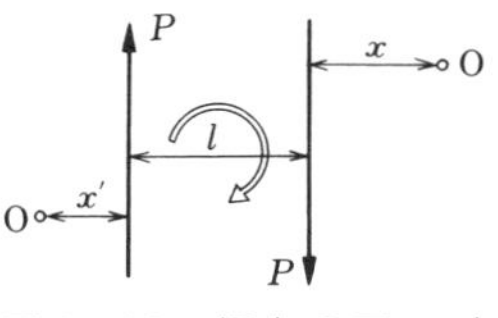

図1·41　偶力のモーメント

7 つりあい破れて勝負あり

力のつりあいの条件

構造物が，いくつかの力の作用を受けたとき，それが安定して働かないのは，それらの力がつりあっているからである．力がつりあうためには，まず，それらの力の合力が0でなければならない．

しかし，合力が0でさえあれば，それで構造物は静止するであろうか．

前節で偶力のモーメントについて学んだが，偶力の合力は求められない．だから，これは合力の0とは無関係で，合力が0であっても，偶力のモーメントが働き回転をおこし静止しないことになる．だから，合力が0であることのほかに，力のモーメントの和も0ということが必要になってくる．

1-5節（力の合成）によると，合力Rの大きさは

$$R=\sqrt{(\Sigma H)^2+(\Sigma V)^2}$$

である．したがって，$R=0$であるためには，$\Sigma H=0$，$\Sigma V=0$でなければならない．こうして，次のような**力のつりあいの3条件**が生まれる．すなわち

（1）　力の水平分力の総和が0である．　　$\Sigma H=0$　　（1·7）

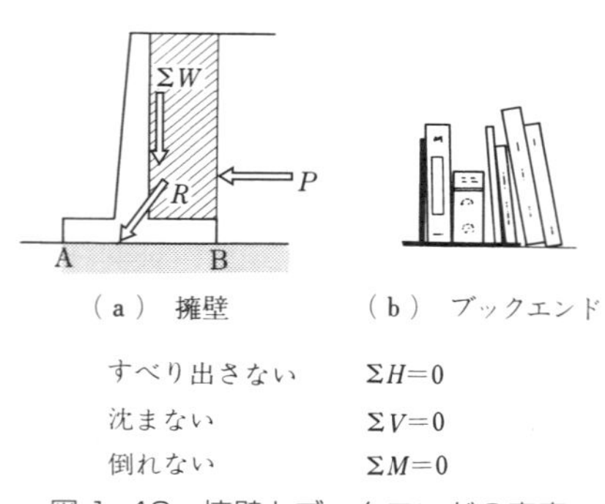

図1·42　擁壁とブックエンドの安定

(2)　力の鉛直分力の総和が 0 である．　$\Sigma V=0$　(1·8)

(3)　力のモーメントの総和が 0 である．　$\Sigma M=0$　(1·9)

構造物が静止するかどうかは，図 1·42 のようにそれに働く力のすべてについて，この 3 条件がなりたつかどうかを調べるとわかる．反対に構造物に働く力のなかで，わからない力があれば，3 条件を用いてそれを求めることができる．

次に，つりあい 3 条件を用いてはりの反力を求めよう．

図 1·43 に示すように，2 点 AB でささえられたはりに力 $P=100$ kN が作用するとき，このはりが安定するためには，支点の A および B に反力が生じ，それらのあいだにつりあいの 3 条件がなりたたなければならない．

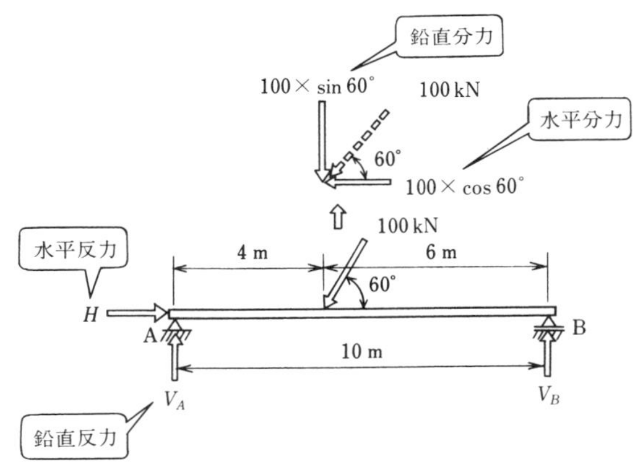

図 1·43　反力の計算

すなわち，支点の反力 H，V_A，V_B は

$\Sigma H=0$ から $-100\times\cos 60^\circ+H=0$

よって　$H=100\times\cos 60^\circ=100\times\dfrac{1}{2}=50$ kN

$\Sigma V=0$ から $-100\times\sin 60^\circ+V_A+V_B=0$

よって　$V_B=100\times\sin 60^\circ-V_A=100\times\dfrac{\sqrt{3}}{2}-V_A$

支点 B において，$\Sigma M=0$ から

$H\times 0+V_A\times 10-100\times\sin 60^\circ\times 6=0$

よって　$V_A = \dfrac{100 \times \sin 60^\circ \times 6}{10} = \sin 60^\circ \times 60 = 51.96\ \text{kN}$

また　$V_B = 100 \times \dfrac{\sqrt{3}}{2} - 51.96 = 34.64\ \text{kN}$

図解による力のつりあい

図 1･44（a）のような 1 点に作用する 4 力がつりあうためには，この 4 力による力の多角形が図（b）のように閉じれば，合力が 0 であるから，それらの力はつりあいの状態にある．

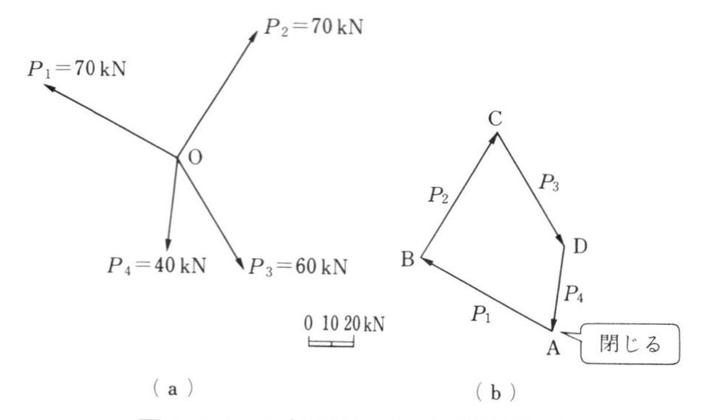

図 1･44　1 点に作用する力のつりあい

また，図 1･45（a）のような 1 点に作用しない 4 力がつりあいにあるとすると，図（b）のように力の多角形は閉じる．このとき，P_1，P_2，P_3 の合力は P_4 と大きさおよび作用線は同じで向きが反対でなければならない．だから，P_1，P_2，P_3 の連力図を描くと P_4 は図（a）のようになり，次の関係がなりたつ．

（1）　つりあいを保つ力の多角形は閉じる．

（2）　これらの力の連力図は閉じる（gabcg）．

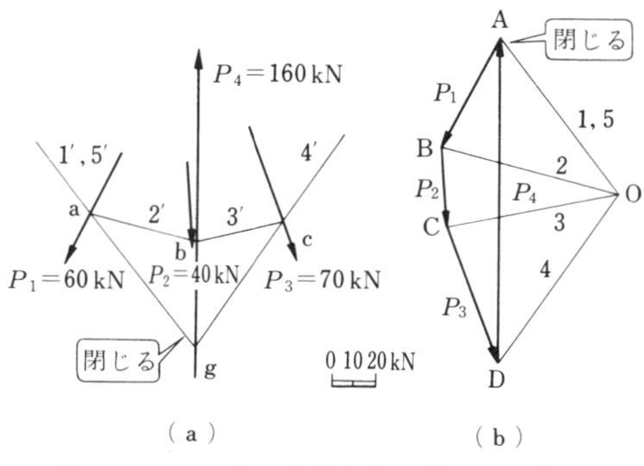

図 1·45　1 点に作用しない力のつりあい

関連知識　**三　角　比**

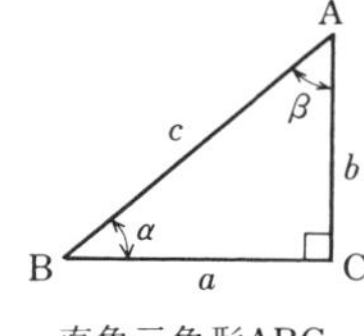

直角三角形ABC

$$\frac{b}{c} = \sin\alpha \qquad \frac{c}{b} = \frac{1}{\sin\alpha} = \operatorname{cosec}\alpha$$

$$\frac{a}{c} = \cos\alpha \qquad \frac{c}{a} = \frac{1}{\cos\alpha} = \sec\alpha$$

$$\frac{b}{a} = \tan\alpha \qquad \frac{a}{b} = \frac{1}{\tan\alpha} = \cot\alpha$$

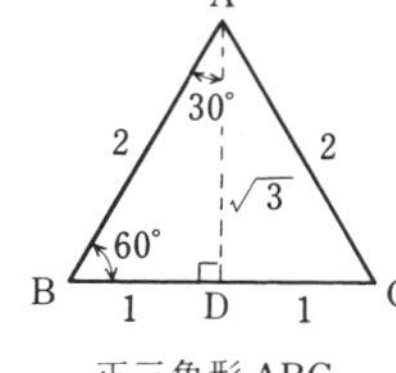

正三角形 ABC

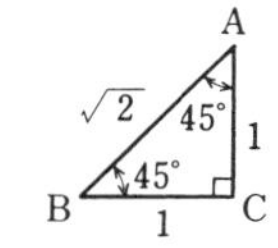

二等辺直角三角形 ABC

	0°	30°	45°	60°	90°	(90° + θ)	(180° + θ)	(270° + θ)
sin	0	$\frac{1}{2}$	$\frac{1}{\sqrt{2}}$	$\frac{\sqrt{3}}{2}$	1	$\cos\theta$	$-\sin\theta$	$-\cos\theta$
cos	1	$\frac{\sqrt{3}}{2}$	$\frac{1}{\sqrt{2}}$	$\frac{1}{2}$	0	$-\sin\theta$	$-\cos\theta$	$\sin\theta$
tan	0	$\frac{1}{\sqrt{3}}$	1	$\sqrt{3}$	$\pm\infty$	$-\cot\theta$	$\tan\theta$	$-\cot\theta$

〔例〕 $\sin 120^\circ = \sin(90^\circ + 30^\circ) = \cos 30^\circ = \frac{\sqrt{3}}{2}$

$\cos 240^\circ = \cos(180^\circ + 60^\circ) = -\cos 600^\circ = -\frac{1}{2}$

$\tan 315^\circ = \tan(270^\circ + 45^\circ) = -\tan 45^\circ = -1$

8 満員電車は力のバランス

外から働く力

土木・建築の構造物は，陸上でも，海上でも，ときには地下でも，常に自然のあるいは人工的な外力にさらされている．自然の働きとしての風・雪・水・土などの圧力や地震力，人工的な働きとしての自動車・列車など交通物の重さなどである（図 1·46，図 1·47 参照）．

このような外部から作用する力を**荷重**という．

これらの荷重は，構造物自体の重さのように，大きさや作用する位置が変わらないものと，自動車や列車のように，一定の大きさの重さが構造物の上を移動するものとに分けられる．前の方を**死荷重**（または**静荷重**），後のほうを**活荷重**（または**移動荷重**）という．

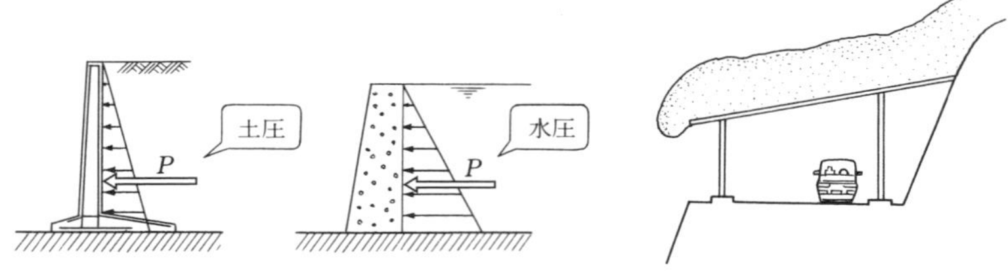

（a）　土圧を受ける擁壁　（b）　水圧を受けるダム　（c）　雪荷重を受けるスノーシェッド

図 1·46　自然の働きを受ける構造物

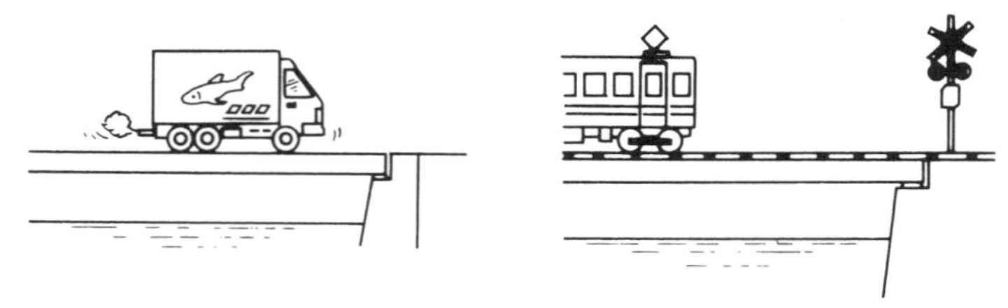

（a）　自動車の通過する橋　　（b）　列車や電車の通過する鉄道橋

図 1·47　交通物の荷重を受ける構造物

また，橋げた自体の重さや雪の荷重のように，ある範囲内に分布して作用する**分布荷重**と列車や自動車のように，車輪を通して，1点に集中して作用すると考えられる**集中荷重**とに分けられる．

構造物は，これらの荷重に対して静止していなければならない，すなわち，力のつりあいが必要である．

構造物に荷重が作用すると，支点には荷重とつりあう力やモーメントが生じる．この力やモーメントを**反力**といい，荷重と反力をあわせて**外力**という．

内部に働く力

次に，構造物の内部の力関係をみていこう．構造物に荷重が作用すると，支点や支持面に反力やモーメントが生じ，それが形をくずさずにその状態で静止しているかぎり，すべての部分で力のつりあいを保っているはずであるが，それは，その構造物の全体の形や内部の組立て方，力の作用のし方や支持する方法によってさまざまな形をとる．最も簡単な力のつりあいは，部材の軸方向に押しあい，または引張りあう力のつりあいである．たとえば，図1·48 (a) のような吊橋は，ロープの引張る力とけたを吊っている部材の力とはO点でつりあっている．このようなつりあいは，引きあう力だけでなく押しあう力との組合せでもみることができる．図1·48 (b) は，**トラス**といって，3本の部材を自由に回転できるように結合して三角形に形づくった構造であるが，各結合点には，押す力と引く力がつりあっている．このような，押す力を**圧縮力**，引く力を**引張力**，この二つの力をあわせて**軸方向力**といっている．

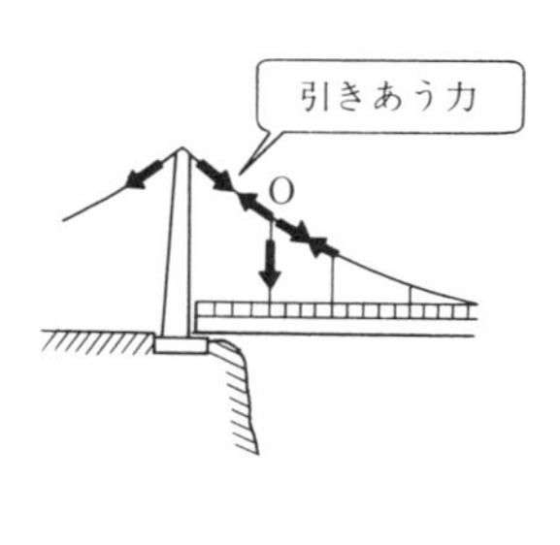

(a)　吊橋のつりあい

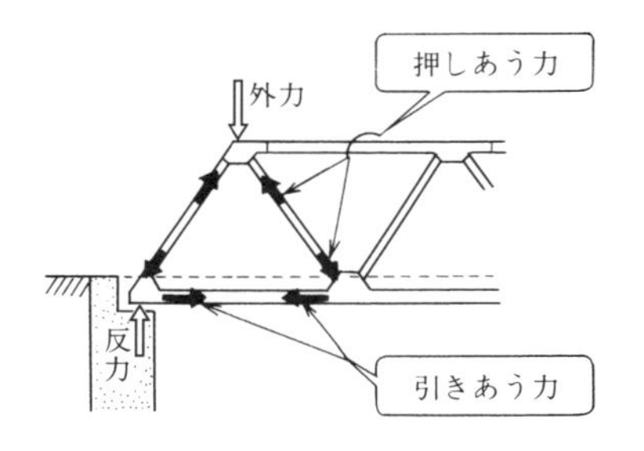

(b)　トラスのつりあい

図1·48　部材の応力

橋のけたは，荷重をその曲がりにくさでささえている．このけたの一部をとって考えてみると，図 1·49（a），（b）で，AB，CD の両断面に荷重の作用によって，それを回転させようとする一組のモーメントが働く，これを，その部分の**曲げモーメント**とよぶ．つまり，けたの各部分には，両面に働くモーメントのつりあいが連続してなりたっている．また一方，けたは荷重によって図 1·49（b）のように，断面 AB，CD には，それを切断しようとする一組の力が働く，これをその部分の**せん断力**という．

せん断力のせんという文字は，はさみで切断する意味の剪（せん）で，はさみで切りそろえるという意味である．

このように，構造物をとりまく力の間には，外においても中においても，すべてつりあいの関係がなりたっている．

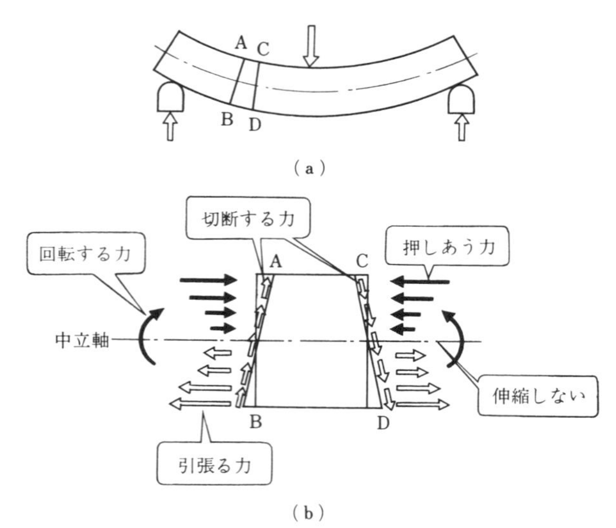

図 1·49　けたの曲げモーメントとせん断力

関連知識　**国際単位系（SI）**

基本単位

量	単位 名称	単位 記号
長さ	メートル	m
質量	キログラム	kg
時間	秒	s
電流	アンペア	A
温度	ケルビン	K
物質量	モル	mol
光度	カンデラ	cd

補助単位

量	単位 名称	単位 記号
角度	ラジアン	rad
立体角	ステラジアン	sr

量	組立単位 名称	組立単位 記号
面積	平方メートル	m^2
体積	立法メートル	m^3
速さ	メートル毎秒	m/s
加速度	メートル毎秒毎秒	m/s^2
角速度	ラジアン毎秒	rad/s

固有名の組立単位

量	単位 名称	単位 記号	単位 定義
周波数	ヘルツ	Hz	s^{-1}
力	ニュートン	N	$m \cdot kg/s^2$
圧力，応力	パスカル	Pa	N/m^2
エネルギー，仕事，熱量	ジュール	J	N・W
仕事率，放射束	ワット	W	J/s
電気量，電荷	クーロン	C	s・A
電位，電圧，起電力	ボルト	V	W/A
静電容量	ファラド	F	C/V
電気抵抗	オーム	Ω	V/A
コンダクタンス	ジーメンス	S	A/V
磁束	ウェーバ	Wb	V・s
磁束密度	テスラ	T	Wb/m^2
インダクタンス	ヘンリー	H	Wb/A
セルシウス温度	セルシウス度	℃	
光束	ルーメン	lm	cd・sr
照度	ルクス	lx	lm/m^2
放射能	ベクレル	Bq	s^{-1}
吸収線量	グレイ	Gy	J/kg
線量当量	シーベルト	Sv	

（注）基本単位，補助単位ならびに組立単位のセルシウス温度と線量当量の定義は省略．

9 荒波うまく乗り越えて

ストレスとは

何かとストレスの多いのが今の世の中，しかし，ほどほどのストレスは，むしろ，生活のはげみになるものである．こうしたときのストレスという言葉は，われわれの体についての医学上の用語であるが，ここでいうストレスは，工学における**ストレス**のことであって，**応力**（おうりょく）といわれるものである．

さて，図 1·50 のように，同じ材料からできている 2 本の棒が，それぞれ天井に吊るしてあるとする．いまこの棒に，荷重 P を吊り下げる場合，$\sigma_1 > \sigma_2$ となるから細い棒よりも太い棒のほうが安全と考えられる．

そこで，細いほうが直径 1 cm，太いほうが 2 cm とする．それぞれの棒に，10 kN の荷重が吊り下っているとしよう．

この場合，明らかに細い棒のほうがきびしい．それは，棒の断面積 A で荷重の大きさ P を割った値で表せばよくわかることに気がつく．

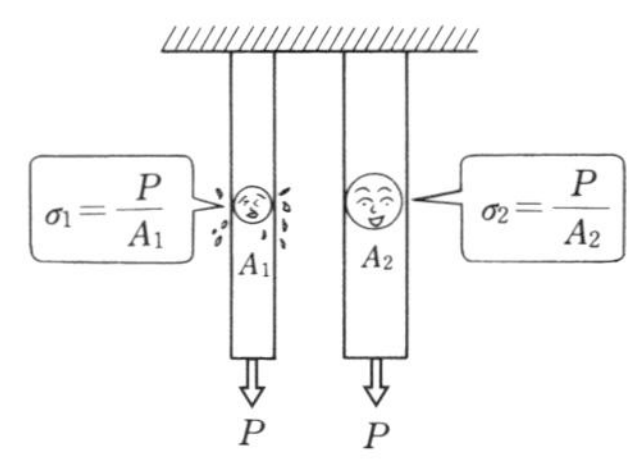

図 1·50 部材の応力と強さ

$$細い棒の負担 = \frac{P}{A} = \frac{10\,000}{3.14 \times 1^2/4} = 12\,700 \text{ N/cm}^2 = 127 \text{ N/mm}^2$$

$$太い棒の負担 = \frac{10\,000}{3.14 \times 2^2/4} = 3\,180 \text{ N/cm}^2 = 31.8 \text{ N/mm}^2$$

となって，細い棒は同じ大きさの荷重でも大きな負担になることがわかる．

このように，外力の部材に及ぼす影響は，その大きさだけでなく，部材の単位面積あたりに生じる力の大きさで比べなければならない．この単位面積あたりに生じる力を，外力に対して**内力**，または**応力度**という．この応力度は，断面にいちように分布して働くものであり，これを σ とすると，つりあいの条件から

$$\sigma A = P \quad \therefore \quad \sigma = \frac{P}{A} \tag{1·10}$$

となる．P を N，A を mm^2 で表すと，σ は N/mm^2 となる．

いろいろなストレス

引張力による応力を**引張応力**，圧縮力による応力を**圧縮応力**という．引張・圧縮の各応力度は σ_t，σ_c で表す．

一般に σ_t は正（+），σ_c は負（−）とする．なお，これらは部材の軸方向に作用する力によって生じる応力であるから**軸方向応力**，または断面に垂直に働くので**垂直応力**という．

次に，図 1·51（c）のように，上・下面の板をずらして荷重をかけた場合，断面 ab に働く応力は，この面にそって生じ，垂直応力とは違っている．このような応力を**せん断応力**という．単位面積あたりのせん断応力を**せん断応力度**といい，τ で表す．

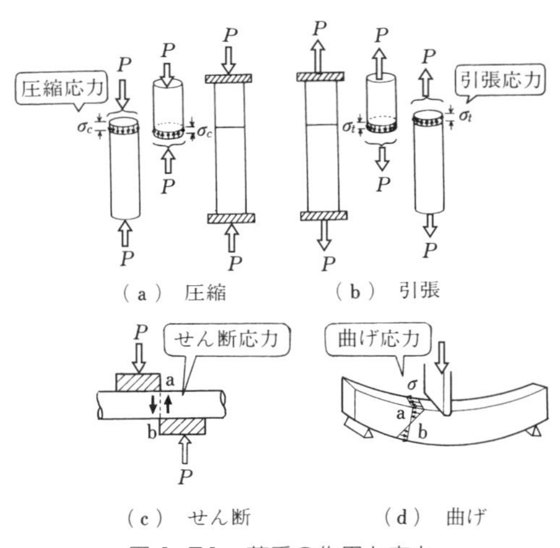

図 1·51　荷重の作用と応力

$$\tau A = P \quad \therefore \quad \tau = \frac{P}{A} \tag{1·11}$$

となる．また，部材が図（d）のように曲げ作用を受けると，断面 ab には外側に引張応力，内側に圧縮応力が生じ，これが部材の中のあるところからしだいに増加している．このような応力を**曲げ応力**という．単位面積あたりの曲げ応力を**曲げ応力度**といい σ で表す．これは垂直応力である．このような部材の内部にはせん断応力も同時に生じる．

なお，曲げ応力とせん断応力については 4 章でさらに詳しく学習する．

10 かたちの変化は力のしわざ

ひずみは不正か

ストレス（応力）は構造物にとって，その役割を果たすうえで避けることのできないものであるのと同じように，ひずみもまた力が作用すれば必ずそこに生じ，避けることはできない．

ひずみは漢字で「歪」と書くが，一見してその意味のわかるところが面白い，ふつう，ゆがむとか曲げるという意味に使われているが，構造力学ではこれから学ぶように部材の変形の割合を表すものである．

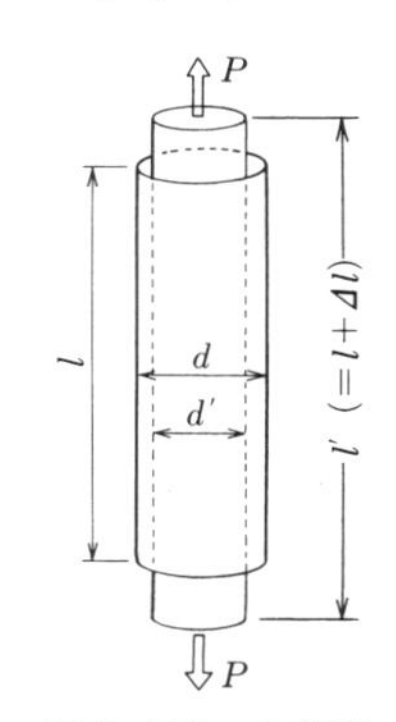

図 1·52　丸棒の伸び

いま，図 1·52 のように，直径 d，長さ l の丸棒に引張力を加えて応力 σ が生じているとき，長さがわずか伸びて l' になっているものとする．その伸び（$l'-l$）を Δl とすると，$\Delta l/l=\varepsilon$，すなわち伸びの割合 $\Delta l/l$ をこの場合の**ひずみ度（縦ひずみ度）**といい，ε で表す．このように，引張応力にともなって伸びるひずみが**引張ひずみ**，圧縮力にともなって縮むひずみが**圧縮ひずみ**である．ばねやゴムなどにみられるように引張れば伸び，押ばせば縮むが，力をとりのぞくと完全にもとどおりに戻る．こういう性質を**弾性**といい，このような材料からできている部材に力が加わり，応力度がしだいに増加していくと，ひずみ度もこれに応じて大きくなる．この関係を式に書いて

$$\sigma \propto \varepsilon \Rightarrow \sigma = E\varepsilon \qquad (1\cdot12)$$

と表したとき，このような $\boldsymbol{E}$ を**弾性係数**という．

次に，棒を引張るとその長さの方向に引張ひずみが起こると同時に，棒の太さは減少するのが通常である（圧縮のときは太さを増す）．太さの変化の割合，すなわち $(d-d')/d=\varepsilon_d$ を**横ひずみ度**という．この横ひずみ度 ε_d と先の縦ひずみ度 ε とは材料によって定まった割合をなしている．すなわち

$$\varepsilon/\varepsilon_d = m \text{（一定値）} \tag{1・13}$$

この m の値を**ポアソン数**，$1/m$ を**ポアソン比**といい，m は金属材料で 3～4，コンクリートは 6～12 の範囲内にある．

せん断応力とひずみ

これまで述べたように，引張応力にともなって引張ひずみが生じ，また圧縮応力にともなって圧縮ひずみが生じるが，このほかに，これとまったく異なる**せん断ひずみ**と呼ばれるひずみがある．せん断応力については，1・9 節で簡単にふれたが，もう少し詳しくみてみよう．

図 1・53（a）のように，リベットは接合した板によって，リベットの軸に直角方向に力 P をうけ，リベットは破線に沿って，たがいにずれようとする．これが，せん断力のかかった状態であり，このときリベットにはせん断応力 τ が生じる．

図（b）は，図（a）の破線部を拡大したものであり，たがいにすれ違う一組のせん断力によって，リベットは実線の形が破線の形のようにひずもうとする．このとき，変形量の Δy はきわめて小さい値であるから，Δy を Δx で割った値 φ は，直角だった角がどれだけひずんだのかを表すラジアン単位の角度とみなしてよい．

また，Δx の中の単位幅 1 についての横方向の変形量が φ であるともいえる．この φ を**せん断ひずみ度**といい，せん断応力度 τ との関係は引張・圧縮の場合と同じである．すなわち

$$\varphi = \frac{\Delta y}{\Delta x} \text{（ラジアン）} \qquad \tau \propto \varphi \;\Rightarrow\; \tau = G\varphi \tag{1・14}$$

と表したとき，このうようなGを**せん断弾性係数**という．

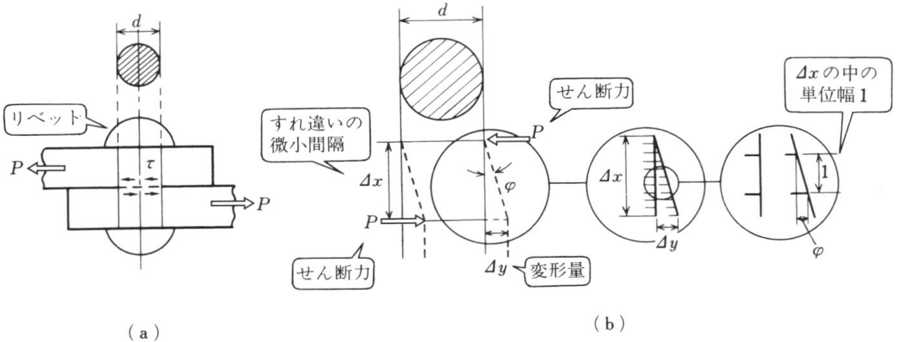

図 1・53　せん断応力とひずみ

11 法則違反はおことわり

ゴムと粘土の違い

まず，はじめに金属，コンクリートなどすべての材料が持っている重要な性質である弾性と塑性について理解しておこう．

いま，1 本の細いまっすぐな針金を指でかるく曲げ，その指を離すと針金は完全に，もとのようにまっすぐになる．次に，指の力を強くして，思い切って曲げてしまうと，指を離しても針金の曲がりは，いくぶん回復はするが，そのまま曲がりっぱなしとなってしまう（図 1·54 参照）．このように，同じ金属であっても，加えられる力への対応はさまざまである．これらは，主に弾性や塑性と呼ばれる材料の性質によると考えてよい．

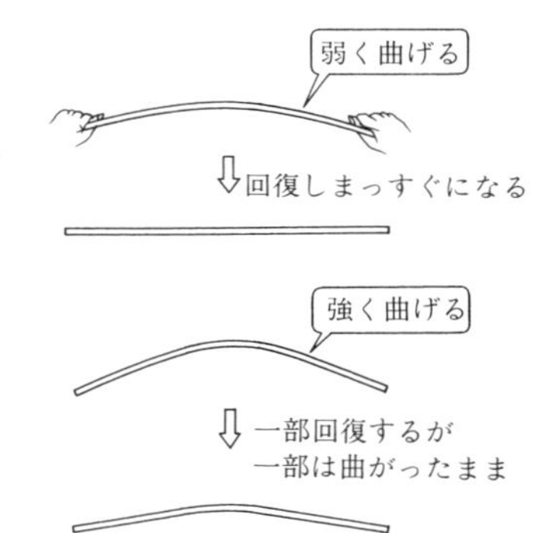

図 1·54　弾性変形と塑性変形

弾性は，前に述べたように，力を加えると変形し，力をとりのぞくともとに戻る性質であるが，**塑性**は，力を加えると自由に変形し，力をとりのぞいてももとの形に戻らない性質である．

われわれの使用する構造材料には，完全な弾性体はないといってよいが，ものによっては変形の小さいうちは，それに近いものがある．しかし，これも変形が大きくなると不完全な弾性体となって，力をとりさってもなお少しの変形が残ってしまう．このような弾性を回復しない変形を**永久変形**という．

構造物を設計する際には，その外力に対して材料を完全な弾性体に近い状態で使用するように設計し，永久変形を起こさないようにすることが大切である．

フックの法則は弾性の法則

イギリスの物理学者**フック**が，いまから 300 年ほど前に，「**ばねに荷重を吊るしたとき，その重さとばねの伸びが比例する**」という，いまでは“**フックの法則**”と呼ばれている有名な法則を発表した．

フックはもともと，ばねを使って振り子のない時計をつくろうと実験をしているうちに発見したのが，この法則であった（図 1·55 参照）．このあと，イギリスの医者であり物理学者でもあった**ヤング**（トーマス・ヤング 1773～1829）は，棒の引張り，圧縮について“弾性係数”という新しい考えを導きだした．

こうして，外力として応力度 σ をとり，変形量としてひずみ度 ε をとって，フックの法則を式に表すと次のようになる．

$$\sigma = E\varepsilon \tag{1·15}$$

式の中の E が**弾性係数**であり，別名**ヤング率**と呼ばれている．σ は〔N/m^2(Pa)〕で表され，ε は無名数であるから，E は σ と同じ〔N/m（Pa)〕である．

このように，応力の大きさとひずみの大きさが比例するというのがフックの法則であるが，応力の大きさがある範囲を超えて大きくなると，この法則はあてはまらなくなる．

つまり，応力とそのときのひずみは比例しなくなるのである．フックの法則がなりたつ最大限の応力を比例限度という．すなわち，部材が弾性を持っている範囲でのみこの法則をあてはめることができるというわけである．

この意味でフックの法則を**弾性の法則**ともいっている．

最後は余談になるが，ばねばかりはフックの法則をもとにつくられていることは，よく知られていることだが，**フック**（ロバート・フック 1635～1703）はばねの等時性（振れ幅が違っても時間は一定）を利用した時計をつくっている．

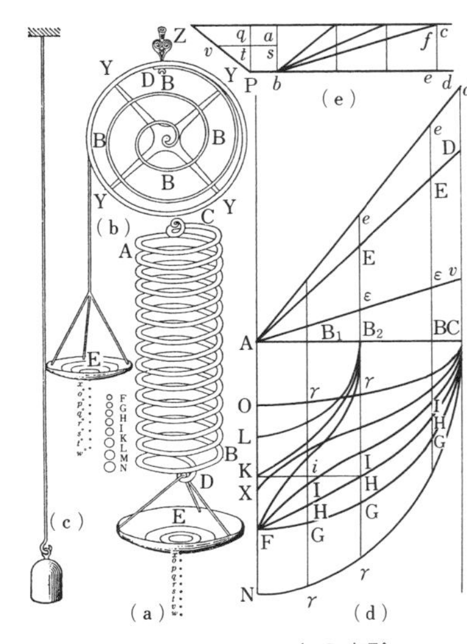

図 1·55 フックの実験
（出典：「物理の学校」p.28，三浦基弘著，1979，東京図書）

12 グラフでわかる材料の強さ

輪ゴムの実験

フックにならって，われわれは輪ゴムで実験しよう．まず，用意するものは，輪ゴム 3 本とセロテープ，100 円硬貨 10 枚，長さを目盛った紙（150 mm 分目盛っておく）．

用意のできたところで，まず輪ゴムの太さをはかっておこう．鉛筆に伸びない程度にゆるく巻きつけたときの幅をはかり，それを巻きつけた回数で割って求めるとよい．1 mm 角だったとすると，その断面積は 1 mm^2 である．次に，図 1·56 のように，3 本の輪ゴムをからませて 1 本にし，それに 10 mm 間隔ごとに 100 mm 分だけ印をつけてから，輪ゴムの一番下にセロテープ 2 枚をはりつけ，硬貨を着けたりはがしたりできるようにして実験用の壁にはりつける．

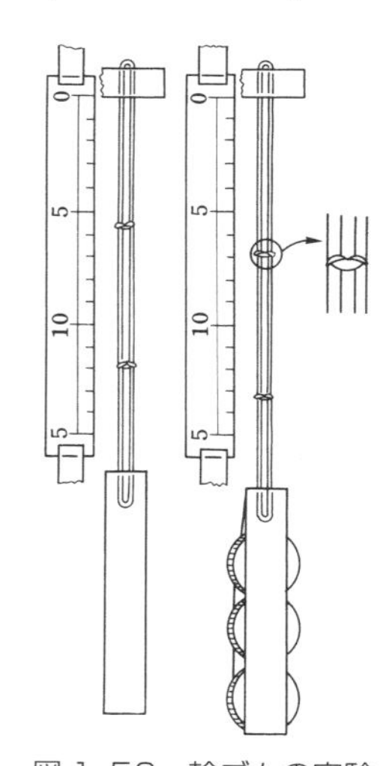

図 1·56　輪ゴムの実験

実験スタート．最初は 100 円玉 2 枚，長さは 104 mm になった．硬貨の枚数を 4 枚，6 枚とふやしていって，それぞれの伸びをはかった結果が表 1·1 である．

次に，グラフ用紙の縦線に輪ゴムの伸びを，横線に硬貨の枚数を目盛る．

それぞれ硬貨の枚数とそれに対応する伸びをグラフに点を落としていき，各点を結ぶと図 1·57 のような一つの直線が描かれる．

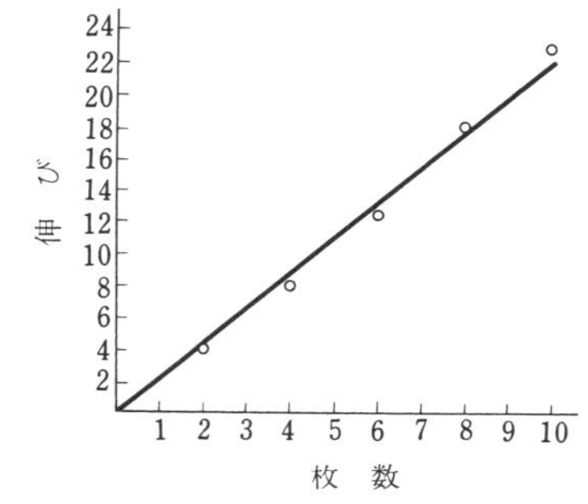

図 1·57　硬貨の枚数と輪ゴムの伸び

表 1·1　硬貨枚数と輪ゴムの伸び

x	0	2	4	6	8	10
y〔mm〕	0	4	8	13	18	23

x：硬貨の枚数　y：輪ゴムの伸び

応力-ひずみ曲線

土木・建築物に用いられる材料はさまざまだが，コンクリートと鋼材が圧倒的だ．ひとくちに鋼材といっても，いろいろな種類があって，最近は**高張力鋼**といって，引張力にたいへん強い鋼材が使用されるようになってきたが，最も広く使われている鋼材は，400 N 級鋼とか 490 N 級鋼といわれるものである（400 N 級鋼とは引張強さが 400 N/mm^2 の意味）．

このような鋼材で試験片をつくり，これを材料試験機にとりつけて，引張力を与えて応力とひずみの関係を調べるのが引張試験である．

断面積 A，長さ l の試験片を引張って，力をしだいに増加していき，これによる伸び Δl を求め，この単位長さあたりの伸び（ひずみ度）$\Delta l/l=\varepsilon$ を横軸に，応力度 σ を縦軸にとって応力度とひずみ度の変化を描くと，図 1·58 のような曲線になる．この図から次のことを読みとることができる．

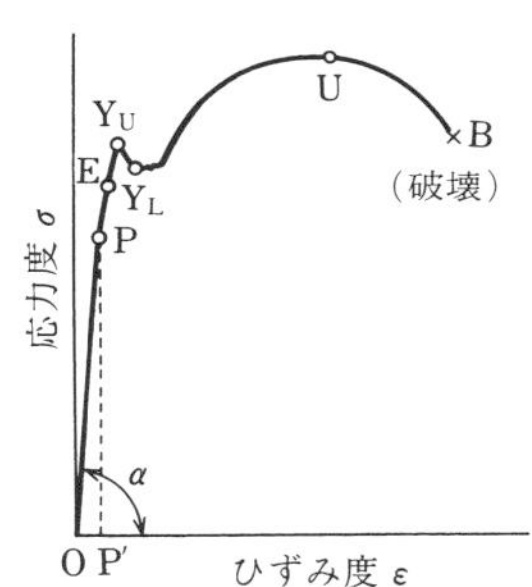

図 1·58　応力-ひずみ図

（1）　はじめのうちは応力度とひずみ度は比例して直線 OP で表されるが，P 点を超えるころから，この直線からはずれてくるので，P 点を**比例限度**という．

（2）　しかし，応力度が P 点を超えても E 点を超えない範囲ならば力をとりのぞけば試験片はもとの長さに戻る．OE は弾性範囲であり E 点を**弾性限度**という．

（3）　実際には，P 点と E 点とはほとんど同じ点で，区別はつかない．フックの法則のなりたつのはこの点までである．

（4）　応力度が E 点を越えて，Y_U 点からは，応力度すなわち力は増加しないのに試験片は伸びていく．この Y_U 点を**上降伏点**，Y_L 点を**下降伏点**という．

（5）　Y_L から再び上向きとなり，応力の最も大きな U 点を経てまた下向きとなり，B 点で切れてしまう．U 点を**極限強さ**といい，B 点を**破断点**という．

13 石橋をたたいて渡れ

材料の強さ

前節で構造用鋼材の引張試験による応力-ひずみ図から，その鋼材の持っている力学上の特性や引張強さなどを読みとることができることを学んだ．材料試験にはこのような引張試験のほか圧縮，せん断および曲げの各試験があり，それぞれ強さを求めるようにしている．なお，これらの試験で応力度とひずみ度を求めるのに，その材料の試験片にかける力を増加していけば試験片の変形も大きくなり，それにともなって断面積も変化していくので，そのつど断面積を求めそれをもとに応力度を計算しなければ，正しい値とはならない．しかし，それを測定するのはたいへん難しいので，はじめの断面積をそのまま使って求めているのがふつうである図 1·58 と図 1·59 もそのようになっているので，実際の応力・ひずみ度曲線とは異なっている．

さて，材料に少しでも永久変形の生じる状態を**破損**といい，さらに応力度を増加して，はげしい変形が起きはじめときから切断，破裂などの割れ目の起きるまでを**破壊**という．軟鋼では降伏点を，また鋳鉄などのもろい材料やコンクリートでは，ちぎれてしまうか押しつぶされてしまった点を破損の標準にしている．

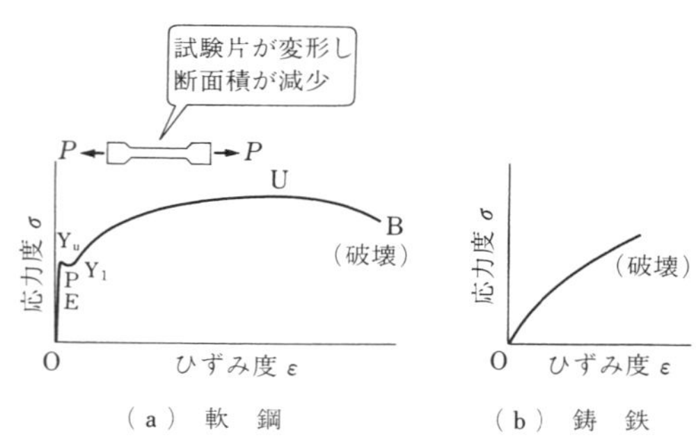

図 1·59 軟鋼と鋳鉄の応力-ひずみ図

ここで，前へ逆戻りするようだが，輪ゴムの実験を思いだしてもらいたい．そのときの実験の結果を用いて，輪ゴムの弾性係数を求めてみよう．

一般に，弾性係数 E は，式（1·15）により次のように求められる．

$$E = \sigma/\varepsilon \qquad (1\cdot16)$$

実験の結果によると，輪ゴムの伸び $\Delta l = 23$ mm，輪ゴムの長さ $l = 100$ mm であるから，このときのひずみ度 $\varepsilon = \Delta l/l = 23/100 = 0.23$，100 円硬貨 1 枚の重さは約 0.047 N であるから，輪ゴムにかけた荷重 $P = 0.047 \times 10 = 0.47$ N，また，輪ゴム 1 本の断面積は 1 mm^2 で 2 本分だから $A = 2$ mm^2，したがって，輪ゴムに生じているそのときの応力度 $\sigma = P/A = 0.47/2 = 0.235$ N/mm^2，よって，弾性係数 E は

$$E = \sigma/\varepsilon = 0.235/0.23 = 1 \text{ N/mm}^2$$

となる．これが輪ゴムの弾性係数である．この実験はあまり精度も高くないし，ゴムも変質していることも考えられるから大まかな値と思ってもらいたい．

許容応力度

構造物を設計する際には，その外力に対して，その材料が完全な弾性体に近い状態で使用し，永久変形を起こすことのないようにしなければならない．そのためには，外力によりそれぞれの部分に生じる応力度を，使用する材料の強さに応じて制限することが必要となる．この限度が**許容応力度**である．

それでは許容応力度はどのようにして決めるのであろうか．テストをすればよい．前節で述べた引張試験のような材料試験のことである．材料試験は，その材料が実際に使用されるのと同じ状態で行うのがよい．しかし，これはなにかとたいへんである．そこで，ある定められた形と大きさの標準の試験片について試験を行い，この試験による強さを**基礎強さ**として，これに 1 より小さいある数 $1/s$ をかけたものを許容応力度とするというわけである（図 1·60 参照）．これを式に表すと次のようになる．

許容応力度 = 材料の基礎強さ × 1/s

式中の s は材料の破壊に対する安全を表すと考えられるので**安全率**という．

安全率は，材料の信頼度や荷重の種類によって，また基礎強さは降伏点は**極限強さ**などによって定められる．

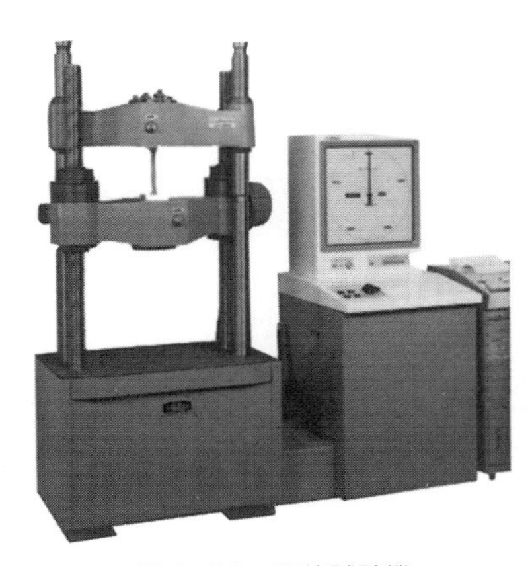

図 1·60　万能試験機

14 国土の安全に備えて

許容応力度設計法

前節において，構造物の部材設計における許容応力度について学んだが，これにもとづく設計法は許容応力度別名弾性設計法といわれ，最も古くから用いられてきた設計方法である．図 1・61 に示すように，はりに作用する荷重の大きさが，はりの弾性範囲内に止まることをもって，はりは安全とみなす（許容荷重）設計法といえる．

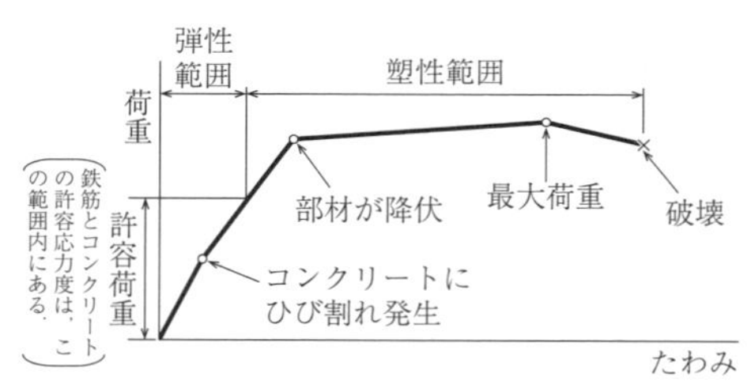

図 1·61　鉄筋コンクリート梁の荷重-たわみ曲線

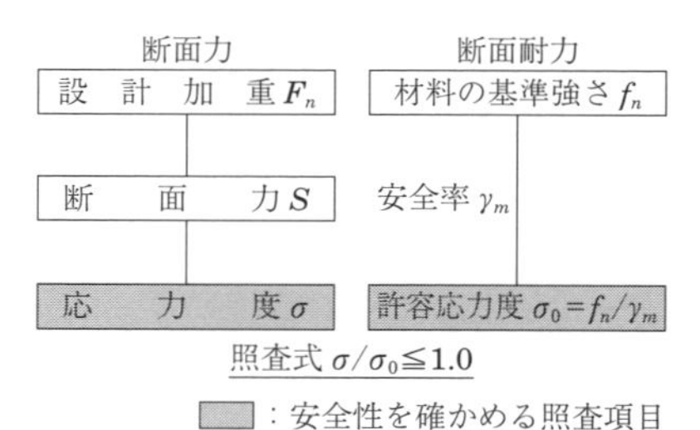

図 1·62　許容応力度設計法の手順

しかし，近年における構造技術の進歩や構造材料の革命，とくに，自然の大災害の発生によって，次に示すような問題点が指摘されている．

(1)　通常の大きさを超えた荷重や地震による破壊に対する安全度の検討

(2)　荷重といっても，その大きさが変化するものや変化しないものなどいろいろであり，その影響の度合いも異なるのに，すべて一律に扱っている．

以上のように許容応力度設計法の欠点を補う方法が，次に述べる終局強度設計法であり，限界強度設計法である．

終局強度設計法と限界強度設計法

終局強度設計法における「終局強度」について「鉄道構造物等設計標準・同解説コンクリート構造物」(鉄道総合技術研究所編）によると「構造物または部材が破壊したり，転倒，座屈，大変形等を起こし，機能や安定を失う状態」と定義している．

終局強度設計法は前記（1），（2）については，個々の荷重に対して，別に定められた荷重係数を乗じることによって解決．また，鉄筋コンクリートはりにおいて，材料の基礎強さ（基準強さ）に弾性範囲を越えて，塑性範囲までを使って設計する，といった方法である．

次に限界強度設計法における「限界状態」については大きくわけて，終局限界状態・使用限界，疲労限界の各状態に分類としているが，使用限界状態と疲労限界状態について，再び前記「鉄道構造物等設計標準・同解説」によると「構造物または部材が過度のひび割れ，変位，変形，振動等を起こし，正常な使用ができなくなったり，耐久性を損なったりする状態」，また，疲労限界状態については「構造物または部材が変動荷重の繰返し作用により疲労破壊する状態」としている．要はそうしたキーワードとして重視されるのが，安全率に代る荷重係数 γ_l，材料係数 γ_m，構造解析係数 γ_a，部材係数 γ_b などの各種係数である．以下に終局強度設計法と限界強度設計法それぞれの手順を図に示す．

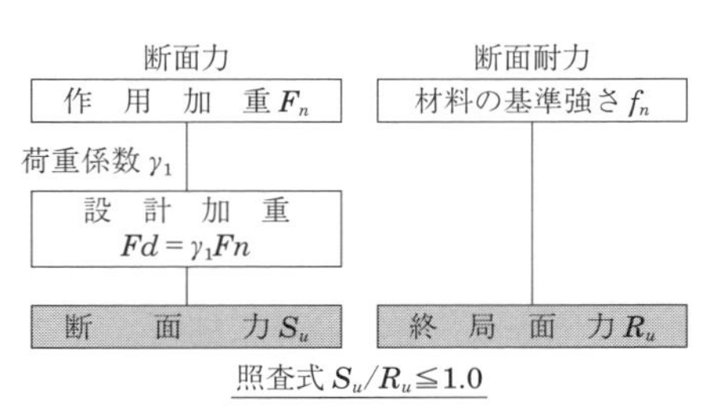

図 1·63　終局強度設計法の手順

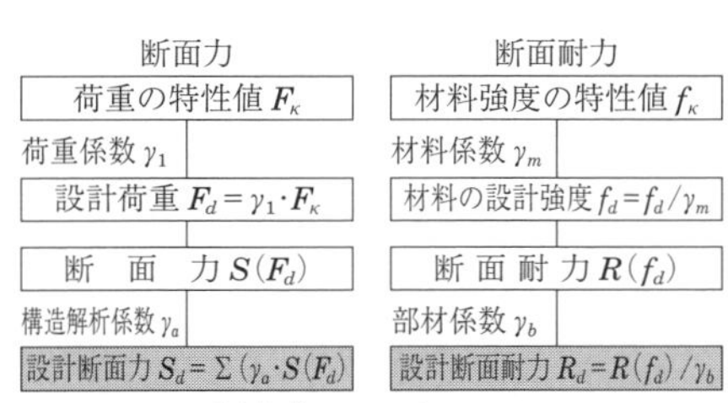

図 1·64　限界状態設計法の手順

性能照査設計法

土木構造物には鋼とならんで鉄筋コンクリートが多く用いられるが，近年においては両者を組み合わせて構成する合成構造が増えている．こうした傾向と合わせ，設計法も前述の終局強度ならびに限界強度設計法に続いて，現在においては性能照査設計と称される設計法へと進歩発展している．2012年に示された土木学会コンクリート標準示方書から，その概要とともに構造物の設計の流れ図を合わせ掲載する．

まず，用語の定義として，設計については，構造物の要求性能の設定，構造計画，構造詳細の設定，性能照査で構成される行為とし，次いで要求性能については，目的および機能に応じて構造物に求められる性能としている．さらに照査については構造物が，要求性能を満たしているか否かを，実物大の供試体による確認実験や，経験的かつ理論的確証のある解析による方法などにより判定する行為，としている．

要すれば，その構造物の設計は，求められる性能が満たされいるか，どうかについて，判定を加えながら進められるということであり，そこには多くの確かな設計データの集積としっかりとしたチェック体制が求められる．

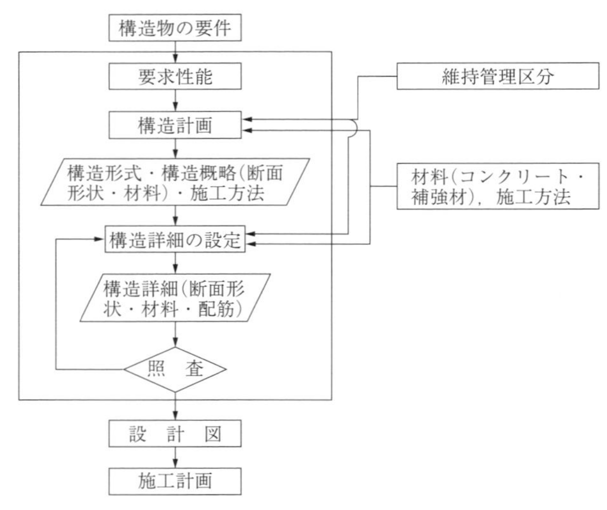

図1·65　構造物の設計の流れ

1 章のまとめ問題

【問題 1】 図 1·65 のように，点 O に $\alpha=60°$ の角度で作用するとき $P_1=300$ N，$P_2=400$ N の 2 力の合力の大きさ，方向を求めよ．

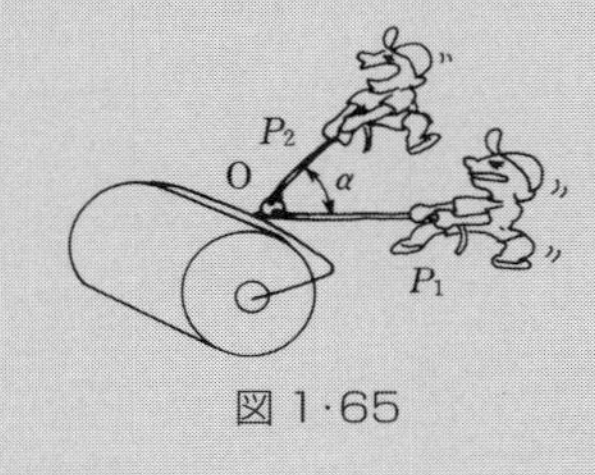

図 1·65

【問題 2】 図 1·66 のように，点 O に $\alpha=120°$ の角度で作用するとき $P_1=50$ kN，$P_2=40$ kN の 2 力の合力の大きさ，方向を求めよ．

【問題 3】 図 1·67 のように，点 O に $P=50$ kN が作用するとき，x 方向と y 方向の分力の大きさを求めよ．

【問題 4】 図 1·68 に示す平行な 3 力の合力を連力図を用いて求めよ．

【問題 5】 図 1·69 のように，点 O に作用する力 OA＝4 kN，OB＝5 kN，OC＝2.5 kN の合力を求めよ．

【問題 6】 図 1·70 のようなスキーリフトのロープに生じる応力を求めよ．ただし，リフトと体重をあわせて 800 N とする．

【問題 7】 図 1·71 のように直径 30 mm，ϕ 30 mm の丸鋼に，

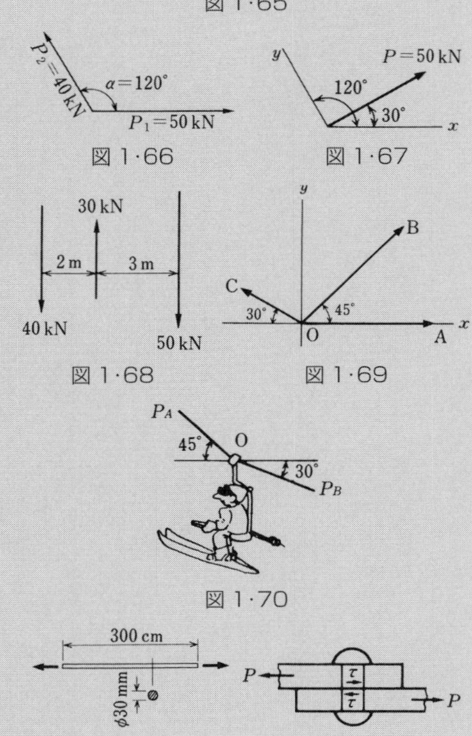

図 1·66　図 1·67

図 1·68　図 1·69

図 1·70

図 1·71　図 1·72

30 kN の引張力が作用し 0.6 mm 伸びたときのひずみ度および弾性係数 E を求めよ.

【問題 8】 図 1･72 のようなリベット継手で，リベット直径を 22 mm，板にかかる引張力を 15 kN とするとリベットに生じるせん断応力度はいくらか.

【問題 9】 前問において，板にかかる引張力が 350 kN のとき，リベットが安全であるためには何本のリベットが必要か．ただし，リベットの許容せん断応力度 τ_a を 9 800 N/cm^2（SV300，現場打ち）とする.

2章

はりの計算

構造物は、いくつかの部材で形づくられているが、その部材として最も多く用いられるものにはりがある。

前章では、部材の強さや変形など、部材と常に深い関わりを持つ力、そして応力、ひずみなど構造の中に働く力関係を明らかにしてきた。

橋の主役であるはり、はりはそれをささえるしくみによって多くの種類があるが、ここでは、そのすべてを登場させ、これらのはりが、橋の上を走る自動車や列車、さらにはり自身の重さなどさまざまな外力に対し、どのようにふるまうのかを明らかにしよう。

外力の作用を受けて、つりあいの状態にあるはりについて、その断面にどのような応力が作用するのかを計算によって求めることは、構造物の設計の第一歩である。

1 はり その生涯の相手は

はりと荷重

構造物は，それ一つまたはいくつかの部材で形づくられている．大まかにいうと，**棒と版**（板）の組合せである．

たとえば，図 2·1（a）のような橋は一般に棒状の部材である“**けた**”と“**柱**”そして平面な“版”とを組み合わせたものである．また，図（b）のような**鉄筋コンクリートの擁壁**といわれる構造物は，平面の版そのものであり，図（c）の**アーチダム**は，巨大な曲面の版といってよい．

さて，棒状部材として計算される代表的なものとして，水平に両端でささえられた**はり**は，その中間にどのような荷重を受けるのであろうか．

橋のかなめははり（けた）である．はりは，橋の上を走る自動車，鉄道であれば列車，それらの重さに耐えなければならない．そのさい，はり自身の重さも荷重であることも忘れてはならないし，雪国なら降り積もった雪も荷重となるので，それらが合わされた荷重に耐えなければならない．

図（b）の擁壁は，水平におかれたはりと違って，鉛直に立って土の圧力をささえている．これを横に倒してみると，片方だけでささえられた版ということになる．一般に版の計算は複雑なので，版も棒状の部材として扱うことが多い．

したがって，この場合も片方だけでささえられたはり，片持ばりとして扱うのがふつうである．この片持ばりに作用する荷重は土圧ということになる．

（a） 吊橋

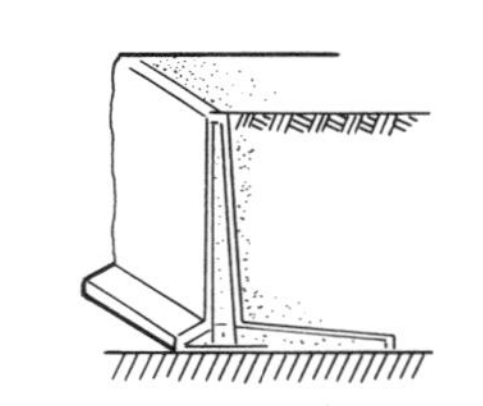
（b） 鉄筋コンクリート擁壁

（c） アーチダム

図 2·1 いろいろな構造物

荷重と単位

はりに作用する自動車や列車は１点に集中して作用する荷重であり，はり自身の重さ（**自重**という）や積雪そして土の圧力などは，はりのある範囲にわたって分布する荷重である．

まず，**集中荷重**について，荷重は力であるから，単位は N，kN を用い，その作用状態を示すには，力の三要素にならって描き，単位は $\boldsymbol{P}$ で表す．たとえば，荷重 P の自動車の場合，その重量は車輪を通して集中荷重 P_1，P_2 としてはりに働くと考えて，図 2·2（a）のように表す．

次に，**分布荷重**としてのはりの自重や積雪の場合は，はりの長さの方向に等しい大きさで分布する荷重であるから**等分布荷重**といい，単位は N/m，kN/m を用い，記号は $\boldsymbol{w}$ で図（b）のように表す．

単位については，はりの上に降り積もった雪の重さから導きだしてみよう．

たとえは，最深積雪 1 m の場合，雪の単位体積質量を 1 962 N/m^3 とすると，1 962 N/m^3 × 1 m = 1 962 N/m^2 となり，けたの上面 1 m^2 あたり 1 962 N ということになる．さらにけたの上面の幅を 30 cm とすると，はりの長さの方向 1 m あたりの雪の質量は1 962 N/m^2 × 0.3 m = 589 N/m，つまりはりの長さ 1 m あたりの雪の重さは w = 589 N/m となる．

次に，擁壁に作用する土圧は，土の深さに比例して大きくなっている．これは等しい割合で増加しているから**等変分布荷重**という．この単位は図（c）に示すように等分布荷重と同じであるが，土の深さ 1 m あたりの大きさではなく，その点における擁壁の奥行の単位長さ 1 m あたりの大きさである．

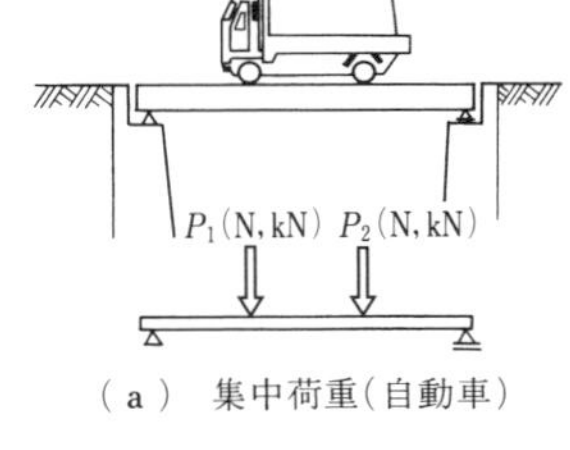

（a） 集中荷重（自動車）

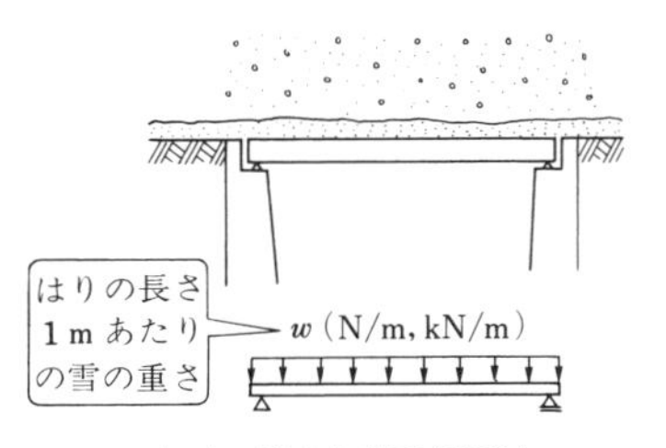

（b） 等分布荷重（積雪）

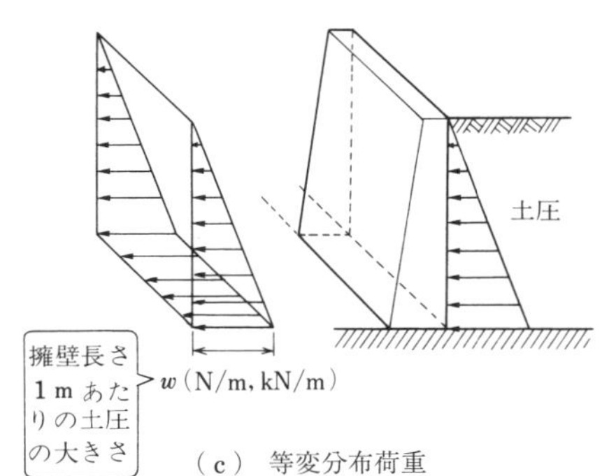

（c） 等変分布荷重

図 2·2　荷重の種類

2 人間歩行に始まり はり支点に始まる

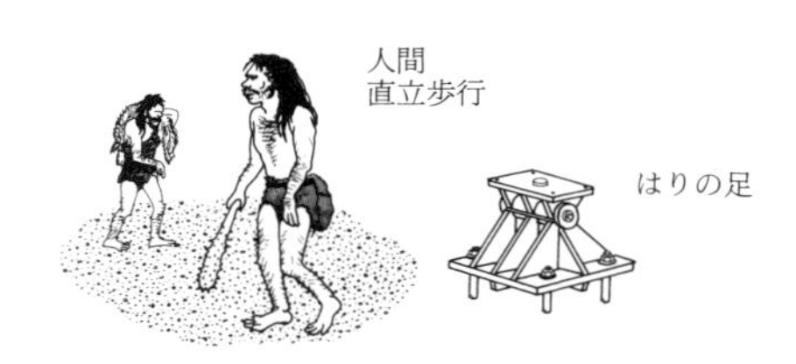

はりはどのように ささえるか

木が倒れて川をまたいだように，ただ棒を横たえただけでは橋としては安定しない．たとえば，水平方向から力がかかってくると，とくに押えがなければどちらか一方の端がずり落ちてしまう．そこで，安定させるためには，両端のささえているところ，すなわち，支点に何らかの工夫をしなければならない．

ここでは，はりを安全に支持する方法について考えてみることにする．

まず，はりのどちらか一方の端がずり落ちないためには，図 2·3（a），（b）のように，はりと基礎の間に金物のようなものをとりつけてはりを押えておかなければならない，そのさい，はりは上下方向に回転できるように，ピンで結合しておく．そうしないと，はりに曲げの作用が働くからである．このような構造が図（b）の回転支点である．なお，ピン結合のような構造を**ヒンジ**という．

支点の種類	構　造	図示法	反力数
可動支点 （a）	←ヒンジ ←ローラー	V	1
回転支点 （b）	←ヒンジ	H V	2
固定支点 （c）		M H V	3

図 2·3　支点の構造と反力数

次に，一方の端を**回転支点**にするともう一方の端は別な支点にする．両方とも同じにはしない．鋼材のはりでは，温度の変化で伸び縮みが考えられる．そのために，もう一方は図（a）のようは水平方向に移動できるような構造にしておかなければならない．このような構造が**可動支点**である．

さらに，片方だけでささえようとするはりでは，これまでとは異なる支点が必要になる．水平の移動はもちろんのこと，回転してもならないわけだから，この場合は図（c）の**固定支点**になる．

動かぬ証拠こそ反力

話は，千年以上も昔，古代ローマ時代に**アーチ**という新しい構造が生みだされた．それまでの石壁の上に木をかけわたして屋根を作る構法に比べ，力学上大変すぐれたものであった．

ところがローマ人はそのころまだ力学というものを知らなかったので，思わぬ苦労をしなければならなかった．それは，アーチというものは図 2·4 のように，必ず足元に水平方向の力が生じるからである．

たしかに，木を水平にかけ渡すのに比べ，アーチははるかに長い距離をかけ渡すことができる．しかし，足元の水平の力をいかにして押えるかが問題であった．このように，構造物にとって，支点に生じる力はきわめて重要である．

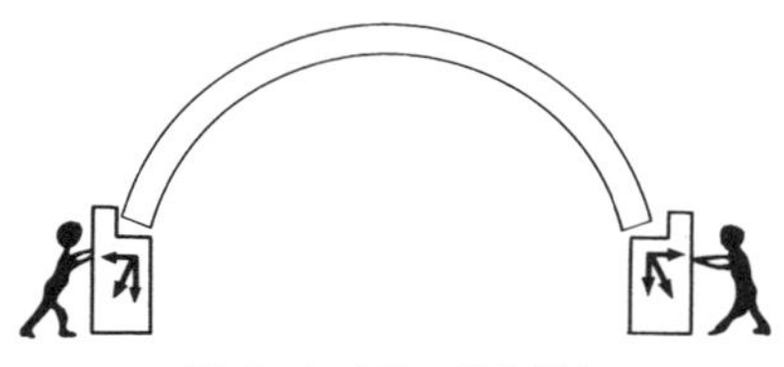

図 2·4　アーチの反力

さて，はりをささえるしくみは 3 通りであった．まず，可動支点では鉛直方向には動けない．動かなければ反力，鉛直反力 V が生じる．また，回転支点では，水平方向にも動くことはできないから，水平反力 H と鉛直反力 V が生じる．固定支点になると回転もできないから，水平反力，鉛直反力のほかに，曲げの作用に抵抗するモーメント M が生じることになる．これらの反力を表すと，図 2·3 のようになる．

いま，図 2·5 のような単純ばりの支点 A，B に働く反力の V_A，V_B を求めてみよう．はりは P，V_A および V_B の作用を受けて静止する．すなわち，これらの 3 力はつりあわなければならない．したがって，次のつりあいの 3 条件がなりたつ．

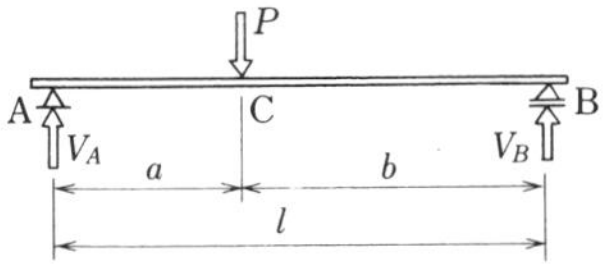

図 2·5　支点の反力

$\Sigma H=0$，$\Sigma V=0$，$\Sigma M=0$

$\Sigma H=0$　⇒　水平方向の力は作用しないから，この条件は満足される．

$\Sigma M=0$　⇒　$+P\cdot a-V_B\cdot l=0$，ゆえに　$V_B=Pa/l$

$\Sigma V=0$　⇒　$+V_A-P+V_B=0$，V_B の値を入れて　$V_A=Pb/l$

上の条件式で，$\Sigma M=0$ は支点 A に生じる力のモーメントの合計である．

3 はりは安定が一番

はりの安定は反力三つ以上

前節で学んだように，はりをささえるしくみは3通りだけであるが，これらの組合せによって，いろいろなはりを作ることができる．

まず，図2·6（a）のように，はりABが二つの可動支点でささえられている場合，荷重Pがななめ方向から作用したとする．この荷重Pを，水平分力Hと鉛直反力Vに分解して考えると，このはりは，水平分力Hによって水平方向に押されることになる．支点A，Bはともに可動支点だから，はりABには水平方向の反力は生じないので，はりは水平方向に移動し安定しない．

次に，図（b）のように，はりABが一つの可動支点と一つの回転支点でささえられている場合はどうであろうか．荷重Pがななめに作用しても水平反力H_Aが回転支点のA支点に生じて，はりABは水平方向に移動することもなく安定する．

こうして，二つのはりを比べてみると，反力の数が図（a）では二つ，図（b）では三つになっており，はりが安定するには反力が少なくとも三つ以上必要ということがわかる．しかし，反力の数が三つであっても必ずしも安定するとはかぎらない．たとえば，図（c）は，反力の数は三つであるが，水平方向に移動するからである．

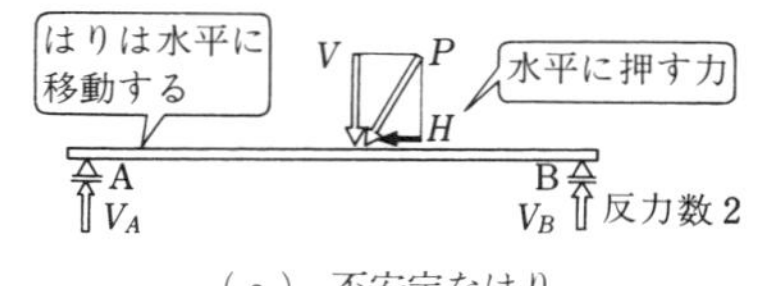

（a） 不安定なはり

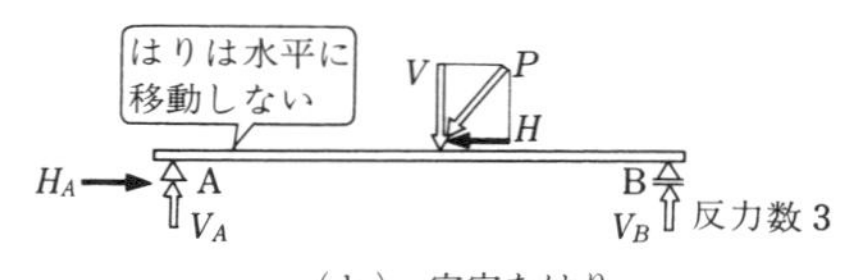

（b） 安定なはり

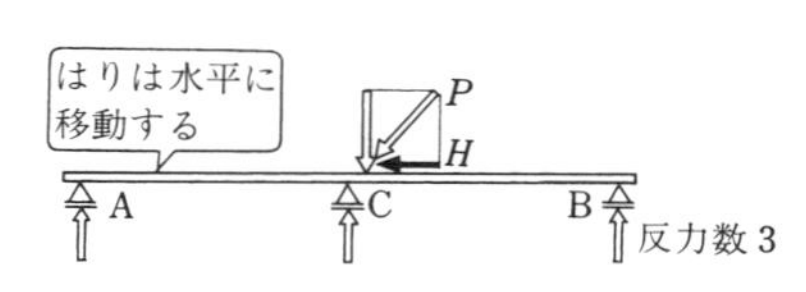

（c） 不安定なはり

図2·6 はりの安定

静定と不静定の判別は

支点反力の数が三つ以下のはりや支点反力の数が三つであっても安定しないようなはりを**不安定なはり**という．

安定なはりで反力の数が三つの場合は，図2·5の計算のように，つりあいの3条件式 $\Sigma H=0$，$\Sigma V=0$，$\Sigma M=0$ から反力を求めることができる．このようなはりを**静定ばり**という．また，反力の数が三つ以上になると，つりあいの3条件式だけでは反力を求めることができない．このようなはりを**不静定ばり**という．

はりが静定か不静定かを判別するには，式（2·1）に示す**はりの判別式**を用いる．式（2·1）で，**不静定次数** $N=0$ となるはりは静定ばり，$N>0$ となるはりが不静定ばりとなる．

$$N=r-3-h \quad (2\cdot1)$$

N：不静定次数，r：反力の総数，h：はりを連結するヒンジの数

図2·7で反力の数が三つのはりは，図（a），（b），（c），（e）のはりで，これらは静定ばりである．そのほかのはりはいずれも反力が三つ以上である．それらのうち，図（d）のゲルバーばりは反力の数が五つとなっているが，張出しばりが，ヒンジと支点でささえられた二つのはりと連結されたものと考えられる．ヒンジは自由に回転できるので，モーメントは生じないから．つりあいの3条件式のほかに $\Sigma M=0$ の式が二つのヒンジのところでなりたち，条件式は五つとなって反力はすべて求めることができる．したがって，ゲルバーばりは静定ばりである．

このようにして，図（f）は一次不静定ばり，図（g）は三次不静定ばり，図（h）は二次不静定ばりということになる．

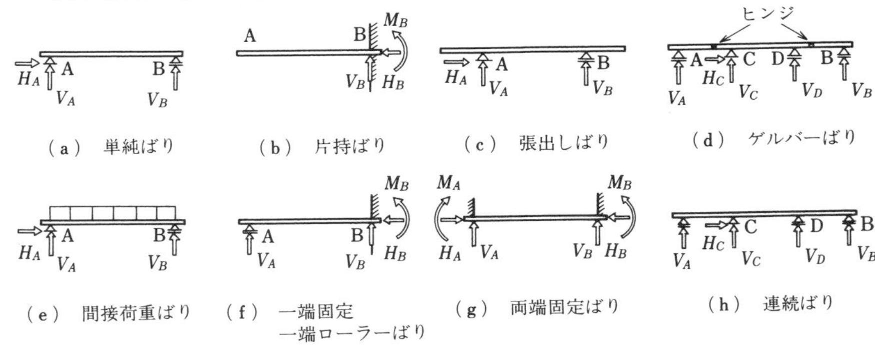

図2·7　はりの種類

4 はりを内視鏡で診断

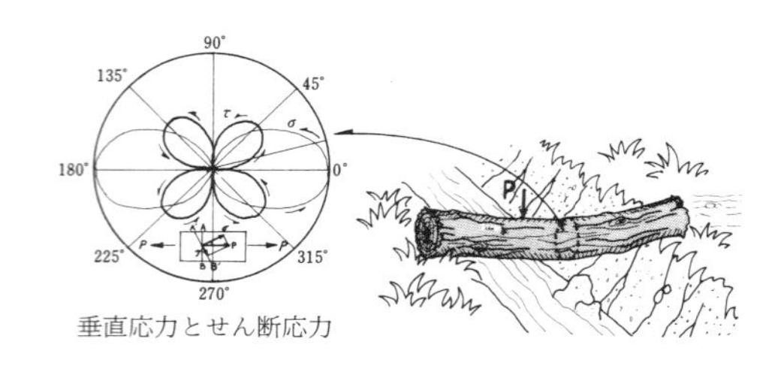

垂直応力とせん断応力

外力が断面におよぼす影響

図 2·8（a）のように，一つのはり AB に荷重 P_1，P_2 が作用して，支点 AB に反力 V_A，H_A，V_B が生じてつりあいを保っているとする．このはりのある断面 $t\,t$ にどのような力が働くのかを考えてみる．

図（a）において，断面 $t\,t$ によってはりを（Ⅰ），（Ⅱ）の二つに分ける．もともとこのはりは $t\,t$ でおたがいに連続しているからこの断面ではそれぞれ一定の応力が生じているはずである．

図（b）で部分（Ⅱ）の断面 $t\,t$ に作用する応力と P_2 および V_B の間にはつりあいを保つ．断面 $t\,t$ に作用する応力は，一般に垂直応力度 σ とせん断応力度 τ である．

いま，断面 $t\,t$ より左にある外力すなわち V_A，H_A，P_1 の合力を求め，これを R とすると，R は図（c）のように，その大きさおよび作用の方向と向きが決まってくる．さらに断面の重心 O に働く合力 R は断面 $t\,t$ 上に平行に作用する力 S，O に作用する軸方向力 N および O に働くモーメント M に分けられる．この N，S，M が，部分（Ⅰ）に働く外力の V_A，H_A，P_1 が断面 $t\,t$ に及ぼす影響にほかならない．これを，**はりの断面力**という．

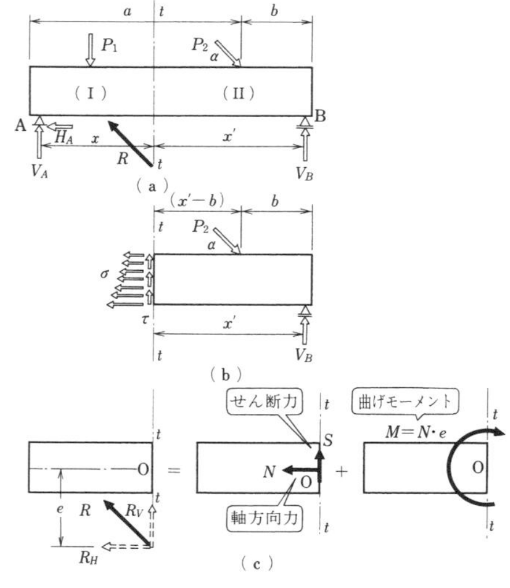

図 2·8　はりの断面力

断面力を求める３ケ条

断面力は，はりに生じる応力を求めるさいに基本になるもので，**N を軸方向力**，**S をせん断力**，**M を曲げモーメント**をいう．ここで，もう一度はり AB の全体に注目し，つりあいの3条件を適用すると，次のようになる．ただし，断面 tt の左側にある外力の P_1，V_A，H_A はその合力 R を用いることとし，モーメントのつりあいの条件式は，その中心を断面 tt の重心 O にとるものとする．

$$\Sigma H=0 \quad -N+P_2\cos\alpha=0 \quad ゆえに \quad N=P_2\cos\alpha \tag{2·2}$$

$$\Sigma V=0 \quad S-P_2\sin\alpha+V_B=0 \quad ゆえに \quad S=P_2\sin\alpha-V_B \tag{2·3}$$

$$\Sigma M=0 \quad M+P_2\sin\alpha(x'-b)-V_Bx'=0$$

$$ゆえに \quad M=V_Bx'-P_2\sin\alpha(x'-b) \tag{2·4}$$

これまでのことをまとめると，次のようになる．

(1)　はりのある断面の**軸方向力**は，その断面から左（または右）にあるすべての外力の**軸方向力の合力**として求められる．このとき図2·9 (a) のように**引張力を正，圧縮力を負**とする．

(2)　はりのある断面の**せん断力**は，その断面から左（または右）にあるすべての外力の**断面に平行な外力の合力**として求められる．せん断力は図 (b) のように断面をたがいにずらそうとする力であるから，右下（さが）りにずらそうとするものを正，その反対を負とする．すなわち，ある断面の左側から求めた合力は**上向きが正，下向きが負**ということになる（右側では上向きが負，下向きが正）．

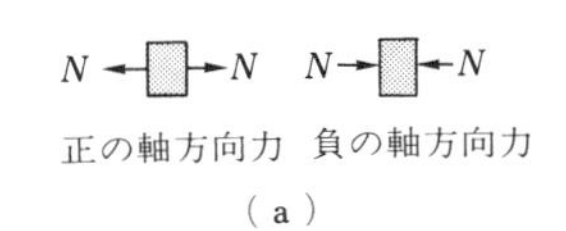

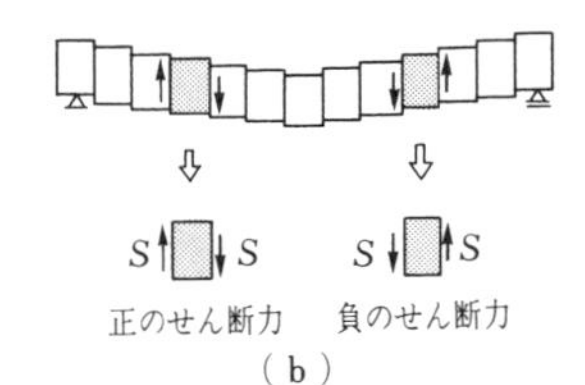

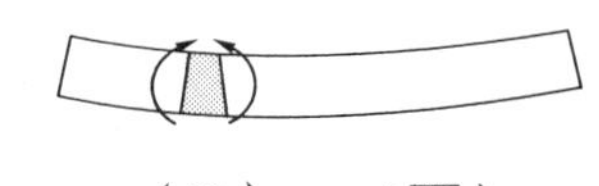

図2·9　断面力の正負

(3)　はりのある断面の**曲げモーメント**はその断面から左（または右）にあるすべての外力の，**その断面の図心についてのモーメントの和**として求められる．曲げモーメントは図 (c) のようにはりを曲げようとする力であるから，下側に引張，上側に圧縮が生じるような向きに作用するものを正，その反対を負とする．すなわち，ある断面のモーメントは**時計まわりが正，反時計まわりが負**ということになる（右側では時計まわりを負，反時計まわりを正）．

5 橋のルーツを訪ねる

反力の計算

単純ばりは，図 2·10（a）のように，一つの回転支点と一つの可動支点でささえられた静定ばりである．

2·2 節で学んだように，図（b）のような山形に曲げたはりや図（c）のアーチのはりは，まっすぐな棒のはりよりも力学上有利なはりとして考えだされた．しかし，上からの荷重で足元が左右に開くおそれがあるので，支点は回転支点か固定支点にしなければならない．だから，両支点には水平の反力が生じることになり，不静定ばりとなっている．

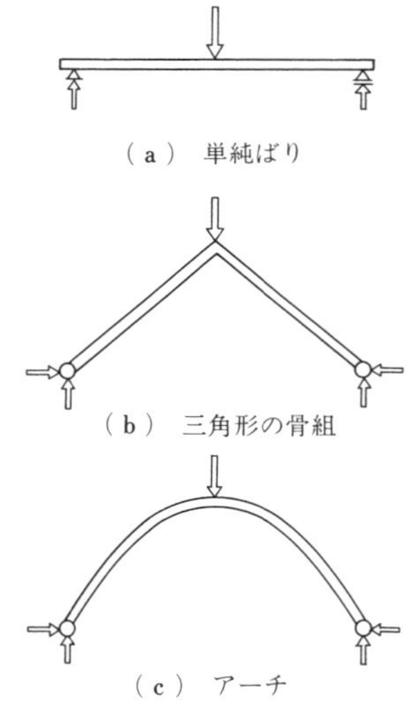
（a） 単純ばり
（b） 三角形の骨組
（c） アーチ
図 2·10 三つのタイプのはり

このように，はりはいろいろな工夫がほどこされて現在のようなはりが生まれた．この意味で，単純ばりははりの最も基本的なものといえる．

さて，反力の計算で，図 2·11 のように鉛直荷重だけが作用する場合は，支点 A，B の鉛直反力 V_A，V_B を，これからは，$\boldsymbol{R}_A$，$\boldsymbol{R}_B$ とする．

反力を求めるには反力 R_A，R_B を図のように仮定し，上向きを正として計算する．その結果が負なったときは，その反力の向きは仮定とは逆ということになる．力 R_A，R_B は，回転しない条件 $\Sigma M=0$ より求める．$\Sigma M_B=0$，$\Sigma M_A=0$ から

$$\left.\begin{aligned} &\Sigma M_B = R_A l - Pb = 0 \\ &\quad \text{よって} \quad R_A = Pb/l \\ &\Sigma M_A = -R_B l + Pa = 0 \\ &\quad \text{よって} \quad R_B = Pa/l \end{aligned}\right\} \qquad (2\cdot5)$$

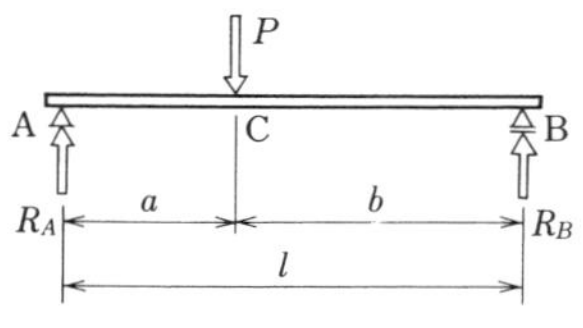

図 2·11 鉛直集中荷重の作用する単純ばり

となる．この反力の値は，つりあいの条件式の $\Sigma V=0$ を使って検算できる．

$$\Sigma V=R_A-P+R_B=\frac{Pb}{l}-P+\frac{Pa}{l}=\frac{P}{l}(b-l+a)=0$$

となり，反力の計算が正しかったことになる．

No. 1　単純ばりの反力を求めてみよう

図 2･12 の単純ばりの反力 R_A，R_B を求めよ．

〔解〕 $\Sigma M_B=0$，$\Sigma M_A=0$ から

$$\Sigma M_B=R_A\times 6-50\times 4-80\times 2=0$$

ゆえに　$R_A=\dfrac{1}{6}(200+160)=60\ \mathrm{kN}$

$$\Sigma M_A=-R_B\times 6+50\times 2+80\times 4=0$$

ゆえに　$R_B=\dfrac{1}{6}(100+320)=70\ \mathrm{kN}$

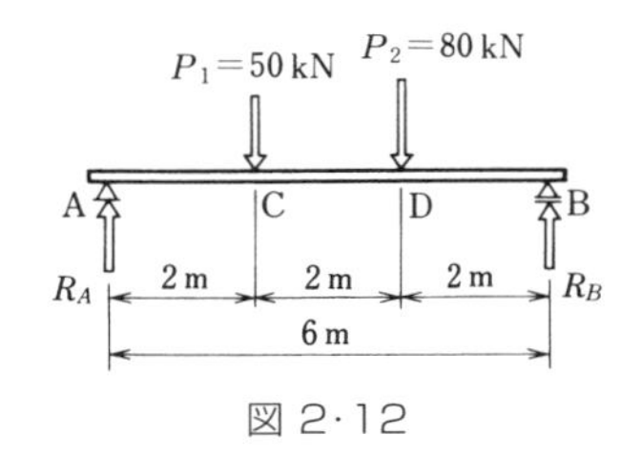

図 2･12

反力 R_A，R_B の値はいずれも正であり，仮定したとおり上向きである．

検算　$\Sigma V=60-50-80+70=0$

せん断力とせん断力図

はりのある断面のせん断力は，2･4 節で学んだように，その断面から左にあるすべての外力の鉛直方向の合力であり，その合力が上向きなら正，下向きなら負である．

図 2･12 に示す Let's try No. 1 と同じ単純ばりの各断面に作用するせん断力を求めよう．

図 2･13 の AC 間に断面 i をとり，この断面の左にある外力を求めると，上向きの反力 R_A のみであるから，$S_i=R_A=60\ \mathrm{kN}$ となり，これが AC 間のせん断力となる．AC 間のせん断力を S_{AC} で表すと

$$S_{AC}=R_A=60\ \mathrm{kN}$$

となる．以下同じように，P_1，P_2 は下向きだから符号を負にとって求めると

$$S_{CD}=R_A-50=60-50=10\ \mathrm{kN}$$

$$S_{DB}=R_A-50-80=60-50-80=-70\ \mathrm{kN}$$

となる．最後に，はりの両端のせん断力で反力 R_A，$-R_B$ に等しいことを確かめる．この結果を図に示したのが図 2･13（c）で，これを**せん断力図**という．

せん断力図を描くには，まず，はりに平行な基準線を引き，これに垂直に，は

りの各位置のせん断力の大きさを，適度に力の尺度を決めて，正の値は基準線の上側に，負の値は下側にとって図示すればよい．そのさい，各断面のせん断力の大きさや，正負の符号などを記入する．

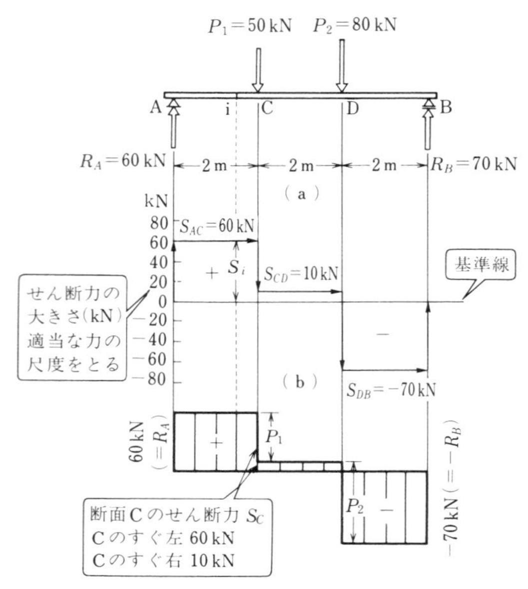

図 2·13 集中荷重の作用する単純ばりのせん断力図

このせん断力図でわかるように，集中荷重を受ける単純ばりでは，反力と荷重の間（AC，DB 間）ならびに荷重と荷重の間（CD 間）のような，荷重の作用していない断面では，せん断力の値は一定でせん断力図は水平になるが，荷重の作用している断面（C，D）ではその荷重の大きさだけせん断力は減少し，せん断力図は階段状になる．すなわち，断面 C，D のせん断力の値はそれぞれ二つあることになる．C のすぐ左を考えるときは $S_C=R_A=60$ kN であり，C のすぐ右で，$S_C=R_A-P_1=60-50=10$ kN である．

曲げモーメントと曲げモーメント図

はりの，ある断面の曲げモーメントは 2·4 節で学んだように，その断面から左にあるすべての外力の，その断面の図心についてのモーメントの和である．曲げモーメントの符号は，はりの下側に引張り，上側に圧縮が生じるような向き，すなわち，その断面より左側の力が断面に対して，時計まわりに回転するものが正で，反時計まわりに回転するものが負ということになる．また，断面の右にある力について計算する場合は，正，負の符号を逆にすればよい．

図 2·14 に示す単純ばりの各断面に作用する曲げモーメントを求めてみよう．支点 A から x のところの断面 i の曲げモーメント M_i を求めると

断面 i が AC 間にあるとき　$M_i=R_Ax$　(2·6)

断面 i が CB 間にあるとき　$M_i=R_Ax-P(x-a)$　(2·7)

となる．断面 i の曲げモーメント M_i を，断面 i の右方向に計算すると，断面 i を支点 B から x とし，正，負の符号を逆にとって

$$M_i = R_B x \qquad (2\cdot8)$$

となる．したがって，断面 A，C，B の各曲げモーメント M_A，M_C，M_B は，次のようになる．

式（2·6）で，$x=0$ とおいて　$M_A = R_A \times 0 = 0$

式（2·7）で，$x=a$ とおいて　$M_C = R_A \times a = \dfrac{Pab}{l}$

式（2·7）で，$x=l$ とおいて　$M_B = R_A \times l - Pb = Pb - Pb = 0$

または，式（2·8）で，$x=0$ とおいて

$M_B = R_B \times 0 = 0$

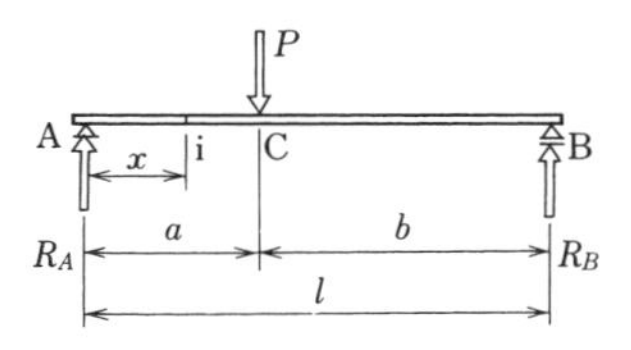

図 2·14　集中荷重の作用する単純ばり

図 2·15 に示す Let's try No. 1 と同じ単純ばりの各断面に作用する曲げモーメントを求めよう．

$R_A = 60$ kN，$R_B = 70$ kN であるから，各断面の曲げモーメントは

$M_A = 0$，$M_C = 60 \times 2 = 120$ kN·m

$M_D = 60 \times 4 - 50 \times 2 = 140$ kN·m

$M_B = 60 \times 6 - 50 \times 4 - 80 \times 2 = 0$

この結果を図に示したのが図 2·15（c）で，これを**曲げモーメント図**という．

曲げモーメント図を描くには，はりに平行な基準線を引き，これに垂直にはりの各位置の曲げモーメントの大きさを適当な尺度を決めて，正の値は基準線の下側に，負の値は上側にとって図示すればよい．その際，せん断力図のときと同じように各断面の曲げモーメントの大きさや，正負の符号などを記入する．

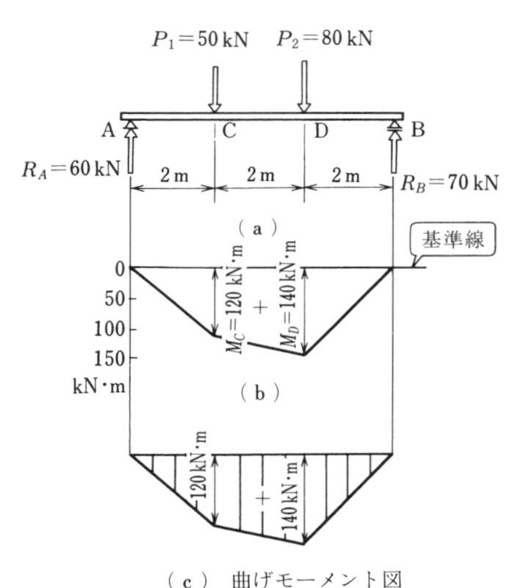

図 2·15　集中荷重の作用する単純ばりの曲げモーメント図

6 太り過ぎは危険信号

一部分に等分布荷重

図2·16（a）に示す単純ばりのCD間に等分布荷重wが作用する場合を考えよう．

（1）**反力**　CD間に作用する等分布荷重wの合力は，$(w \times c)$であり，これがCD間の中央に作用すると考えて集中荷重のときと同じようにして求める．

$\Sigma M_B = 0$，$\Sigma M_A = 0$ から

$$\Sigma M_B = R_A l - wc\left(b + \frac{c}{2}\right) = 0$$

よって　$$R_A = \frac{1}{l}\left\{wc\left(b + \frac{c}{2}\right)\right\} \qquad (2\cdot9)$$

$$\Sigma M_A = -R_B l + wc\left(a + \frac{c}{2}\right) = 0$$

よって　$$R_B = \frac{1}{l}\left\{wc\left(a + \frac{c}{2}\right)\right\} \qquad (2\cdot10)$$

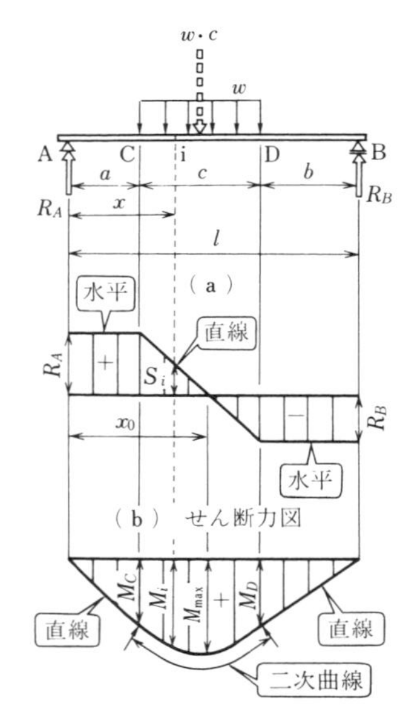

図2·16　等分布荷重を受ける単純ばり

（2）**せん断力**　断面iのせん断力S_iは，次のようになる．

断面iがAC間にあるとき

$$S_i = R_A \qquad (2\cdot11)$$

断面iがCD間にあるとき

$$S_i = R_A - w(x - a) \qquad (2\cdot12)$$

ここで，$x = a$のとき　$S_C = R_A - w(a - a) = R_A$

$x = a + c$のとき　$S_D = R_A - w(a + c - a) = R_A - wc = -R_B$

断面iがDB間にあるとき　$S_i = R_A - wc = -R_B \qquad (2\cdot13)$

したがって，せん断力図は，荷重の作用していないAC，DB間では，水平になり，等分布荷重の作用しているCD間では，せん断力はxの一次式であるから直線変化をする．これらをまとめて，図（b）のようになる．

なお，せん断力が正から負にかわる断面，すなわち，せん断力が0になる断面を支点Aからx_0とすると，式（2·12）を0とおいて求められる．

$$S_i=R_A-w(x-a)=R_A-wx+wa=0$$

よって　$x_0=\dfrac{R_A}{w}+a$　(2·14)

（3）　**曲げモーメント**　断面iの曲げモーメントを求めると，次のようになる．

断面iがAC間にあるとき　$M_i=R_A\cdot x$　(2·15)

ここで，$x=0$のとき　$M_A=0$，$x=a$のとき　$M_C=R_A\cdot a$

断面iがCD間にあるとき　Ci間に作用する等分布荷重については，その合力は，$w(x-a)$であり，これが，Ci間中央に作用すると考えて，断面iから左にある外力の断面iについての曲げモーメントM_iを求めると式（2·16）となる．

$$M_i=R_Ax-w(x-a)\frac{(x-a)}{2}=R_Ax-\frac{w}{2}(x-a)^2 \quad (2\cdot16)$$

ここで，$x=a$のとき　$M_c=R_Aa$

$x=a+c$のとき　$M_D=R_A(a+c)-\dfrac{wc^2}{2}=R_B\cdot b$

断面iがDB間にあるとき　$M_i=R_B(l-x)$　(2·17)

ここで，$x=l$のとき　$M_B=0$

したがって，曲げモーメント図は，荷重の作用していないAC，DB間では，曲げモーメントは式（2·15）（2·17）のとおりxの一次式であるから直線となり，CD間では式（2·16）のとおりxの二次式で，x^2の係数が負であるから下に凸の二次曲線となる．また，曲げモーメント最大値M_{max}は，せん断力が0となる点の断面に生じる．すなわち，式（2·16）のxのかわりに式（2·14）のx_0の値を入れて

$$M_{max}=R_A\left(\frac{R_A}{w}+a\right)-\frac{w}{2}\left\{\left(\frac{R_A}{w}+a\right)-a\right\}^2=R_A\left(\frac{R_A}{2w}+a\right) \quad (2\cdot18)$$

となる．これらをまとめて，曲げモーメント図をえがくと，図(c)のようになる．

全長に等分布荷重

はりの自重は，はりの全長に作用する等分布荷重の一つである．図2・17（a）のように，はりの全長に等分布荷重が作用している単純ばりを解いてみよう．

（1）**反力**　式（2・19），式（2・10）で，$a=0$，$b=0$，$c=l$ であるから，反力は次のようになる．

$$R_A = R_B = \frac{wl}{2} \qquad (2\cdot19)$$

（2）**せん断力**　式（2・12）で，$a=0$ であるから式（2・20）となる．

$$S_i = R_A - wx = \frac{wl}{2} - wx \qquad (2\cdot20)$$

$x=0$ のとき　$S_A = \dfrac{wl}{2} = R_A$

$x=l$ のとき　$S_B = \dfrac{wl}{2} - wl = -\dfrac{wl}{2} = -R_B$

よって，せん断力図は図（b）のようになり，支間中央でせん断力は0になる．

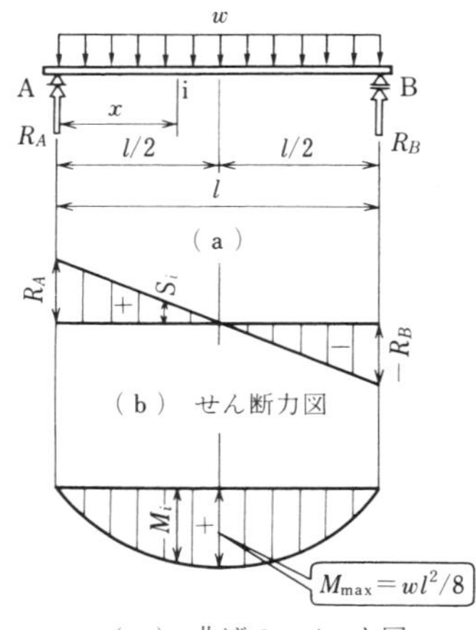

図2・17　全長に等分布荷重を受ける単純ばり

（3）**曲げモーメント**　式（2・16）で，$a=0$ であるから，

$$M_i = R_A x - \frac{wx^2}{2} = \frac{wl}{2}x - \frac{wx^2}{2} = \frac{wl}{2}(l-x) \qquad (2\cdot21)$$

$x=0$ のとき　$M_A=0$，$x=l$ のとき　$M_B=0$

したがって，曲げモーメント図は，図（c）のようになり，その最大値 M_{max} は式（2・21）で，$x=l/2$ とおいて，次のようになる．

$$M_{max} = \frac{wl^2}{8} \qquad (2\cdot22)$$

No. 2　単純ばりの反力・せん断力・曲げモーメントを求めてみよう

図2・18の単純ばりの反力・せん断力・曲げモーメントを求め，せん断力図と曲げモーメント図を描け．

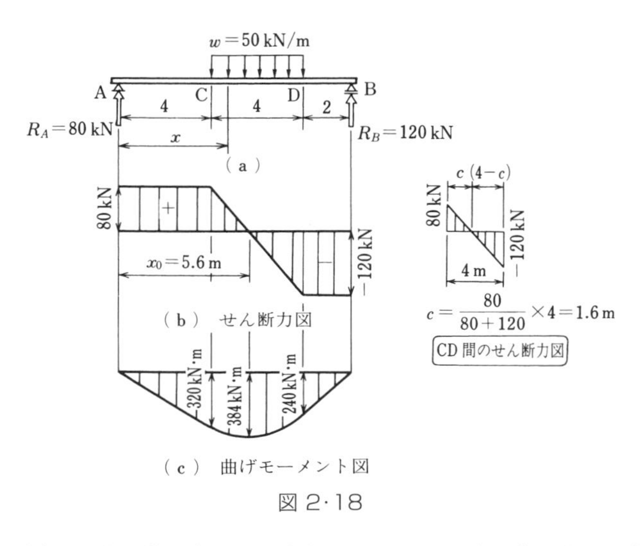

図 2･18

〔解〕（1） 反力　等分布荷重の合力が，CD 間の中央に作用すると考えて反力を求めると

$$\Sigma M_B=0 \text{ から} \qquad R_A=\frac{50\times 4\times 4}{10}=80\text{ kN}$$

$$\Sigma M_A=0 \text{ から} \qquad R_B=\frac{50\times 4\times 6}{10}=120\text{ kN}$$

検算　$\Sigma V=80-50\times 4+120=0$

（2）せん断力

$S_{AC}=R_A=80$ kN　　$S_{CD}=80-50(x-4)=280-50x$

$S_{DB}=-R_B=-120$ kN

せん断力が 0 になる断面までの距離 x_0 は，式（2･14）から求めると

$$x_0=\frac{80}{50}+4=5.6\text{ m}$$

となる．また，x_0 は図（b）のせん断力図を用いて求めることもできる．

（3） 曲げモーメント

$M_A=0$　　$M_C=80\times 4=320$ kN･m　　$M_D=120\times 2=240$ kN･m

最大曲げモーメント $M_{\max}$ は式（2･18）より

$$M_{\max}=80\left(\frac{80}{2\times 50}+4\right)=80\times 4.8=384\text{ kN･m}$$

2-7 せん断力と曲げモーメントの関係

7 切っても切れぬ仲

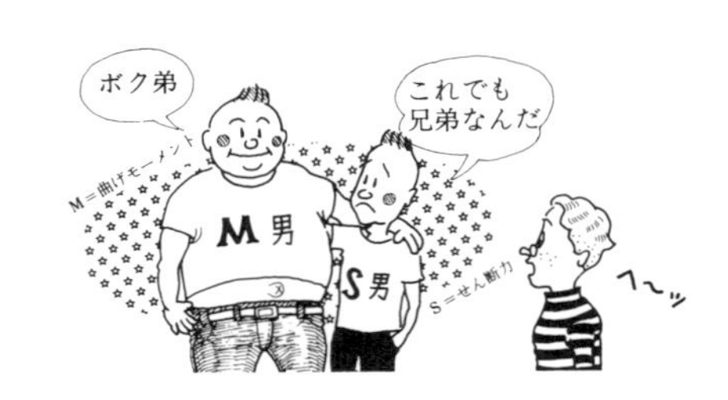

面積がモーメントになる

図 2･19 を用いて，せん断力と曲げモーメントの関係を調べてみよう．

（1）　図 2･19（a）の支点 A から 2 m の点の断面 i の曲げモーメントは，$M_i = R_A \times 2 - 10 \times 2 \times 1 = 80$ kN･m となり，これは図（b）の台形 $A_1A_2\,i_2\,i_1$ の面積（$(50+30)/2 \times 2 = 80$ kN･m）に等しい．したがって，面積 i の曲げモーメントは，Ai 間のせん断力図の面積に等しい．

（2）　支間中央断面 C の曲げモーメントは，$M_C = R_A \times 5 - 10 \times 5 \times 5/2 = 125$ kN･m となり，これは図（b）の三角形 $A_1A_2C_1$ の面積（$5 \times 50 \times 1/2 = 125$ kN･m）に等しい．従って，断面 C の曲げモーメントは，AC 間のせん断力図の面積に等しい．

（3）　支点 B の曲げモーメントは，AB 間のせん断図の面積で表され

$$M_B = (\text{三角形 } A_1A_2C_1 \text{ の面積}) - (\text{三角形 } B_1B_2C_1 \text{ の面積}) = 0$$

であるから，そのせん断力図の正の部分と負の部分の面積は等しい．

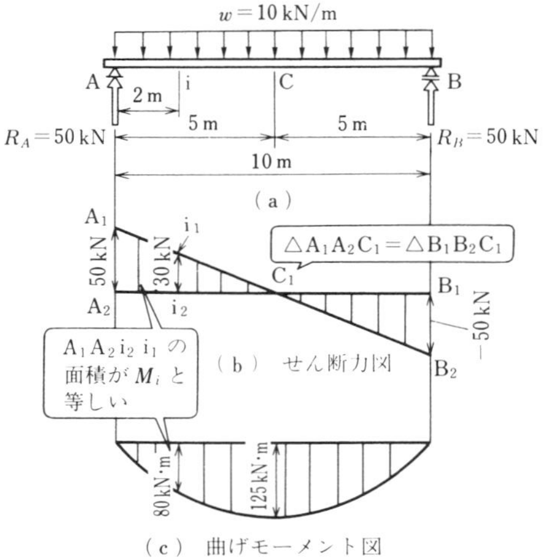

図 2･19　せん断力と曲げモーメントの関係

せん断力 0 の断面で曲げモーメント最大

図 2･20（a）において，支点 A から 2 m の点の断面 i とそこからごくわずかの距離 Δx 離れた断面 i′ について考える．

いま，図 2･20（b）のように曲げモーメント図の曲線

上に，断面i，i′の曲げモーメントM_i，M_i'の2点をとり，M，M′とする．

そこで，M′点の値すなわち断面i′の曲げモーメントM_i'を求めてみると

$$M_i' = 50 \times (2+\Delta x) - 10 \times (2+\Delta x) \times (2+\Delta x) \times \frac{1}{2}$$
$$= 100 + 50\Delta x - 20 - 20\Delta x - \frac{10\Delta x^2}{2}$$
$$= 80 + 30\Delta x - \frac{10\Delta x^2}{2} = M_i + \left(30\Delta x - \frac{10\Delta x^2}{2}\right)$$

となり，支点Aからの距離が2mから2m+Δxまで変わるときの，曲げモーメントの増加分ΔMは（$30\Delta x - 10\Delta x^2/2$）であるから，曲げモーメントの平均の増加割合は（$30\Delta x - 10\Delta x^2/2$）$/\Delta x = 30 - 10\Delta x/2$となる．

これは直線MM′の傾きを表している．

ここで，Δxを0に近づけると，点M′は点Mに近づいていき，このときの直線MM′は，傾きが30（上記式$30-10\Delta x/2$のΔxを0に近づける）であるような直線MTにかぎりなく近づいていく．この直線MTは点Mにおける曲げモーメント曲線の接線であり，この接線の傾きは断面iのせん断力S_iを示している．

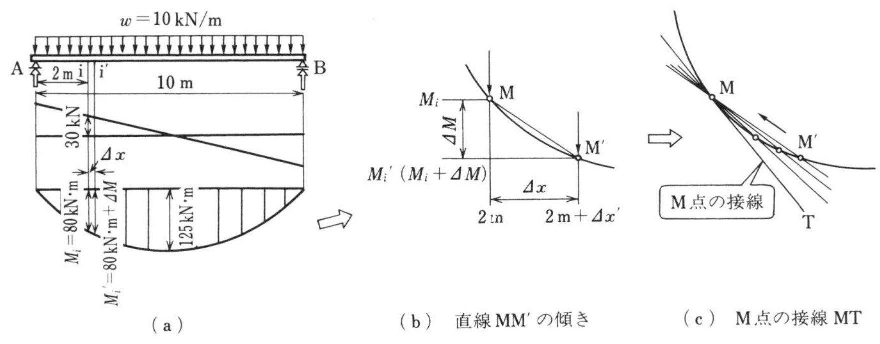

図2·20　せん断力と曲げモーメントの関係

一般に，**はりの曲げモーメント図において，ある点の接線の傾きは，その断面のせん断力を表す**．

したがって，曲げモーメントの最大値のところでは，曲げモーメントの増加または減少の割合は0であるから，その接線の傾きは0となり，せん断力が0であることを示している．これをいいかえると，**せん断力0の断面すなわち，せん断力の符号が正から負に変化する断面で最大曲げモーメントが生じる**ということになる．

8 動きによる変化を探る

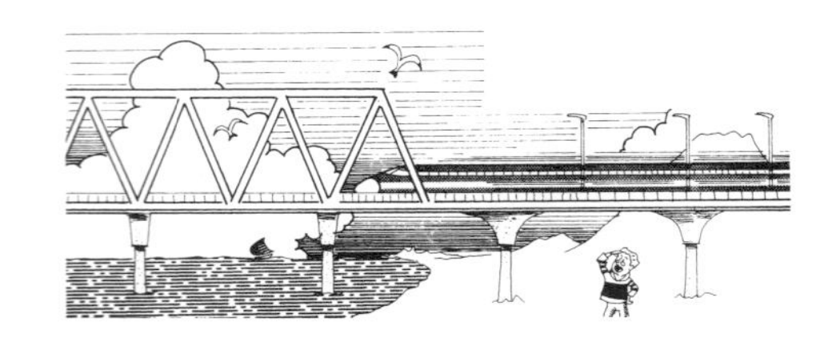

静荷重では断面力図

これまで学んだように，単純ばりが静荷重をうけるときはりに生じるせん断力と曲げモーメントの値は，断面の位置によってそれぞれ異なる．その変化のようすを示したものがせん断力図であり曲げモーメント図であった．

たとえば，図 2·21 は単純ばり AB が断面 C に 1 個の静荷重である集中荷重 $P=100$ kN を受けるときのせん断力図と曲げモーメント図であるが，この図によって断面 i のせん断力は図（b）の $S_i=30$ kN であり，また曲げモーメントは図（c）の $M_i=120$ kN·m であることがわかる．また同じように，断面 i′ のせん断力は $S_i'=30$ kN，また曲げモーメントは $M_i'=60$ kN·m であることがわかる．

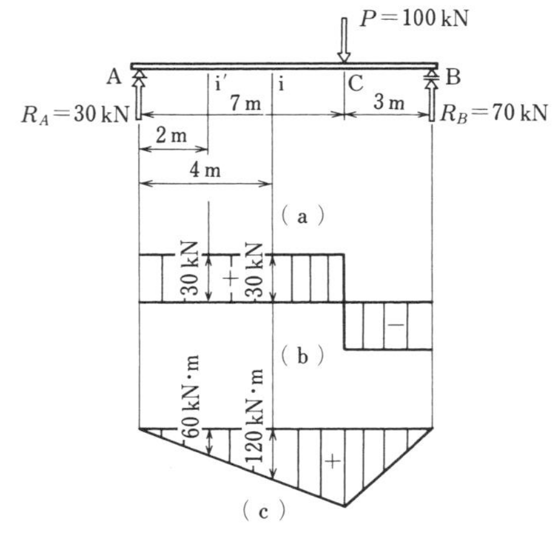

図 2·21　断面の位置によるせん断力と曲げモーメントの変化

このように，はりに静荷重が作用するとき断面の位置によってせん断力と曲げモーメントの値がどのように変化するのかを示すのがせん断力図であり曲げモーメント図である．

これに対し，単純ばりが列車や自動車のような移動荷重を受けるときは，荷重の移動につれて，はりに生じるせん断力と曲げモーメントの値も変化していくから，このような場合は，はりのある一つの断面に着目し，その断面のせん断力と曲げモーメントの値が荷重の移動につれてどのように変化するかを考えなければならない．

移動荷重では影響線

図 2·22 は図 2·21 (a) と同じ単純ばりを，単位荷重 $P=1$ が移動するとき，荷重の移動とともに変化する断面 i のせん断力と曲げモーメントの値を，荷重の作用位置の下の縦距で示した図である．

図 2·22 (b) において，単位荷重 $P=1$ が断面 C に作用するとき，その断面 C 下の縦距を y_C とすると，断面 i のせん断力 S_i は，$S_i=y_C\times 1$ で求められる．また，図 (c) で，断面 C 下の縦距が y_C' であれば，断面 i の曲げモーメント M_i は．$M_i=y_C'\times 1$ となる．

次に，単位荷重 $P=1$ が断面 D に移動したとき，断面 i のせん断力 S_i' と曲げモーメント M_i' は同じようにして，次のようになる．

$$S_i'=y_D\times 1 \qquad M_i'=y_D'\times 1$$

このように，単位荷重 $P=1$ が作用した場合の断面 i のせん断力 S_i と曲げモーメント M_i がわかっているとき，$P=100$ kN が単位荷重 $P=1$ と同じ位置に作用すると，$P=100$ kN による断面 i のせん断力 S_i と曲げモーメント M_i は，単位荷重 $P=1$ による値を 100 倍することによって求められる．

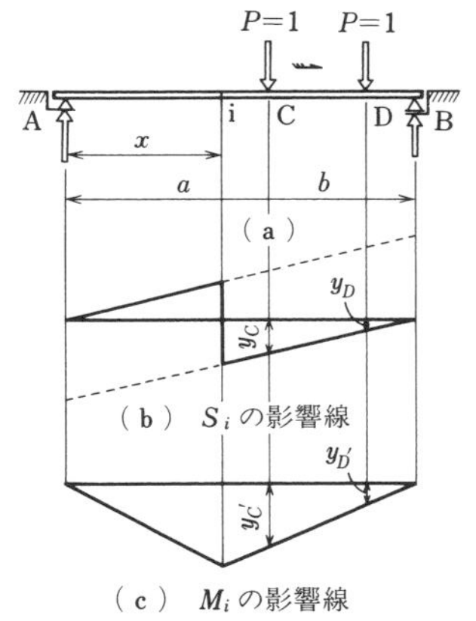

図 2·22　移動荷重の位置によるせん断力と曲げモーメントの変化

このように，単位荷重 $P=1$ がはりの上を移動するとき，そのときどきの支点反力ならびに断面のせん断力，曲げモーメントの値を求め，これらの値を単位荷重 $P=1$ の作用位置の下に，適当な尺度の縦距で示した図を**影響線**といい，反力についてのものを**反力の影響線**，ある断面のせん断力，曲げモーメントについてのものを，それぞれその断面の**せん断力の影響線**，**曲げモーメントの影響線**という．これらは，反力やせん断力，曲げモーメントを求めるほかに，それらの最大値と，そのときの移動荷重の位置を求めるのに広く用いられる．

重要ポイント

断面力図では，荷重の位置に着目し，断面の位置を移動させて変化を知る．
影響線では，はりの断面に着目し，荷重を移動させて変化を知る．

9 動きによる変化は影響線でとらえよ

反力の影響線

移動荷重による影響線は，単純ばり以外の静定ばりにおいてもそれぞれ用いられるが，単純ばりの影響線はそれらのうちで最も基本となるものであるから，これによって，ほかの静定ばりの影響線もたやすく求めることができる．

まず，反力の影響線は単位荷重 $P=1$ が単純ばりを移動しながら作用するときの反力 R_A と R_B の値の変化を示すものである．

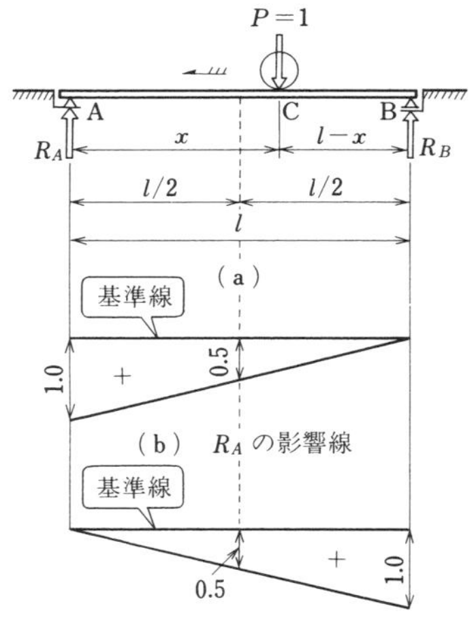

図 2·23 反力の影響線

図 2·23 (a) のように単位荷重 $P=1$ が，単純ばり AB の断面 C に作用するときの反力 R_A と R_B は

$$\left.\begin{aligned} R_A &= 1\times\frac{l-x}{l} = 1-\frac{x}{l} \\ R_B &= 1\times\frac{x}{l} = \frac{x}{l} \end{aligned}\right\} \qquad (2\cdot23)$$

単位荷重 $P=1$ が支点 A に作用するときは，$x=0$ とおいて

$R_A=1 \qquad R_B=0$

単位荷重 $P=1$ が支点 B に作用するときは，$x=l$ とおいて

$R_A=0 \qquad R_B=1$

となる．したがって，反力 R_A の影響線は図 2·23 (b) のように，はりに平行な基準線を引き，これに垂直に **R_A の大きさを支点 A の下で 1，支点 B の下で 0，また反力 R_B の影響線は図 (c) のように R_B の大きさを支点 B の下で 1，支点 A で 0 となるよう適当な尺度の縦距をとり，この 2 点を結べばよい．** このとき正の

値は基準線の下側に，負の値は上側にとる．

図 2·24（a）において，支間 $l=10$ m のとき，単位荷重 $P=1$ が支点 A からの距離 $x=3$ m の断面 i に作用するときの反力 R_A と R_B を求めると，図（b），（c）の影響線の縦距から $R_A=0.7$，$R_B=0.3$ となる．

いま，単位荷重ではなく $P=100$ kN が同じ位置に作用する場合の反力 R_A と R_B は，次のようになる．

$$R_A=0.7\times100\ \text{kN}=70\ \text{kN}$$

$$R_B=0.3\times100\ \text{kN}=30\ \text{kN}$$

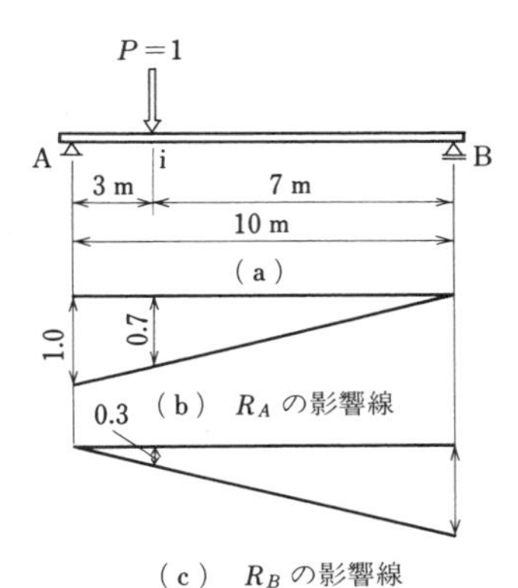

図 2·24　反力の計算

No. 3　単純ばりの反力を影響線を用いて求めてみよう

図 2·25（a）に示すように，単純ばりの反力 R_A，R_B を影響線を用いて求めよ．

〔解〕 等分布荷重が作用するときは，集中荷重の場合の影響線の縦距にかわって，荷重の分布間における影響線の面積を用いればよいから，R_A, R_B は次のようになる．

$$R_A=0.8\times100\ \text{kN}+\frac{0.6+0.2}{2}\times4\ \text{m}\times50\ \text{kN/m}$$

$$=80\ \text{kN}+1.6\ \text{m}\times50\ \text{kN/m}=160\ \text{kN}$$

$$R_B=0.2\times100\ \text{kN}+\frac{0.8+0.4}{2}\times4\ \text{m}\times50\ \text{kN/m}$$

$$=20\ \text{kN}+2.4\ \text{m}\times50\ \text{kN/m}=140\ \text{kN}$$

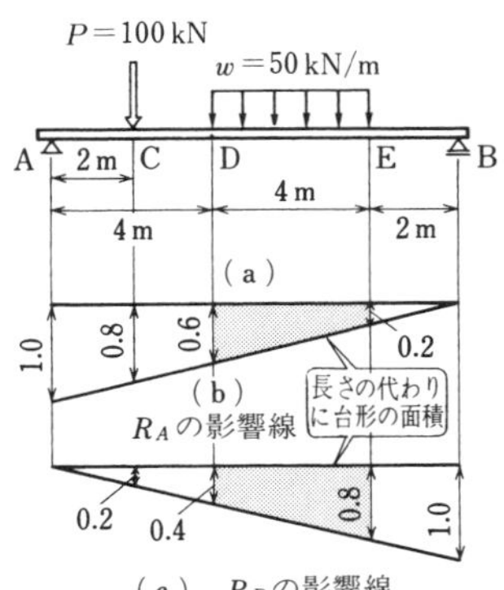

図 2·25

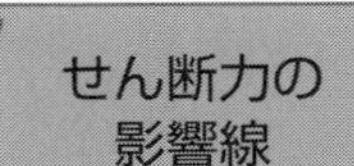

図 2·26（a）のように，単位荷重 $P=1$ が単純ばり AB に作用するとき，その移動につれて，断面 i のせん断力が，どのように変化するのかをみてみよう．

単位荷重 $P=1$ が Ai 間に作用するときは

$$S_i=R_A-1=-R_B$$

単位荷重 $P=1$ が iB 間に作用するときは

$$S_i=R_A$$

となる．

このように，単位荷重 $P=1$ が Ai 間を移動するときの S_i の変化は $-R_B$ の変化と同じであり，また iB 間を移動するとき S_i の変化は R_A の変化と同じである．したがって，断面 i のせん断力 S_i の影響線は，**Ai 間に $-R_B$ の影響線を，また iB 間には R_A の影響線を描いて図 (c) のようになる．**

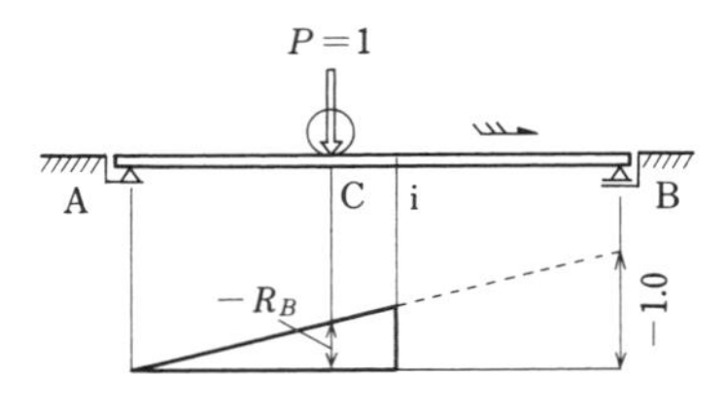

（a） Ai 間に作用するときの S_i の影響線

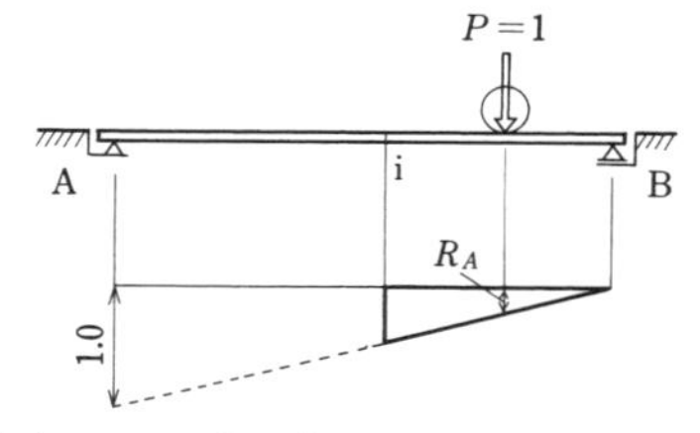

（b） iB 間に作用するときの S_i の影響線

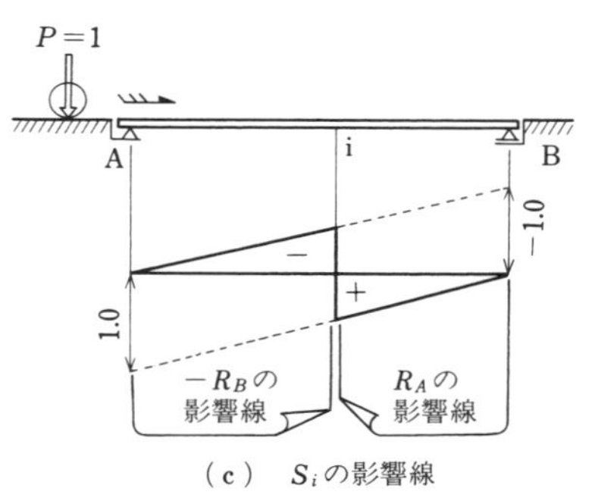

（c） S_i の影響線

図 2·26 断面 i のせん断力の影響線

曲げモーメントの影響線

図 2·27 (a) において，単位荷重 $P=1$ が Ai 間に作用するときの断面 i の曲げモーメント M_i は，断面 i の右側について求めると，$M_i=R_B\times b$ となる．また，iB 間に作用するときの断面 i の曲げモーメント M_i は，$M_i=R_A\times a$ となる．

したがって，断面 i の曲げモーメント M_i の影響線は，**Ai 間では**，図 (a) のように R_B の影響線を $\boldsymbol{b}$ 倍したものであり，**iB 間では**，図 (c) のように **R_A の影響線を $\boldsymbol{a}$ 倍**したものであるから，これらを合成して図 (c) のようになる．

この M_i の影響線から，M_i が最大となるのは集中荷重の場合は，影響線の縦距の最も大きい断面 i に作用するときであり，等分布荷重にあっては，はりの全長にわたって作用するときであることがわかる．

なお，移動荷重による最大曲げモーメントについては 2·11 節でさらに詳しく学習する．

No. 4 単純ばりのせん断力と曲げモーメントを影響線を用いて求めてみよう

図 2·28 (a) に示す Let's try No. 3 と同じ単純ばり AB において断面 i のせん断力と曲げモーメントを影響線を用いて求めよ．

〔解〕 断面 i のせん断力 S_i と曲げモーメント M_i の影響線は図(b)，(c)のようになる．

せん断力 S_i は，集中荷重下の縦距 $y_1=0.2$，等分布荷重下の影響線の縦距 $y_2=0.6$，$y_3=0.2$ であるから S_i は次のようになる．

$$S_i=-0.2\times100+(0.6+0.2)/2\times4\times50=60\ \mathrm{kN}$$

曲げモーメント M_i は，集中荷重下の縦距 $y_1=0.2\times7=1.4$，等分布荷重下の影響線の縦距 $y_2=0.6\times3=1.8$，$y_3=0.2\times3=0.6$ であるから M_i は次のようになる．

$$M_i=1.4\times100+(1.8+0.6)/2\times4\times50=380\ \mathrm{kN\cdot m}$$

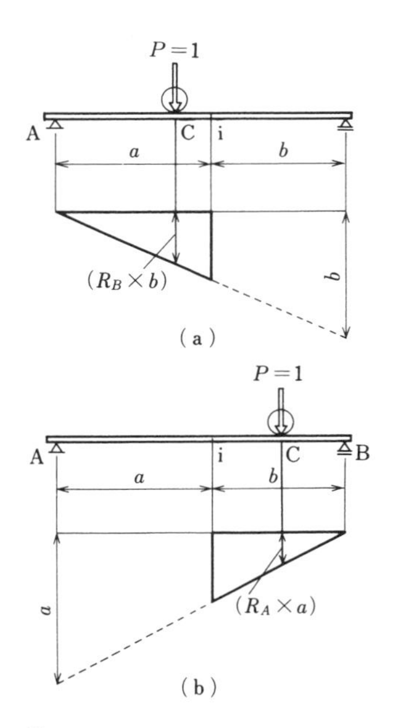

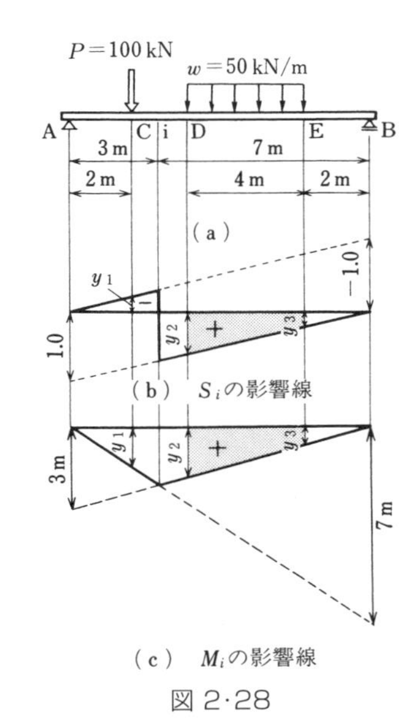

図 2·28

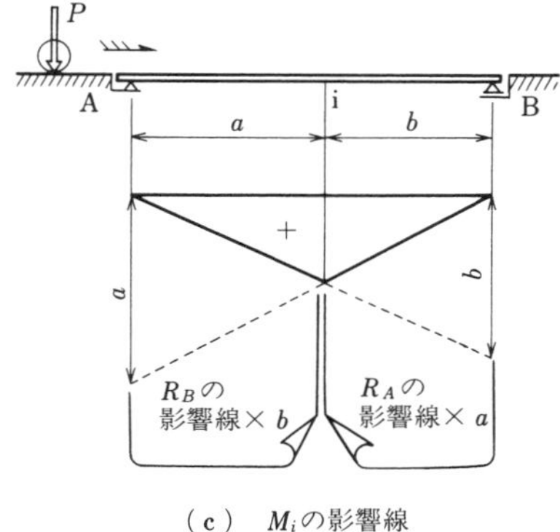

図 2·27 断面iの曲げモーメントの影響線

10

3人の動きを追え

最大せん断力

移動荷重の中で，列車や自動車のように，ある決まった間隔を保ちながら移動する荷重を**連行荷重**という．単純ばりが連行荷重の作用を受ける場合，はりのある断面 i のせん断力と曲げモーメントは，荷重の移動につれてその値が変化する．このとき，断面 i のせん断力が最大となる連行荷重の作用位置とその最大値を影響線から考えてみる．

図 2·29（a）のように連行荷重が作用するとき，断面 i のせん断力が最大となるのは，まず先頭に近いどれか一つの荷重が断面 i に作用するときである．

そこで，断面 i のせん断力を，図（a）の場合と図（c）の場合とについて，それぞれ求めてみる．

図（a）において，荷重群の合力を R とし，その R 下の影響線の縦距を y とすると，断面 i のせん断力 S_{ia} は

$$S_{ia}=y\cdot R$$

である．

次に，図（c）のように荷重群が d だけ前進したときの断面 i のせん断力 S_{ic} は，断面 i から左にある外力の合力であるから

$$S_{ic}=R_A-P_1$$

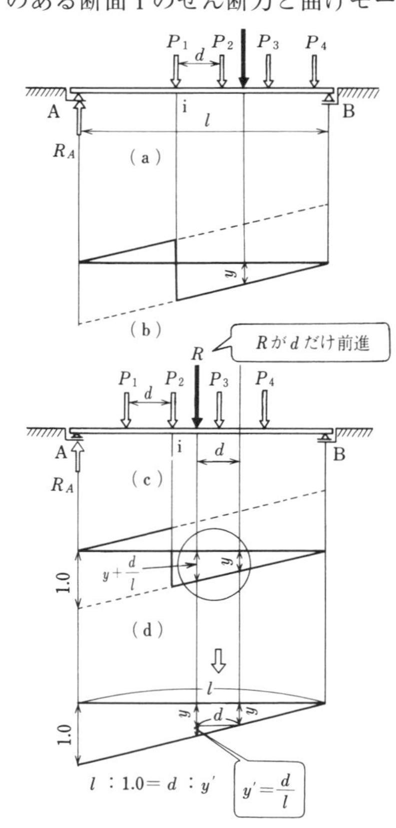

図 2·29　移動荷重による最大せん断力

である．ここで，式中の R_A は，図（d）の S_i の影響線下半分が R_A の影響線であるから，この影響線を用いて，次のようになる．

$$R_A=(y+y')R=\left(y+\frac{d}{l}\right)R \quad したがって \quad S_{ic}=\left(y+\frac{d}{l}\right)R-P_1$$

S_{ia} と S_{ic} との差をとると

$$S_{ic}-S_{ia}=\left(y+\frac{d}{l}\right)R-P_1-y\cdot R=\frac{d}{l}R-P_1 \qquad (2\cdot24)$$

この結果から　$\frac{d}{l}R-P_1 \gtreqless 0 \;\Rightarrow\; S_{ic} \gtreqless S_{ia}$

これを書きかえて（上式の左辺の両項を d で割って）

$$\frac{R}{l}-\frac{P_1}{d} \gtreqless 0 \;\Rightarrow\; S_{ic} \gtreqless S_{ia}$$

すなわち，$S_{ic}-S_{ia}$ の値は（R/l）が（P_1/d）より大きいか小さいかによって，正または負の値となり，$(R/l)<(P_1/d)$ なら図（a）のとき，$(R/l)>(P_1/d)$ なら図（c）のとき断面 i に最大せん断力が生じる．

これまでの計算は，荷重群の移動の間に荷重に変化のない場合であるが，連行荷重がはりの支間に入出する場合であっても次のようになる．

図 2·30 において，はりの**ある断面 i のせん断力が最大となる連行荷重の位置は，連行荷重の先頭から順に一つの荷重 $\boldsymbol{P_r}$ を断面 i に作用させたとき，その荷重を次の荷重との間隔 $\boldsymbol{d_r}$ に分布させた分布荷重（$\boldsymbol{P_r/d_r}$）がはり上の全荷重をはりの全長に分布させた平均荷重（$\boldsymbol{R/l}$）と等しいか，大きくなるときの位置である．** $(P_r/d_r)=(R/l)$ のときは，両方のせん断力が等しいことを示している．なお，このような荷重位置は一つだけと限らないから，その場合はそれぞれについて計算し，最大せん断力を求める．

すなわち，図 2·30 において，断面 i のせん断力が最大であるためには，式（2·25）を満足しなければならない．

$$\frac{P_r}{d_r} \geqq \frac{R}{l} \qquad (2\cdot25)$$

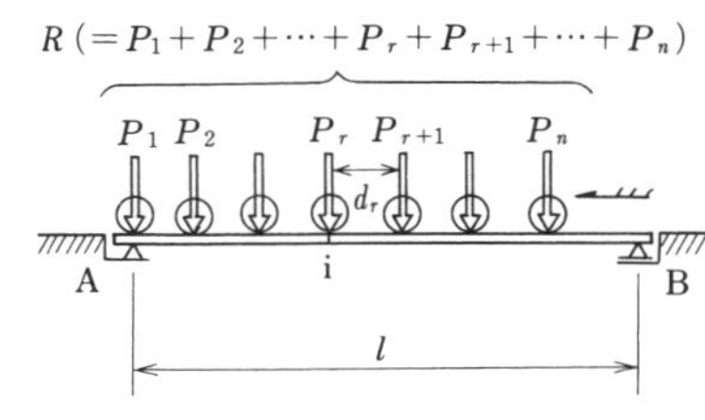

図 2·30　断面 i の最大せん断力

No. 5 単純ばりに連行荷重が作用する場合の最大せん断力を求めてみよう

図2·31のように，支間 $l=10$ m の単純ばりに連行荷重（新幹線鉄道N荷重*）が作用する場合，断面iの最大せん断力を求めよ．（*新幹線鉄道における鉄道橋の設計に用いられるN標準活荷重）

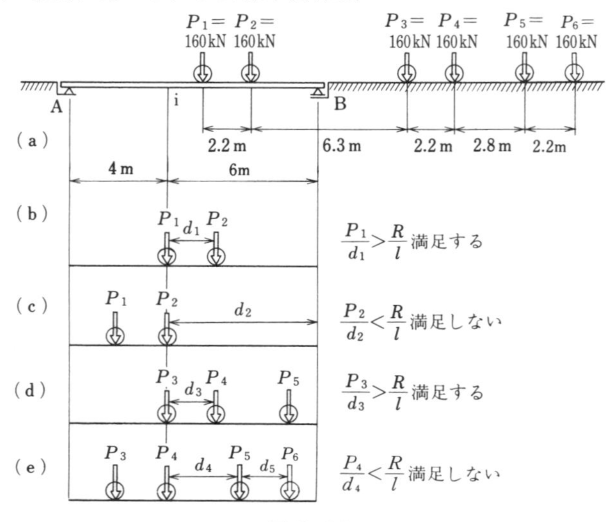

図 2·31

〔解〕 図（b）において

$R/l=(160+160)/10=32$ kN/m

$P_1/d_1=160/2.2=72.7$ kN/m$>R/l$ 満足する

$S_{i1}=0.6\times160+0.38\times160=157$ kN

図（c）において

$R/l=(160+160)/10=32$ kN/m

d_2 ははりの端までの距離をとり

$P_2/d_2=160/6=26.7$ kN/m$<R/l$ 満足しない

図（d）において

$R/l=480/10=48$ kN/m

$P_3/d_3=160/2.2=72.7$ kN/m$>R/l$ 満足する

$S_{i3}=0.6\times160+0.38\times160+0.1\times160=173$ kN

図（e）において

$R/l=640/10=64$ kN/m

$P_4/d_4=160/2.8=57.1$ kN/m$<R/l$ 満足しない

$S_{i4}=-0.18\times160+0.6\times160+0.32\times160+0.1\times160=134$ kN

これまでの計算から明らかなように，式（2·25）を満足するのは図（b）と図（d）であるが，これらのせん断力を計算すると図（d）が最も大きいので，最大せん断力は $S_{i\max}=173$ kN となる．

絶対最大せん断力

連行荷重がはりに作用する場合，はりの断面それぞれにおいて，最大せん断力を求めることができるが，それらの最大せん断力のうちで，最も大きな値を，**絶対最大せん断力**（$S_{ab\max}$）という．これを求めるには，式（2·25）を支点 A または B に適用すればよい．

せん断力の影響線で，縦距の最も大きい支点 A で正の，支点 B で負の絶対最大せん断力が生じ，その値は最大反力の値に等しい．

Let's try　No. 6　単純ばりに連行荷重が作用する場合の絶対最大せん断力を求めてみよう

図 2·32 に示す Let's try No. 5 と同じ単純ばりの絶対最大せん断力を求めてみよ．

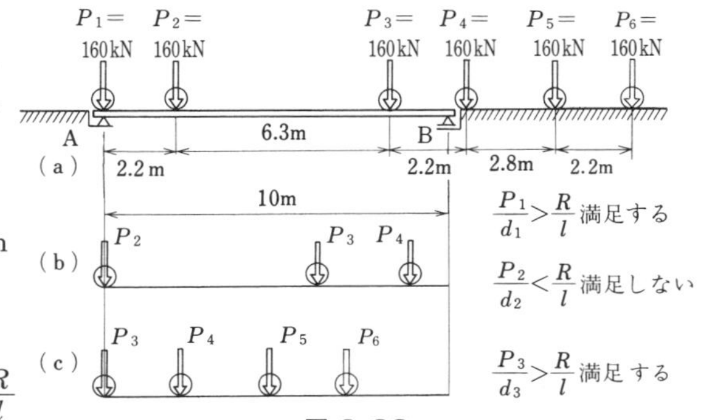

図 2·32

〔解〕 図（a）において

$$\frac{R}{l}=\frac{480}{10}=48\ \text{kN/m}$$

$$\frac{P_1}{d_1}=\frac{160}{2.2}$$

$$=72.7\ \text{kN/m}>\frac{R}{l}$$

図（b）において

$$\frac{P_2}{d_2}=\frac{160}{6.3}=25.4\ \text{kN/m}<\frac{R}{l}$$

図（c）において

$$\frac{P_3}{d_3}=\frac{160}{2.2}=72.7\ \text{kN/m}>\frac{R}{l}$$

よって，式（2·25）を満足するのは図（a）と図（c）であるが，図（a）より図（c）のほうが大きい．すなわち

$$\text{絶対最大せん断力 } S_{ab\max}=1\times160+0.78\times160+0.5\times160+0.28\times160$$

$$=410\ \text{kN}$$

となる．

11

動きをとらえて危険度チェック

最大曲げモーメント

連行荷重 P_1，…，P_5 が単純ばり AB を右から左へ向かって移動するとき，断面 i の曲げモーメント M_i が最も大きくなる連行荷重の位置を考える．

いま，図 2·33（a）において，Ai 間の荷重の合力を R_1，iB 間の荷重の合力を R_2 とする．

断面 i の曲げモーメントはそれぞれの荷重について計算しても，またこれらの合力 R_1，R_2 について求めても同じであるから，R_1 と R_2 の作用位置での影響線の縦距を，それぞれ y_1，y_2 とすると断面 i の曲げモーメント M_i は

$$M_i = y_1 \cdot R_1 + y_2 \cdot R_2$$

となる．

次に，荷重群が右から左へごくわずかの距離 Δx だけ移動したときの断面 i の曲げモーメントを $M_i + \Delta M_i$ とすると

$$M_i + \Delta M_i = \left(y_1 - \frac{x'}{l}\Delta x\right)R_1 + \left(y_2 - \frac{x}{l}\Delta x\right)R_2$$

$$= y_1 R_1 + y_2 R_2 + \left(\frac{x}{l}\Delta x R_2 - \frac{x'}{l}\Delta x R_1\right)$$

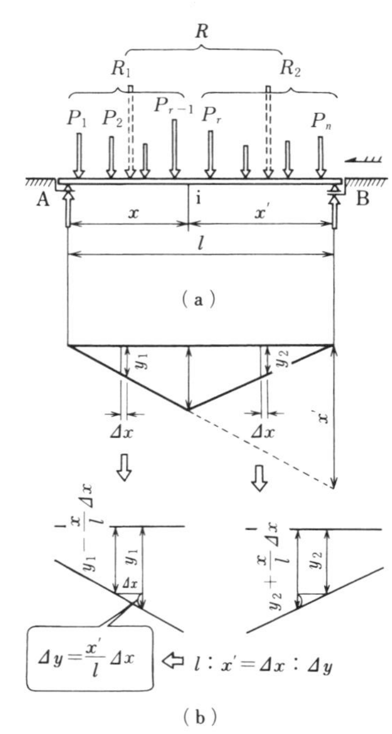

図 2·33　M_i を最大にする荷重の位置

$$=M_i+\left(\frac{x}{l}R_2-\frac{x'}{l}R_1\right)\Delta x$$

となる．

よって，M_i の増加分の ΔM_i は

$$\Delta M_i=\left(\frac{x}{l}R_2-\frac{x'}{l}R_1\right)\Delta x$$

である．また，このときの M_i の増加割合は

$$\frac{\Delta M_i}{\Delta x}=\left(\frac{x}{l}R_2-\frac{x'}{l}R_1\right) \tag{2·26}$$

となる．この式で，$R=R_1+R_2$，$x'=l-x$ であるから

$$\frac{\Delta M_i}{\Delta x}=x\left(\frac{R}{l}-\frac{R_1}{x}\right) \tag{2·27}$$

となる．

単純ばりにおいて，荷重群が右から左へ移動するにつれて増加していたある断面の曲げモーメントが，荷重群がそれ以上左へ移動すると，逆に減少するようになるときがその断面の曲げモーメントを最大にする荷重群の位置である．すなわち，この場合 M_i が最大であるためには，式（2·26）の右辺が正から 0 になり，そして負に変わらなければならない．そのためには，x，x' は一定だから R_2 の値が小さくなるか，R_1 の値が大きくなるかしかない．これは M_i が最大であるためには，ある一つの荷重 P_r が断面 i 上にあって，それが R_1 に加わったとき式（2·26）が正から負に変わることを意味する．したがって，M_i を最大にする荷重の位置は式（2·27）から

$$\frac{R}{l}=\frac{R_1}{x}\geqq 0 \quad および \quad \frac{R}{l}-\frac{R_1+P_r}{x}<0$$

よって

$$\frac{R_1}{x}\leqq\frac{R}{l} \quad および \quad \frac{R}{l}<\frac{R_1+P_r}{x}$$

$$\rightarrow \quad \frac{R_1}{x}\leqq\frac{R}{l}<\frac{R_1+P_r}{x} \tag{2·28}$$

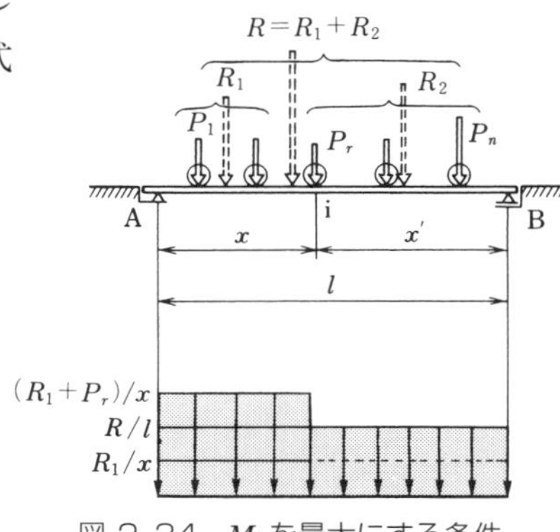

図 2·34　M_i を最大にする条件

となる．これは M_i を最大にする荷重の位置を求める式である．

これまでのことをまとめると次のようになる．

はりのある断面 i の曲げモーメントが最大となる連行荷重の位置は一つの荷重 $\boldsymbol{P_r}$ が断面 i 上にあって，その左右にむらなくできるだけ多くの荷重をのせたとき，はり全体の平均荷重（$\boldsymbol{R/l}$）が，Ai 間の平均荷重（$\boldsymbol{R_1/x}$）と等しいかより大きく，$\boldsymbol{P_r}$ を含む AC 間の平均荷重 $\boldsymbol{(R_1+P_r)/x}$ よりは小さくなるときの位置である．

式（2･28）を満足する荷重位置は一つとは限らないので，その場合の曲げモーメントを計算し，そのうちの最大のものを最大曲げモーメントとすればよい．

図 2･35（a）に示す支間 12 m の単純ばりに連行荷重（新幹線 N 標準活荷重）が作用する場合，断面 i の最大曲げモーメントを求めてみよう．

式（2･28）を用いて M_i が最大となる荷重位置を求める．

図（b）において

Ai 間の平均荷重　$R_1/x=0$

全体の平均荷重　$R/l = 320/12 = 26.7$ kN/m

P_r を含む Ai 間の平均荷重　$(R_1+P_r)/x=160/4=40$ kN/m

よって

$$R_1/x<R/l<(R_1+P_r)/x$$

となり，式を満足するので，この位置で最大曲げモーメントが生じる．

図（c）において

Ai 間の平均荷重　$R_1/x=160/4=40$ kN/m

全体の平均荷重　$R/l=480/12=40$ kN/m

P_r を含む Ai 間の平均荷重　$(R_1+P_r)/x=320/4=80$ kN/m

よって

$$R_1/x=R/l<(R_1+P_r)/x$$

となり，式を満足しないので，荷重を一つだけ進める．

図（d）において

Ai 間の平均荷重　$R_1/x=0$

全体の平均荷重　$R/l=640/12=53.3$ kN/m

R_r を含む Ai 間の平均荷重　$(R_1+P_r)/x=160/4=40$ kN/m

よって

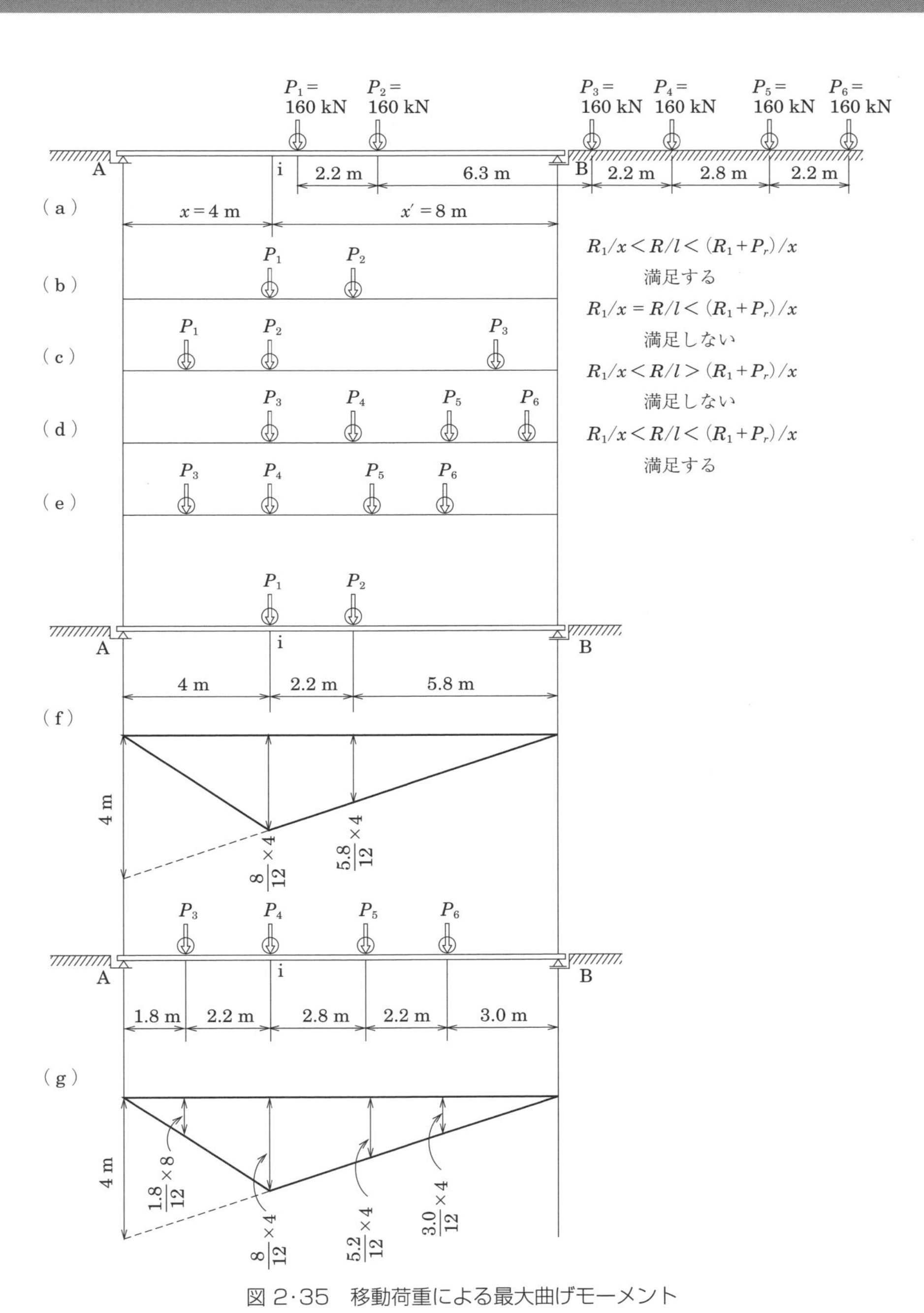

図 2·35　移動荷重による最大曲げモーメント

$$R_1/x < R/l > (R_1 + P_r)/x$$

となり．式を満足しないので，さらに荷重を一つだけ進める．

図（e）において

Ai 間の平均荷重　$R_1/x = 160/4 = 40$ kN/m

全体の平均荷重　$R/l = 640/12 = 53.3$ kN/m

P_r を含む Ai 間の平均荷重　$(R_1 + P_r)/x = 320/4 = 80$ kN/m

よって

$$R_1/x < R/l < (R_1 + P_r)/x$$

となり，式を満足するので，曲げモーメントを計算し，図（b）の場合の値とその大小を比較しなければならない．図（b）と図（e）の場合の曲げモーメントを M_{i1}，M_{i2} とし，それぞれ影響線を用いて求めると

$$M_{i1} = 8/12(4 \times 160) + 5.8/12(4 \times 160) = 426.7 + 309.3 = 736.0 \text{ kN·m}$$

$$= 426.7 + 309.3 = 736.0 \text{ kN·m}$$

$$M_{i2} = 1.8/12(8 \times 160) + 8/12(4 \times 160) + 5.2/12(4 \times 160) + 3.0/12(4 \times 160)$$

$$= 192.0 + 426.7 + 277.3 + 160.0 = 1\,056.0 \text{ kN·m}$$

となり，$M_{i2} > M_{i1}$ であるから

断面 i の最大曲げモーメント $M_{i\max} = 1\,056.0$ kN·m

となる．

参考　自動車荷重と列車荷重

構造物に作用する外力は，自重を含めた荷重と支点反力の2種類になるが，いいかえれば，構造物または部材に，応力や変形の増減を起こさせるすべての作用ということができる．荷重はその作用状態によっていろいろに分類できるが，まず，荷重の作用位置の変化の有無によって，静止荷重（static load）と移動荷重（moving load）に分けられる．

静止荷重とは一定の位置に作用する一定の大きさの荷重で，例えば自重がそうである．移動荷重とは列車または自動車のように，一定の大きさの重量が構造物上を移動する荷重をいう．静止荷重であって，長期にわたって移動しない，自重および構造物に固着した荷重などを死荷重（dead load），また移動荷重，積載荷重（群集荷重）のように動いて作用する荷重を活荷重（live load）という．なお，静止荷重，移動荷重ともに，その荷重の大きさは時間とともに変化しないものであるが，風荷重，走行機関車の揺れによる荷重，地震力，温度変化の影響などは時間とともに変化してくり返して作用するもので，変動荷重といわれる．さらに，走行機関車がレールの継目を通過する車輪より伝わる荷重のように微小時間に大きさが変化する衝撃作用の衝撃荷重がある．

活荷重は道路橋の設計であれば，車道の自動車荷重や歩道の群集荷重（人など），鉄道橋であれば，列車の荷重を対象とするのが一般的である．道路橋の設計における技術基準としての「道路橋示方書・同解説Ⅰ共通編」は活荷重について，次のように示している．

①　道路における活荷重

活荷重は，自動車荷重（T荷重，L荷重），群集荷重および軌道の車両荷重とし，大型の自動車の交通の状況に応じてA活荷重およびB活荷重に区分する．

B活荷重は高速自動車国道，一般国道，都道府県道および幹線市町村道について，その他の市町村道については，大型自動車の交通の状況に応じてA活荷重またはB荷重を用いる．また，自動車荷重は載荷方法の違いによって，T荷重とL荷重とに分けられて規定されており，スラブ・床組を設計する場合にはT荷重を用い，主桁を設計する場合にはL荷重を用いる．

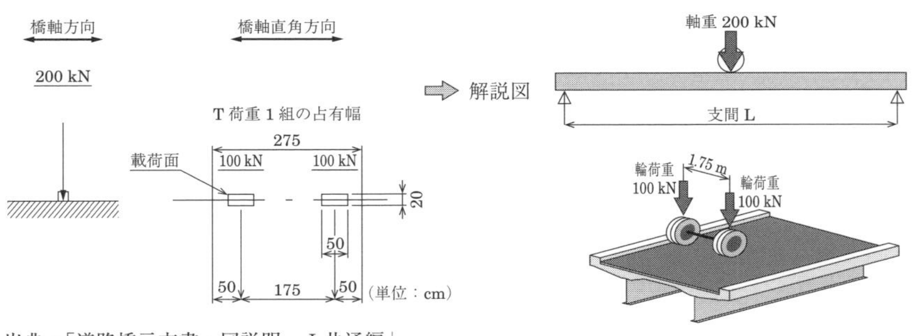

出典：「道路橋示方書・同説明　Ⅰ共通編」

参考図1　T荷重の載荷位置

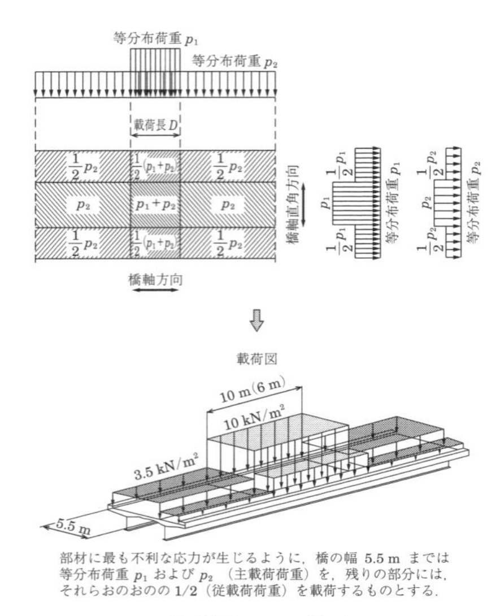

部材に最も不利な応力が生じるように，橋の幅 5.5 m までは等分布荷重 p_1 および p_2（主載荷荷重）を，残りの部分には，それらおのおのの 1/2（従載荷荷重）を載荷するものとする.

参考図２　L荷重

②　鉄道における列車荷重

「鉄道構造物等設計基準・同解説コンクリート構造物」鉄道総合研究所編は，「列車荷重（L）は機関車荷重，電車・内燃動車（筆者注：ディーゼルカーなど）荷重および新幹線荷重からなるものとし，標準列車荷重の設定の項目のなかで，新幹線荷重については，N 標準荷重またはＰ標準活荷重を終局限界状態の検討に用いる列車荷重の規格値とする.」とし，下図のように示している.

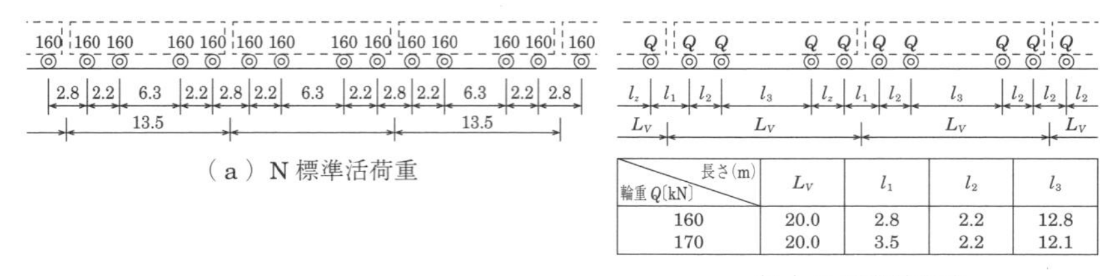

（ａ）N 標準活荷重

輪重 Q〔kN〕＼長さ（m）	L_V	l_1	l_2	l_3
160	20.0	2.8	2.2	12.8
170	20.0	3.5	2.2	12.1

（ｂ）P 標準活荷重

出典：「鉄道構造物等建設基準・同説明　コンクリート構造物」

参考図３　NP 荷重

12 キング オブ キングス

最大の中の最大の曲げモーメント

単純ばりに作用する荷重が移動しないで固定しているときの最大曲げモーメントの値は一つだけである．しかし，移動荷重にあっては，その移動とともに最大曲げモーメントの生じる断面も移動するので，最大曲げモーメントは多数あることになる．

これら多数の最大曲げモーメントのうちで，

(1) 図 2･36 のような作用位置のときに断面 m の曲げモーメントが，はりのどの形面の曲げモーメントよりも最も大きい．

(2) 同時に，その曲げモーメントが荷重の移動によって変化するもののうちで最大である．

このような曲げモーメントは，はりの各断面における最大曲げモーメントのうちで最も大きい値を持つもので，これを**絶対最大曲げモーメント**という．

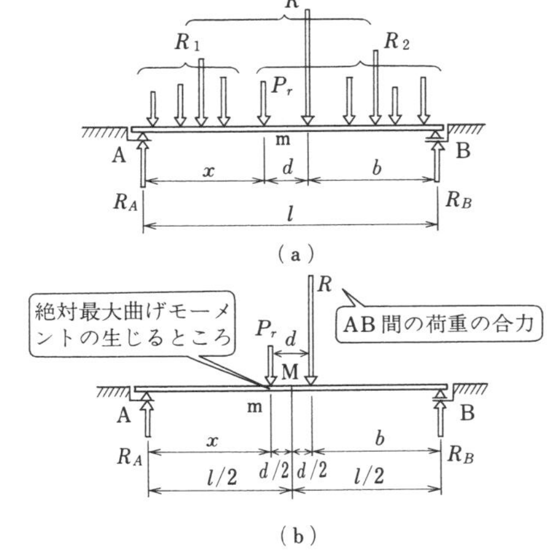

図 2･36 絶対最大曲げモーメントの生じる断面の位置

絶対最大の条件

まず，(1)から断面 m は最大曲げモーメントの生じる断面であるから，その断面のせん断力は 0，すなわち，$S_m = R_A - R_1 = 0$ である．また，$R_A = R \cdot b/l$ であるから $R \cdot b/l = R_1 = 0$

よって $R \cdot b/l = R_1$

したがって

$$\frac{R}{l} = \frac{R_1}{b} \qquad (2\cdot29)$$

構造力学の基礎 はりの計算 部材断面の性質 はりの応力度と設計 柱 トラス たわみと不静定ばり

(2) から，式 (2·28) によって $\dfrac{R_1}{x}=\dfrac{R}{l}$ (2·30)

この式 (2·29)，(2·30) が同時になりたつためには

$$\frac{R_1}{x}=\frac{R_1}{b} \quad \text{よって} \quad x=b \tag{2·31}$$

である．したがって，はりの支間中央の断面をMとすると，Mはmと合力 R の作用位置との中央にあることになる．

以上まとめて，**はりの絶対最大曲げモーメントは，はりになるべく多くの荷重をのせて，その合力の作用位置を求め，これに近い荷重 P_r との距離を d とし，支間の中央線で d を2等分するとき P_r の作用する断面で生じる**ということになる（図2·36 (b)）．

No. 7 単純ばりに連行荷重が作用するときの絶対最大曲げモーメントを求めてみよう

図2·37のように連行荷重が作用するときの絶対最大曲げモーメントを求めよ．

〔解〕 合力 R は60 kNから2 mの点にあり，図2·37 (a) のように，合力 R と近い20 kNとの距離を d として，20 kNの作用する断面 m_1 における曲げモーメントを M_{m1} を影響線によって求めると

$$M_{m1}=1.2\times20+2.4\times20+0.8\times60$$
$$=120\ \text{kN·m}$$

となる．

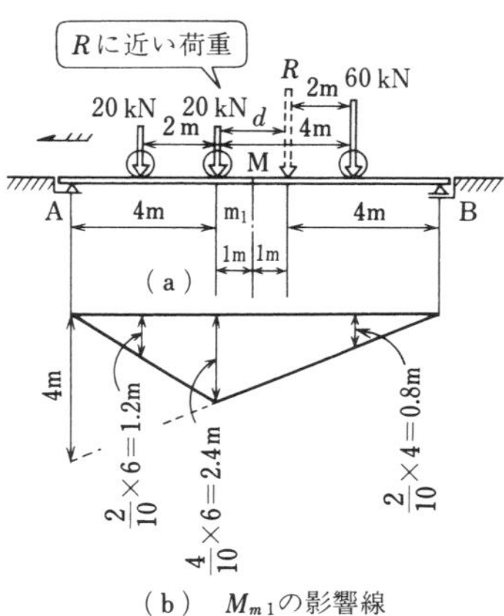

(b) M_{m1} の影響線

図2·37

次に，図2·38 (a) のように荷重を進め，合力 R に近いもう一つの荷重60 kNの作用する断面 m_2 における曲げモーメント M_{m2} を求めると次のようになる．

$$M_{m2}=0.8\times20+2.4\times60=160\ \text{kN·m}$$

よって $M_{ab\max}=160\ \text{kN·m}$ となる．

(b) M_{m2} の影響線

図2·38

13 樹木の根元はなぜ太い

集中荷重を受けるとき

片持ばりは単純ばりでは用いなかった固定支点一つだけでささえられたはりである．支点のところを**固定端**，その反対側の先端を**自由端**という．

2･3 節で学んだように，一般に片持ばりの支点の反力は，鉛直の反力，水平の反力，反力モーメントの三つである．

図 2･39（a）のように，鉛直の荷重 P_1，P_2 が作用するとき支点 B に働く反力は，水平の反力は生じないので鉛直の反力と反力モーメントの二つである．鉛直反力 R_B は上向き，反力モーメント M_B は，左側に張り出した片持ばりでは反時計まわりに，また，右側に張り出した片持ばりでは時計まわりにそれぞれ仮定して計算する．その結果が負となったときは，その向きとは逆になる．

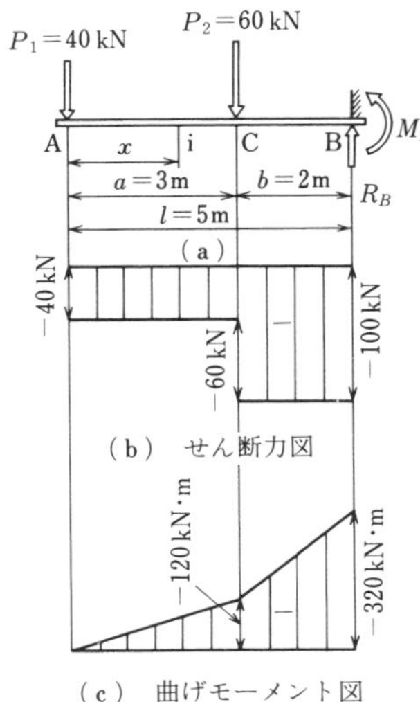

図 2･39 集中荷重を受ける片持ばり

反力 R_B は　$\Sigma V=0$ から

$$\Sigma V=-P_1-P_2+R_B=0$$

よって　$R_B=P_1+P_2=40+60=100$ kN

反力モーメント M_B は　$\Sigma M_B=0$ から

$$\Sigma M_B=-P_1 l-P_2 b-M_B=0$$

よって　$M_B=-P_1 l-P_2 b=-40\times5-60\times2=-320$ kN･m

反力 M_B が負となったので，反力 M_B は時計まわりのモーメントである．

せん断力は，その断面の左側を考えるときは，上向きを正，下向きを負として

$$S_{AC}=-P_1=-40\text{ kN}\qquad S_{CB}=-P_1-P_2=-40-60=-100\text{ kN}$$

これらから，せん断力図を描くと図（b）のようになる．

曲げモーメントは断面iより左側の力の断面iについてモーメントをとると

$$M_i = -P_1 x = -40x$$

よって，$M_C = -40 \times 3 = -120\ \mathrm{kN \cdot m}$ となる．

以下同じようにして

$$M_B = -P_1 l - P_2 b = -40 \times 5 - 60 \times 2 = -320\ \mathrm{kN \cdot m}$$

となり，これは反力 M_B と等しい．曲げモーメント図は図（c）のようになる．以上の結果から，**せん断力と曲げモーメントはともに支点で最大**となることがわかる．

これまでは，右側で支持された片持ばりの場合であったが，左側で支持された場合は，せん断力と曲げモーメントを求めるのに，断面より右側の力について考えるときは下向きの荷重を正，時計まわりのモーメントを負とすることは単純ばりと同じである．このように，**支点が右側と左側とではせん断力の正負が反対となるが，曲げモーメントはともに負である．**

等分布荷重を受けるとき

図 2·40 のように等分布荷重を受ける片持ばりを解いてみる．等分布荷重は単純ばりと同じように，集中荷重に換算して計算する．

各断面のせん断力と曲げモーメントは，ここでは断面より右側の力について考え，下向きを正，上向きを負とし曲げモーメントは時計まわりが負となる．

$$S_i = 80\ \mathrm{kN} \qquad S_D = 160\ \mathrm{kN}$$

$$S_{DC} = 160\ \mathrm{kN}$$

$$S_{CA} = 160 + 30 = 190\ \mathrm{kN} = R_A$$

$$M_i = -80 \times 1 = -80\ \mathrm{kN \cdot m}$$

$$M_D = -160 \times 2 = -320\ \mathrm{kN \cdot m}$$

$$M_C = -160 \times 4 = -640\ \mathrm{kN \cdot m}$$

$$M_A = -160 \times 6 - 30 \times 2 = -1\,020\ \mathrm{kN \cdot m}$$

以上の結果を図示すると，図（b），図（c）のようになる．

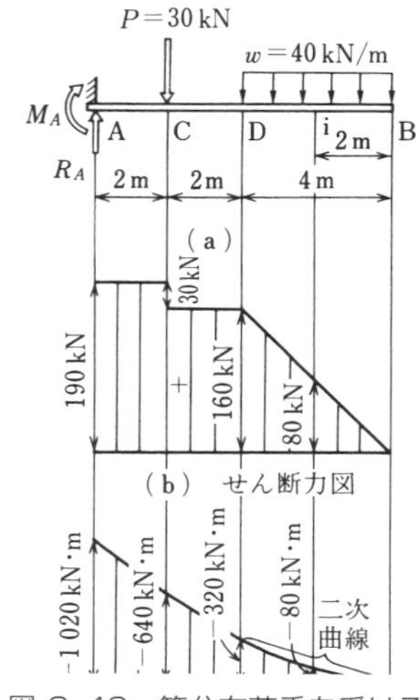

図 2·40　等分布荷重を受ける片持ばり

14 単純ばり君と片持ばり嬢の結婚

単純ばりと片持ばりの組合せ

張出しばりは単純ばりの支点から左右またはどちらか一方に張出しているはりで，張出し部は片持ばり，中央部は張出し部の影響をうける単純ばりと考えられるから，反力とせん断力と曲げモーメントは，単純ばりと片持ばりの計算方法を組み合わせて求めることができる．

図 2·14（a）に示す集中荷重をうける張出しばりを解いてみよう．

反力 R_A は $\Sigma M_B = 0$ から

$$\Sigma M_B = -60 \times 7 + R_A \times 6 - 300 \times 4 + 90 \times 2 = 0$$

$$R_A = \frac{60 \times 7}{6} + \frac{300 \times 4}{6} - \frac{90 \times 2}{6} = 240\ \text{kN}$$

反力 R_B は $\Sigma M_A = 0$ から

$$\Sigma M_A = -60 \times 1 + 300 \times 2 - R_B \times 6 + 90 \times 8 = 0$$

$$R_B = -\frac{60 \times 1}{6} + \frac{300 \times 2}{6} + \frac{90 \times 8}{6} = 210\ \text{kN}$$

せん断力図は，はりの左端 C～E，E～A，A～F の順にそれぞれの区間でせん断力を求め，そのはり位置による変

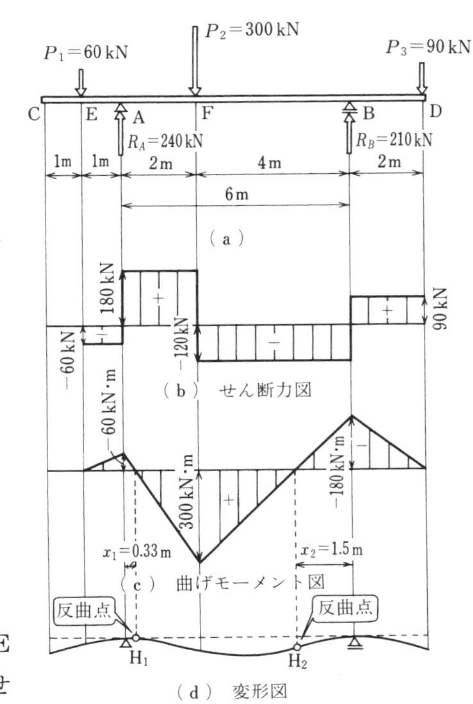

図 2·41 集中荷重を受ける張出しばり

化を描いて図（b）のようになる．ここで，せん断力の正，負が変化している位置，たとえば，支点Aでせん断力図の正側の縦距180 kNと負側の縦距60 kNを加えた値はR_A（＝240 kN）と一致しているが，これは，断面Fにおいても支点Bにおいても同様である．これを確かめることによってせん断力の計算の誤りを正すこともできる．

各断面の曲げモーメントは，次のようになる．

$$M_C = 0 \qquad M_E = 0 \qquad M_A = -60\times 1 = -60\ \mathrm{kN\cdot m}$$

$$M_F = -60\times 3 + 240\times 2 = 300\ \mathrm{kN\cdot m}$$

$$M_B = -90\times 2 = -180\ \mathrm{kN\cdot m} \qquad M_D = 0$$

曲げモーメント図は図（c）のようになるが，曲げモーメントの正負が変化する断面が二つある．これは曲げモーメントが0の断面で，この断面では図（d）に示すように，はりの変形の向きが反対になるので，この位置を**反曲点**と呼んでいる．

張出しばりでは，張出し部分に荷重があるとA，B支点に負の曲げモーメントを生ずるが，AB間の単純ばりの曲げモーメント，たとえば，図2･42において，断面Cの曲げモーメントM_Cの大きさを，同じ支間の単純ばりに比べて小さくすることができる利点がある．

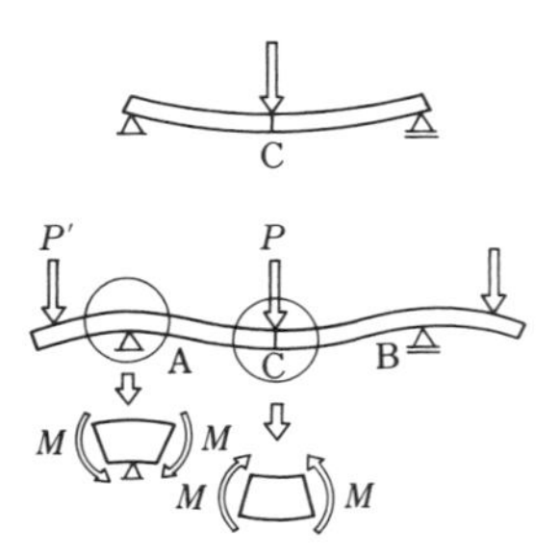

図 2･42　曲げモーメントのつりあう構造

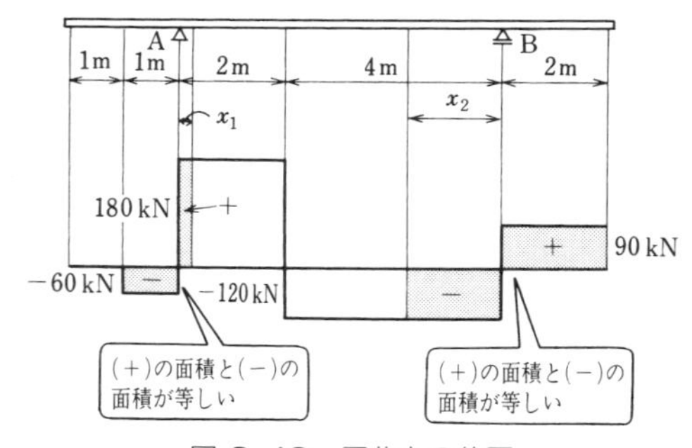

図 2･43　反曲点の位置

なお，反曲点の位置は図2･43のように，支点Aから反曲点までの距離をx_1，支点Bからの距離をx_2とすると，それぞれ反曲点から左または右のせん断力図の面積を，それぞれ0とおいて求めることができる．すなわち

$$-60\times 1 + 180\times x_1 = 0 \quad \text{よって} \quad x_1 = 0.33\ \mathrm{m}$$

$$+90\times2-120\times x_2=0 \quad よって \quad x_2=1.5\ \mathrm{m}$$

次に，図 2·44（a）のように一端張出しばりが集中荷重と等分布荷重を受ける場合を解いてみよう．

等分布荷重の合力が CE 間の中央に作用すると考えて計算をすすめる．

反力 R_A，R_B は

$\Sigma M_B=0$，$\Sigma M_A=0$　から

$$R_A=\frac{210\times2}{6}-\frac{80\times0}{6}=140\ \mathrm{kN}$$

$$R_B=\frac{80\times6}{6}+\frac{210\times2}{6}=150\ \mathrm{kN}$$

せん断力は

$S_{AD}=140\ \mathrm{kN}$

$S_{DE}=140-210=-70\ \mathrm{kN}$

支点 B のすぐ左を考えるときは

$S_B=140-210-40=-110\ \mathrm{kN}$

支点 B のすぐ右を考えるときは，BC 間の等分布荷重の合力は 40 kN だから

$S_B=40\ \mathrm{kN}$

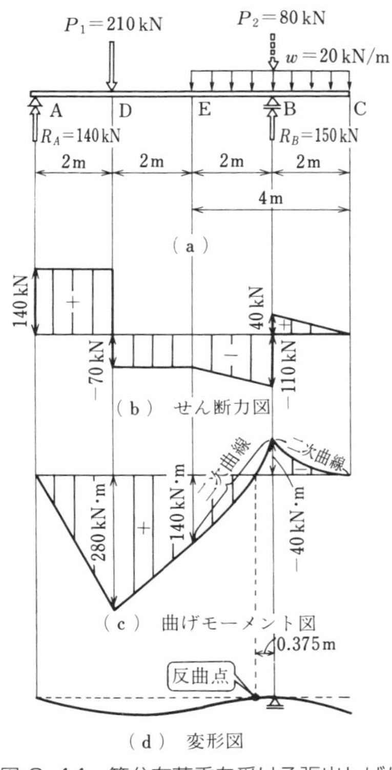

図 2·44　等分布荷重を受ける張出しばり

これを図示すると，図（b）のようになる．

曲げモーメントは

$M_A=0$　　$M_D=140\times2=280\ \mathrm{kN\cdot m}$

$M_E=140\times4-210\times2=140\ \mathrm{kN\cdot m}$

$M_B=-40\times1=-40\ \mathrm{kN\cdot m}$　　$M_C=0$

これを図示すると，図（c）のようになる．また変形図は図（d）のようになる．

No. 8 等分布荷重や等変分布荷重が作用する場合の張出しばりを解いてみよう

図 2・45 に示す張出しばりのせん断力・曲げモーメントを計算し，反曲点の位置を求めよ．

〔解〕 反力 R_A は $\Sigma M_B=0$ から

$$\Sigma M_B=-45\times 7+R_A\times 6-180\times 3=0$$

$$R_A=\frac{1}{6}(315+540)$$

$$=142.5\ \mathrm{kN}$$

反力 R_B は $\Sigma M_A=0$ から

$$\Sigma M_A=-45\times 1-R_B\times 6+180\times 3=0$$

$$R_B=\frac{1}{6}(-45+540)$$

$$=82.5\ \mathrm{kN}$$

せん断力は

$S_{A左}=-45$ kN,

$S_{A右}=-45+142.5$
$=97.5$ kN

$S_B=-45+142.5-180$
$=-82.5$ kN

AB 間において点 A から x 点のせん断力 S_x は

$S_x=-45+142.5-30x$

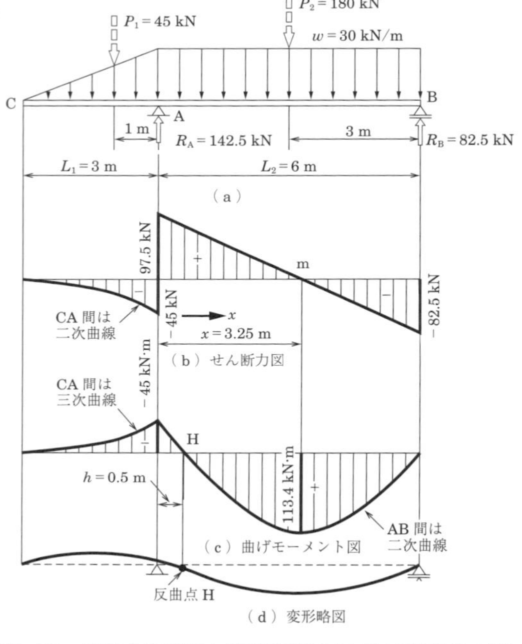

図 2·45　等変分布荷重と等分布荷重を受ける張出しばり

$=97.5-30x$ で表される．せん断力の正，負が変わる位置は，$S_x=0$ を代入して

$0=97.5-30x$　よって，$x=3.25$ m

したがって，せん断力図は図 2·45（b）のようになる．

曲げモーメントは

$M_c=0$ kN·m，$M_A=-45\times 1=-45$ kN·m，$M_B=0$ kN·m

最大曲げモーメントは，$x=3.25$ m の点で生じ

$$M_{\max}=-45\times(1+3.25)+142.5\times 3.25-30\times 3.25\times\frac{3.25}{2}$$

$$=113.4\ \mathrm{kN\cdot m}$$

曲げモーメント図は，図 2·45（c）のようになる．

反曲点の位置は

AB 間で点 A から x の位置の曲げモーメント M_x は，

$$M_x = -45\times(1+x)+142.5x-30x\times\frac{x}{2} = -15x^2-45x+97.5$$

反曲点は $x=h$ のとき，$M_x=0$ とおいて，
$-15x^2-45x+97.5=0$ から $h=0.5$ または $h=6$ となる．
したがって図 2·45（d）に示すように，反曲点は支点 A の右 0.5 m の点 H となる．

張出しばりの反力の影響線

反力の影響線は図 2·46（a）のように張出しばりの先端に単位荷重 $P=1$ が作用する場合，反力 R_A，R_B は

$$R_A = 1+\frac{l_2}{l_1}\qquad R_B = -\frac{l_2}{l_1}$$

図（b）のように，D に単位荷重 $P=1$ が作用する場合，反力 R_A，R_B は

$$R_A = -\frac{l_3}{l_1}\qquad R_B = 1+\frac{l_3}{l_1}$$

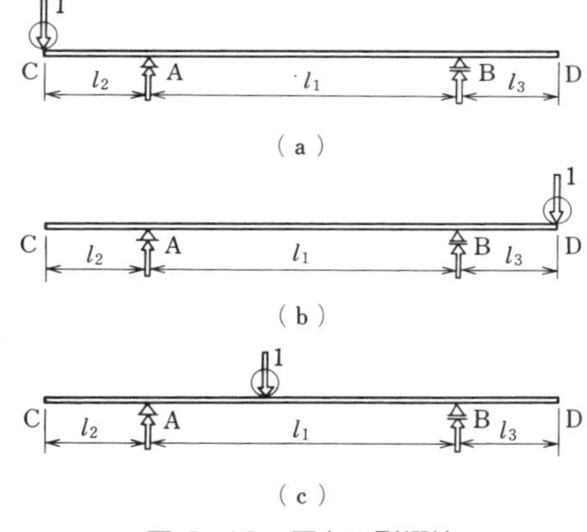

図 2·46　反力の影響線

図（c）のように，AB 間に単位荷重 $P=1$ が作用する場合の反力 R_A，R_B は，単純ばりの場合と同じであるから，影響線は単純ばりの反力 R_A，R_B の影響線と同じである．

以上の結果から，張出しばりの反力の影響線は，図 2·47 のように，単純ばり AB の影響線を張出し部まで延長して描くことができる．

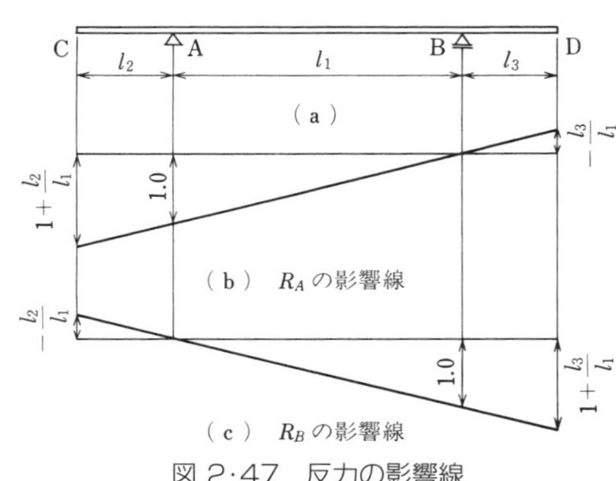

図 2·47　反力の影響線

張出しばりのせん断力の影響線

せん断力の影響線は図2·48（a）のように，単位荷重 $P=1$ がCA間に作用するとき断面 i のせん断力 S_i は，$S_i=-1+R_A=-R_B$ となり，張出しばりの R_B の影響線を負にしたものである．

次に，単位荷重 $P=1$ がAB間に作用するときは，単純ばりのせん断力の影響線と同じである．また，BD間に作用するときの S_i は $S_i=R_A$ となり，張出しばりの R_A の影響線と同じものとなる．

以上のようにして，張出しばりのせん断力の影響線は，単純ばりABのせん断力の影響線を張出し部まで延長して描くことができる．

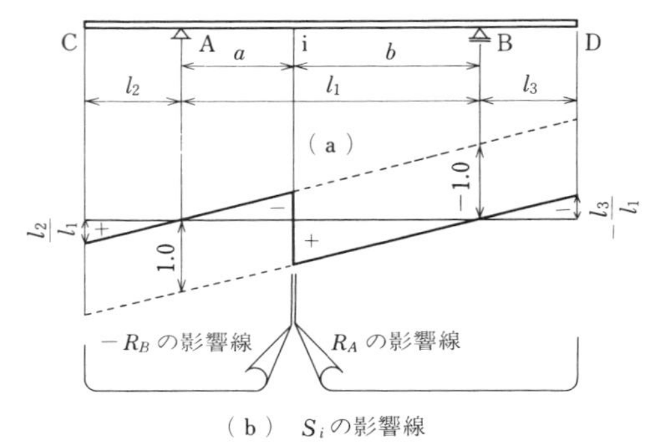

図2·48 せん断力の影響線

No. 9 張出しばりのせん断力を影響線から求めてみよう

図2·49の張出しばりの点 i のせん断力を，影響線を用いて求めよ．

〔解〕 集中荷重下の縦距 y_D は，$y_O=-0.3$ である．

また，等分布荷重下の影響線で囲まれた面積Aは，区間CAにおける基準線と影響線とで囲まれた面積 A_1 と区間AEにおける面積 A_2 を合計したものであり，

$$A=A_1+A_2=\frac{2}{8}\times 2\times\frac{1}{2}-\frac{3}{8}\times 3\times\frac{1}{2}=\frac{4}{16}-\frac{9}{16}=-\frac{5}{16}$$

$$=-0.31$$

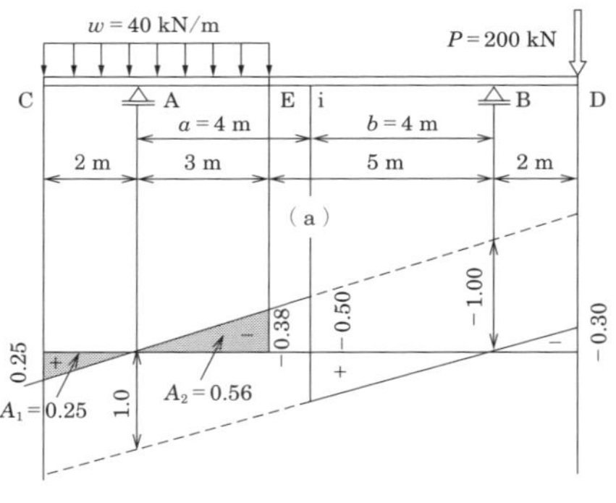

図2·49 張出しばりのせん断力の影響線

したがって，せん断力 S_i は次のようになる．

$$S_i=y_DP+A_w=-0.3\times 200-0.31\times 40=-60.0-12.4=-72.4\text{ kN}$$

張出しばりの曲げモーメントの影響線

張出しばりの曲げモーメントの影響線も，これまでのように単純ばり AB の曲げモーメントを張出し部へ延長して描くことができる．

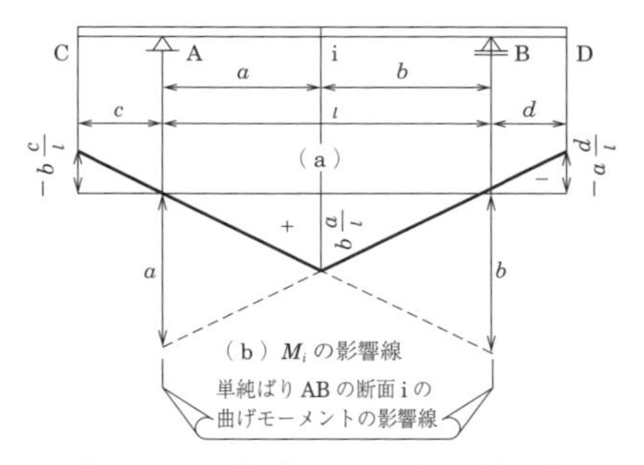

図 2·50　曲げモーメントの影響線

No. 10　張出しばりの曲げモーメントを影響線から求めてみよう

図 2·51 (a) の張出しばりの断面 i の曲げモーメントを影響線を用いて求めよ．

〔解〕　等分布荷重下の影響線の面積は

$$A = 2.25 - 1.0 = 1.25\ \mathrm{m^2}$$

集中荷重下の影響線の縦距は

$$y = -1.0\ \mathrm{m}$$

であるから，断面 i の曲げモーメントは

$$M_i = 1.25 \times 40 + (-1.0 \times 200)$$
$$= -150\ \mathrm{kN \cdot m}$$

となる．

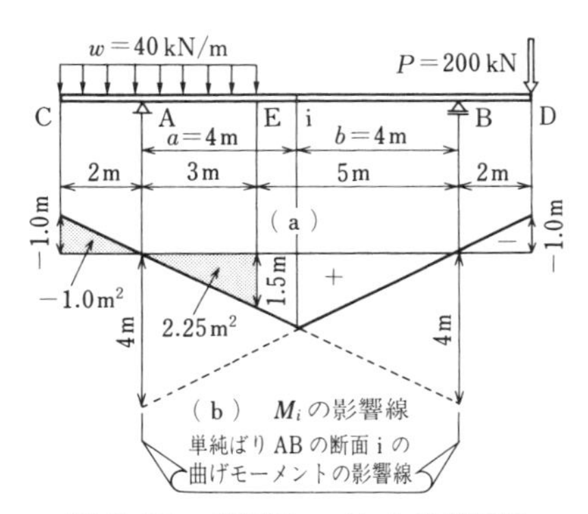

図 2·51　曲げモーメントの影響線

15 解決できたたがいの間

単純ばりと張出しばりを組み合わせて

連続ばりを用いる**連続げた橋**は，地盤の弱いところで**橋脚**が沈下すると，橋げたは危険になる．そこで，前もってけたにヒンジを入れておけば，多少沈下してもヒンジのところで，けたは変形できるので安全である．

このように，支間が二つ以上連続している連続ばりに，図 2·52 (a)，(b)，(c) のようにヒンジを入れて静定ばりとしたものが**ゲルバーばり**である．ゲルバーばりは張出しばりに単純ばりを組み合わせた構造であるから，その反力と断面力は単純ばりと張出しばりの計算方法を組み合わせて求めることができる．そのさい，張出しばりの先端に単純ばりの支点反力を向きが反対の荷重として作用させて計算をする．図 2·53 (a) のゲルバーばりを解いてみよう．

単純ばり EF の支点反力 R_E，R_F は　　$R_E = R_F = \dfrac{120}{2} = 60\ \text{kN}$

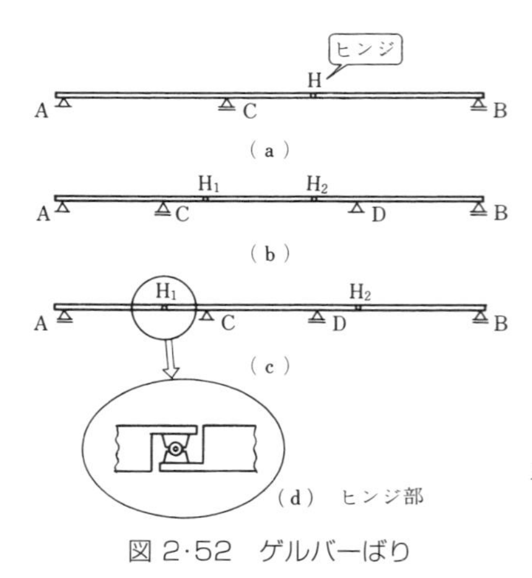

図 2·52　ゲルバーばり

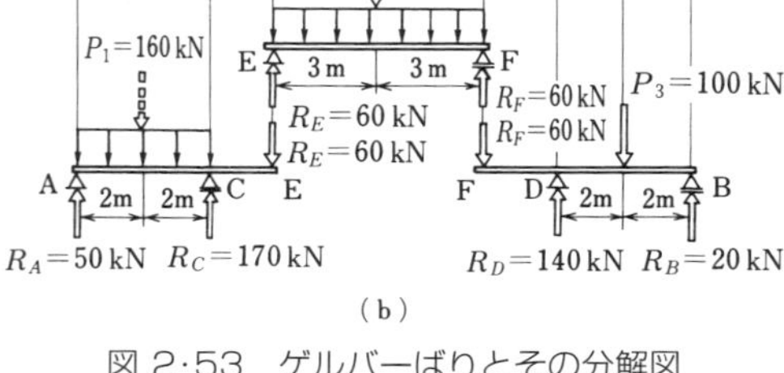

図 2·53　ゲルバーばりとその分解図

張出しばり ACE，BDF の反力は

$$R_A = \frac{160 \times 2}{4} - \frac{60 \times 2}{4} = 50 \text{ kN} \qquad R_C = \frac{160 \times 2}{4} + \frac{60 \times 6}{4} = 170 \text{ kN}$$

$$R_B = \frac{60 \times 2}{4} + \frac{100 \times 2}{4} = 20 \text{ kN} \qquad R_D = \frac{60 \times 6}{4} + \frac{100 \times 2}{4} = 140 \text{ kN}$$

以上の結果から，各はりについて，外力の変化を左端から順次描くと図 2･54 (b) のようになり，これをまとめると図 (c) のようにゲルバーばりのせん断力図が求められる．また，各はりについて曲げモーメント図を描くと，図 (d) のようになり，これをまとめると図 (e) のようにゲルバーばりの曲げモーメント図が求められる．

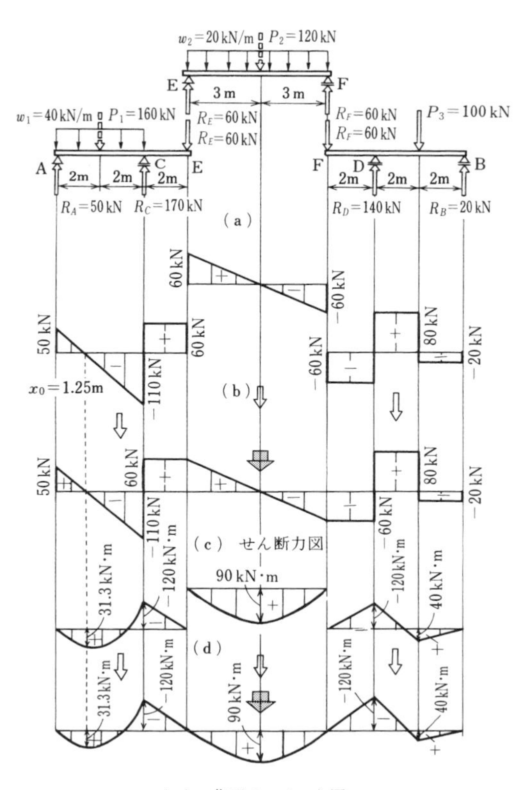

図 2･54　せん断力図と曲げモーメント図

ゲルバーばりの影響線

図 2·55（a）に示すゲルバーばりの反力 R_A，R_B および断面 i のせん断力 S_i，曲げモーメント M_i の影響線は，はりの左から右に向かって移動する単位荷重 $P=1$ が AE 間の張出しばり上にあるときは，張出しばりの影響線でよいが，EF 間の単純ばり上にあるときは，単純ばりの反力 R_E が張出しばりの先端 E に逆向きの荷重として作用するときの影響線すなわち，$P=1$ が E 上で $R_E=1$，F 上で $R_E=0$ であるから AE 間の影響線に E で接続し F で 0 になる影響線となる．また，反力 R_D，R_B および断面 i′ のせん断力 S_i'，曲げモーメント M_i' の影響線も同じようにして求められる．

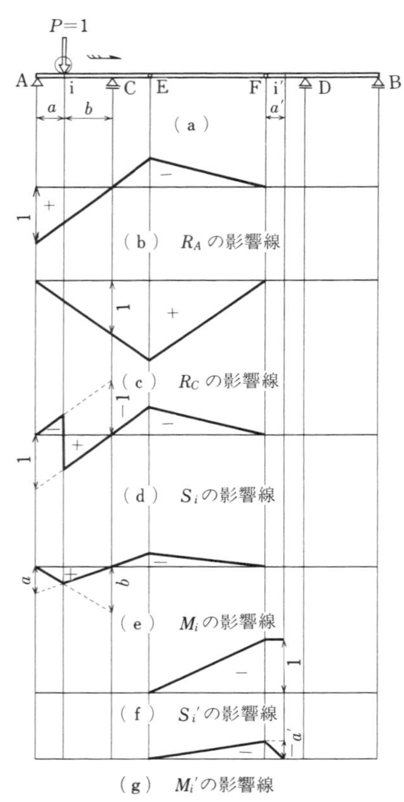

図 2·55　ゲルバーばりの影響線

2章のまとめ問題

【問題 1】 図 2·56 (a), (b) の単純ばりの反力およびせん断力, 曲げモーメントを求めよ.

【問題 2】 図 2·57 (a), (b) のはりの反力およびせん断力, 曲げモーメントを求めよ.

【問題 3】 図 2·57 (b) のはりの反曲点を求めよ.

【問題 4】 図 2·58 (a), (b) に示すゲルバーばりの反力を求めよ.

【問題 5】 図 2·59 (a), (b) のはりの断面 i のせん断力と曲げモーメントを影響線によって求めよ.

【問題 6】 図 2·60 (a), (b) の断面 i のせん断力と曲げモーメントを影響線によって求めよ.

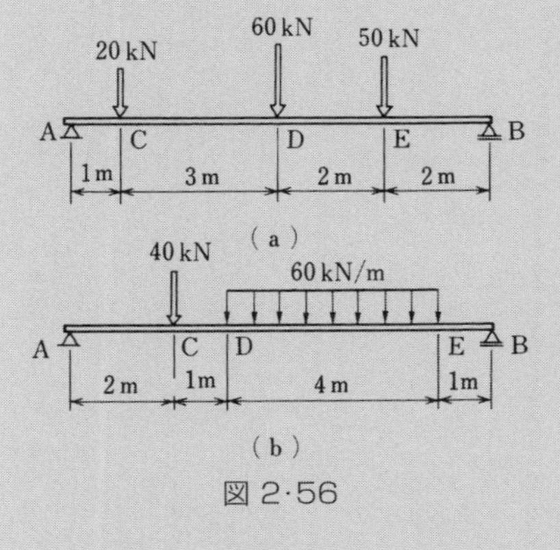

図 2·56

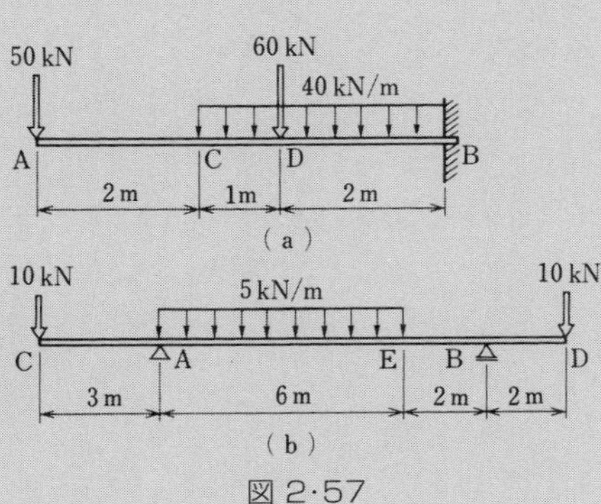

図 2·57

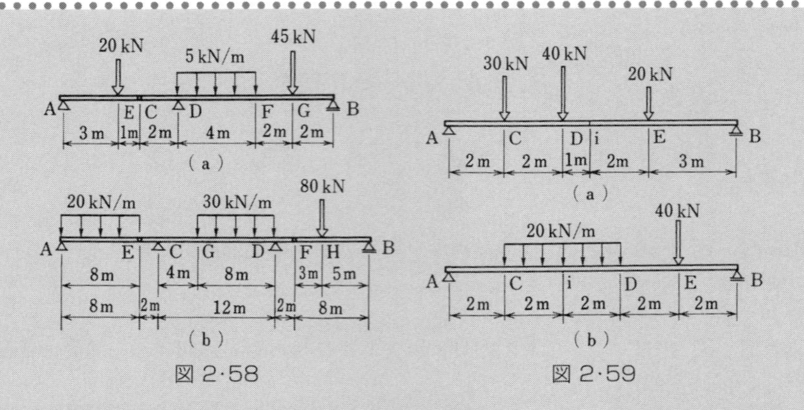

図 2·58　　　図 2·59

【問題 7】 図 2·61 のような連行荷重が作用するとき，断面 i の最大曲げモーメントと最大せん断力を求めよ．

【問題 8】 図 2·61 において，はり AB の絶対最大せん断力と絶対最大曲げモーメントを求めよ．

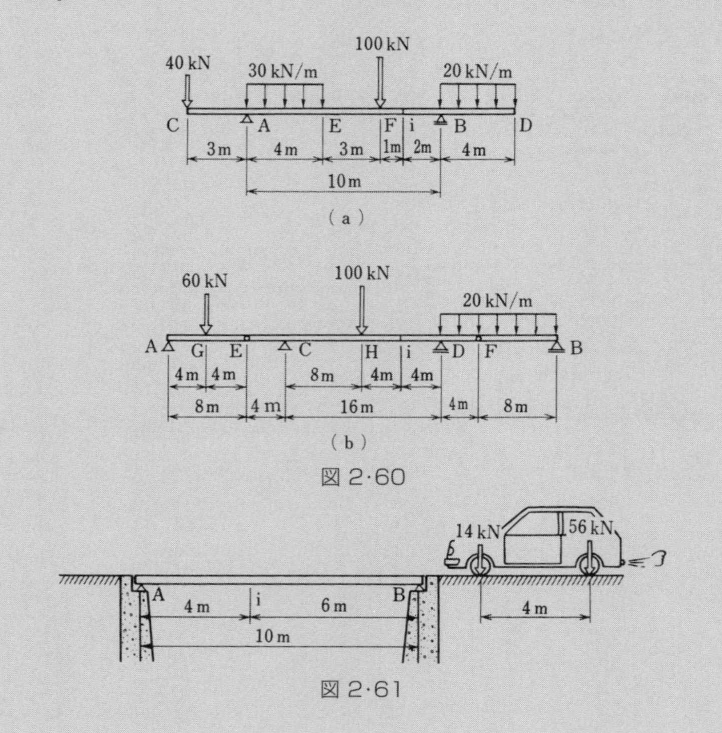

図 2·60

図 2·61

3章

部材断面の性質

木の枝を手で折ろうとするときは，両手に力を加え，その力をだんだん大きくして，木の枝にはたらく曲げモーメントを増していくと，やがて木の枝は折れてしまう．このとき木の枝は太ければ太いほど折れにくい．

次に，木の枝のように断面が円形ではなく，長方形の棒の場合はどうであろうか．棒に力を加えるのに，縦長に押えたときと横長に押えたときとでは棒の断面積が同じであっても，折れるまでの力の大きさはまるで違うことがわかる．これは，はりに荷重が作用する場合についても同じことがいえる．

このように，構造物を形づくる部材断面の形は，部材の強さや変形と深いつながりを持っている．だから，これら断面の持っている性質を理解することは構造物を設計する上できわめて大切なことである．

1 断面の形を数値化しよう

断面を力の集合体とみなして

図 3･1 に示すように，面積 A の断面を x 軸に平行な，かぎりなく小さい幅の帯に分け x 軸から y_i の距離にある帯の断面積を a_i とする．この a_i を x 軸に平行な力とみなして，x 軸についてのモーメントを求めると

$$Q_x = a_1y_1 + a_2y_2 + \cdots + a_iy_i + \cdots + a_ny_n = \sum_{i=1}^{n} a_iy_i \tag{3･1}$$

となる．同じように y 軸については，次のようになる．

$$Q_y = a_1x_1 + a_2x_2 + \cdots + a_ix_i + \cdots + a_nx_n$$
$$= \sum_{i=1}^{n} a_ix_i \tag{3･2}$$

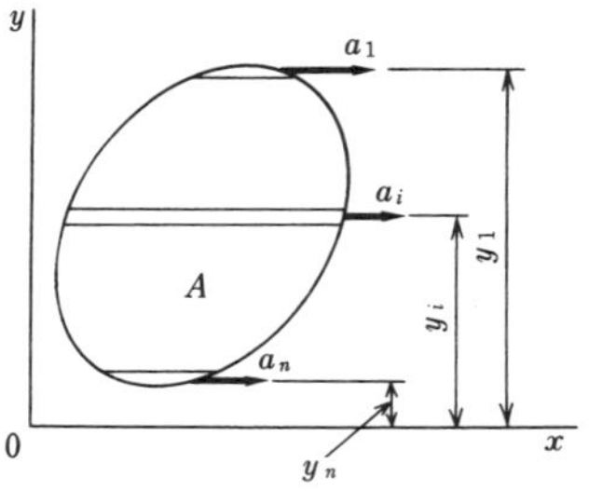

図 3･1　断面一次モーメント

この Q_x，Q_y を x 軸または y 軸に対する**断面一次モーメント**という．

図 3･2 のような幅 b，高さ h の長方形断面 ABCD の辺 BC を通る x 軸に対する断面一次モーメントを求めてみよう．

いま，高さ h を微小な幅 $\varDelta h$ ずつに n 等分したときの x 軸に対する断面一次モーメント Q_x を求めると，次のようになる．

$$Q_x = b\varDelta h\left[\frac{\varDelta h}{2} + \left(\frac{\varDelta h}{2} + \varDelta h\right) + \left(\frac{\varDelta h}{2} + 2\varDelta h\right) + \cdots + \left\{\frac{\varDelta h}{2} + (n-2)\varDelta h\right\}\right.$$
$$\left. + \left\{\frac{\varDelta h}{2} + (n-1)\varDelta h\right\}\right]$$

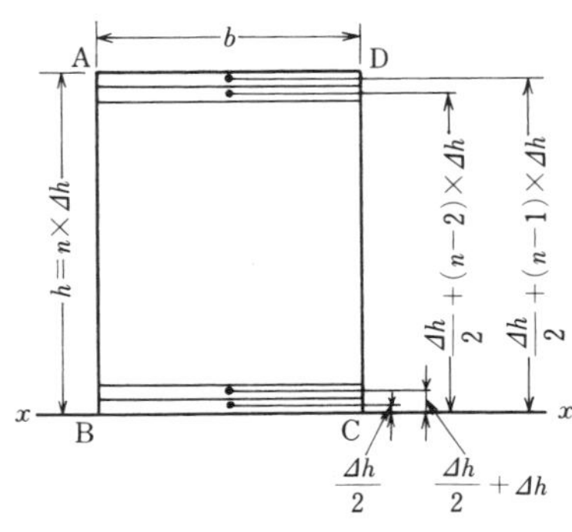

図 3·2　長方形断面の x 軸に対する断面一次モーメント

$$=b\Delta h\Bigg[\underbrace{\left(\frac{\Delta h}{2}+\cdots+\frac{\Delta h}{2}\right)}_{n\text{ 個}\left(\frac{\Delta h}{2}\times n=\frac{h}{2}\right)}+\underbrace{\{\Delta h+2\Delta h+\cdots+(n-2)\Delta h+(n-1)\Delta h\}}_{\Delta h\{1+2+\cdots+(n-2)+(n-1)\}=(n-1)n\frac{\Delta h}{2}}\Bigg]$$

$$=b\Delta h\left\{\frac{h}{2}+\underbrace{(n-1)n\frac{\Delta h}{2}}_{h/2}\right\}$$

$$=b\,\frac{h}{2}\underbrace{\{\Delta h+(n-1)\Delta h\}}_{h}=b\,\frac{h^2}{2}$$

したがって，長方形の一辺に対する断面一次モーメントは，その面積（bh）に

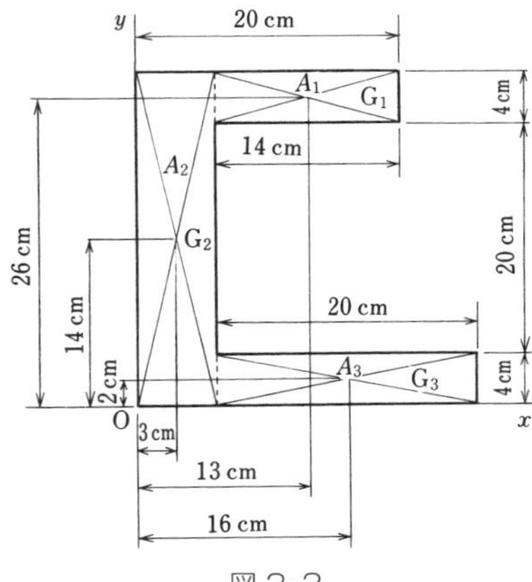

図 3·3

高さの 1/2 をかけたものに等しい．

断面一次モーメントはこのように，**面積×距離**であるから単位 cm^3，m^3 で表され，主として cm^3 が用いられる．

長方形や三角形などの単純な図形の組み合わされた図形の面積を A_1，A_2，$\cdots A_n$ とし，断面一次モーメント Q_x，Q_y は次のようにして求めることができる．

$$Q_x = A_1y_1 + A_2y_2 + \cdots + A_ny_n$$

$$Q_y = A_1x_1 + A_2x_2 + \cdots + A_nx_n$$

なお，断面一次モーメントの符号は直交軸のとり方によって正または負となる．

No. 1 断面一次モーメントを求めてみよう

図 3·3 の断面の x 軸，y 軸に対する断面一次モーメントを求めよ．

〔解〕 断面積 $A_1 = 14 \times 4 = 56$ cm^2

$A_2 = 6 \times 28 = 168$ cm^2

$A_3 = 20 \times 4 = 80$ cm^2

x 軸から A_1，A_2，A_3 の重心までの距離

$y_1 = 26$ cm　　$y_2 = 14$ cm　　$y_3 = 2$ cm

y 軸から A_1，A_2，A_3 の重心までの距離

$x_1 = 13$ cm　　$x_2 = 3$ cm　　$x_3 = 16$ cm

したがって

$$\begin{aligned} Q_x &= A_1y_1 + A_2y_2 + A_3y_3 \\ &= 56 \times 26 + 168 \times 14 + 80 \times 2 \\ &= 3\,968 \text{ cm}^3 \end{aligned}$$

$$\begin{aligned} Q_y &= A_1x_1 + A_2x_2 + A_3x_3 \\ &= 56 \times 13 + 168 \times 3 + 80 \times 16 \\ &= 2\,512 \text{ cm}^3 \end{aligned}$$

平行な2軸に対する断面一次モーメント

図 3·4 のように一つの断面積 A の x，y 軸に対する断面一次モーメントを Q_x，Q_y とし，x，y 軸と平行な X，Y 軸に対する断面 A の断面一次モーメントを Q_X，Q_Y とすると

$$Q_X = a_1(y_1 - y_0) + a_2(y_2 - y_0) + \cdots + a_i(y_i - y_0) + \cdots + a_n(y_n - y_0)$$

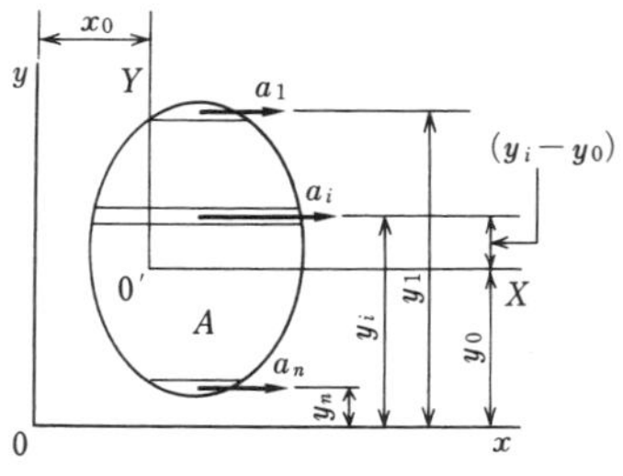

図 3·4 平行な二つの軸に対する断面一次モーメント

$$= (a_1y_1 + a_2y_2 + \cdots + a_iy_i + \cdots + a_ny_n) - (a_1 + a_2 + \cdots + a_i + \cdots + a_n)y_0$$

よって，

$$Q_X = Q_x - Ay_0 \tag{3·3}$$

同じく

$$Q_Y = Q_y - Ax_0 \tag{3·4}$$

となる．

No. 2　平行な軸に対する断面一次モーメントを求めてみよう

図 3･5 の長方形断面の辺 BC に平行な X 軸に対する断面一次モーメントを求めよ．

〔解〕 辺 BC に対する断面一次モーメント Q_x は

$$Q_x = 30 \times 40 \times \frac{40}{2} = 24\,000 \text{ cm}^3$$

式（3･3）によって X 軸に対する断面一次モーメント Q_X を求めると，$y_0 = -10$ cm であるから

$$\begin{aligned} Q_X &= Q_x + A \times 10 \\ &= 24\,000 + 30 \times 40 \times 10 \\ &= 36\,000 \text{ cm}^3 \end{aligned}$$

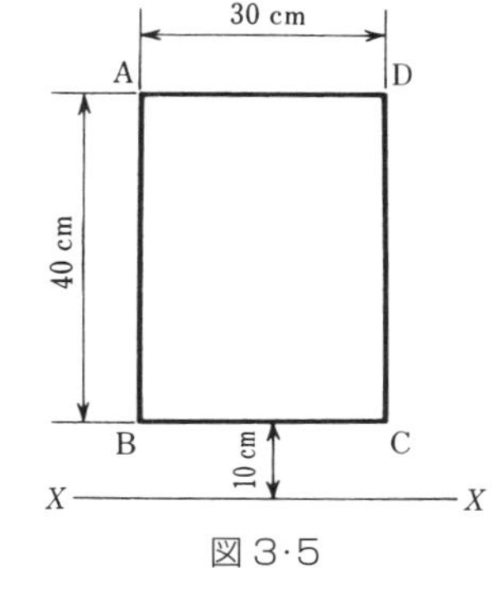

図 3･5

参考　数 列 の 和

$$\sum_{i=1}^{n} i = \underbrace{1+1+1+\cdots+1}_{n\text{個}} = n$$

$$\sum_{i=1}^{n} i = 1+2+3+\cdots+(n-1)+n = \frac{n(n+1)}{2}$$

$$\sum_{i=1}^{n} i = 1+2+3+\cdots+(n-1) = \frac{n(n+1)}{2} - n = \frac{n(n-1)}{2}$$

$$\sum_{i=1}^{n} i^2 = 1^2+2^2+3^2+\cdots+(n-1)^2+n^2 = \frac{n(n+1)(2n+1)}{6}$$

$$\sum_{i=1}^{n} i^2 = 1^2+2^2+3^2+\cdots+(n-1)^2 = \frac{n(n+1)(2n+1)}{6} - n^2 = \frac{n(n-1)(2n-1)}{6}$$

2 相撲は重心でとるものか？

重心は安定計算のかなめ

図3·6のように机の上のマッチ箱を鉛筆の先で押してみよう．図（a）ではまっすぐ進むが，図（b）では回転して前へ進まない．

こうしてみると，**重心**を押さないと前へ進まないことがわかる．一般に，物体に外力が働くとき，外力の合力の作用線が重心を通れば，物体は回転しない．これは，モーメントが働かないからである．

このように重心の位置を見つけることは，構造物の安定計算のかなめになる．

図3·7に示す断面形の重心は，これから学ぶように，断面一次モーメントから

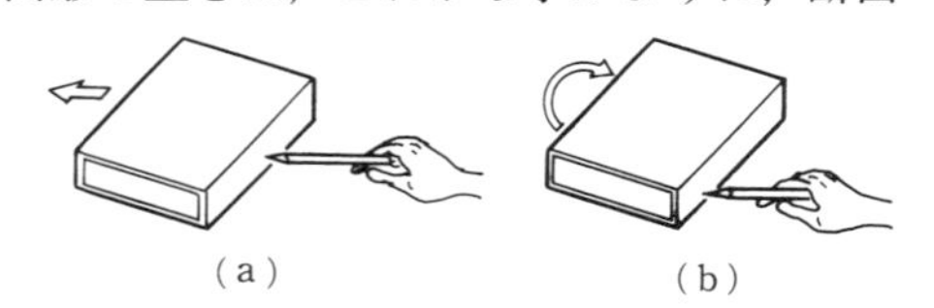

図3·6　マッチ箱の移動

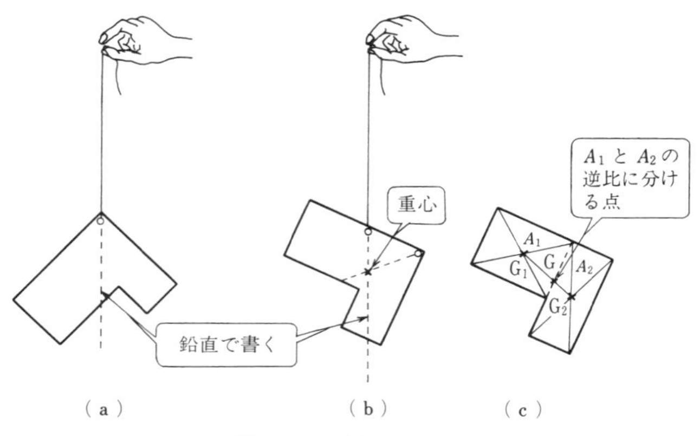

図3·7　重心の求め方

計算で求めることができる．しかし，計算がわからなくても，図 3·7 のように図形を形どった厚紙を糸でつるして実験的に求めることができる．すなわち，物体の重心は一つだけであるから一つの直線と，他の直線が重心を通るならば，その交点が重心になる．

なお，図 3·7（c）のように組合せ断面形の重心は，それぞれの重心を結ぶ直線を二つの面積の逆比に分ける点である．また，対称形断面の重心は対称軸上にある．

重心は，平面の上で考えるときは**図心**と呼ぶ．図 3·8 に簡単な図形の図心を示す．

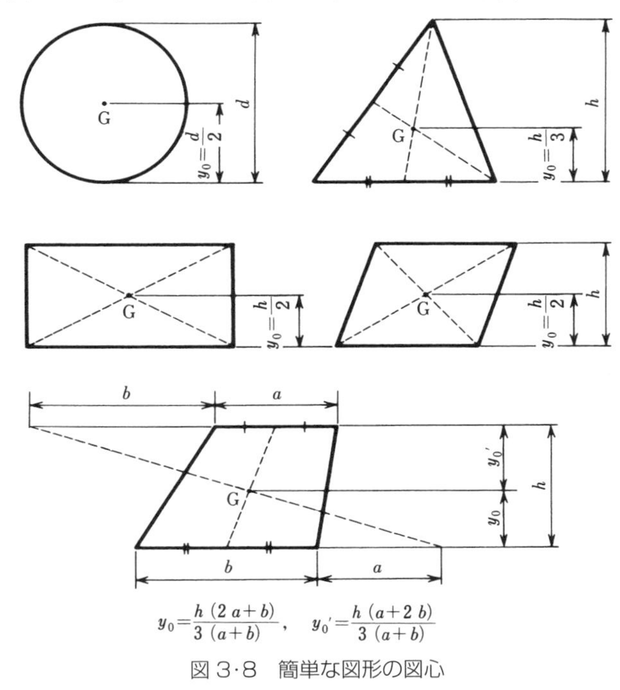

図 3·8　簡単な図形の図心

図心を断面一次モーメントから求める

図 3·9 において，x 軸に平行な力 a_1, a_2, …, a_i, a_n の合力 R は，次のようになる．

$$R=\sum_{i=1}^{n}a_i=a_1+a_2+\cdots+a_i+\cdots+a_n=A$$

したがって，合力 R の作用線から x 軸までの距離を y_0 とすると，バリニオンの定理によって，多数の力の x 軸に対するモーメントの和は，それらの力の合力

の x 軸に対するモーメントに等しいから

$$Q_x = \sum_{i=1}^{n} a_i y_i = A y_0 \qquad (3\cdot5)$$

また同じようにして

$$Q_y = \sum_{i=1}^{n} a_i x_i = A x_0 \qquad (3\cdot6)$$

となる．よって，合力 R の x 軸，y 軸までの距離 y_0，x_0 は，次のようになる．

$$y_0 = \frac{Q_x}{A} \qquad (3\cdot7)$$

$$x_0 = \frac{Q_y}{A} \qquad (3\cdot8)$$

式（3･7），式（3･8）で求められる点（x_0，y_0）をその図形の図心という．

また，図 3･9 において，x，y 軸が図心 G を通れば，$x_0 = y_0 = 0$ となるから式（3･5），式（3･6）から $Q_x = Q_y = 0$ である．

すなわち，**図心を通る軸についての断面一次モーメント**は 0 ということになる．

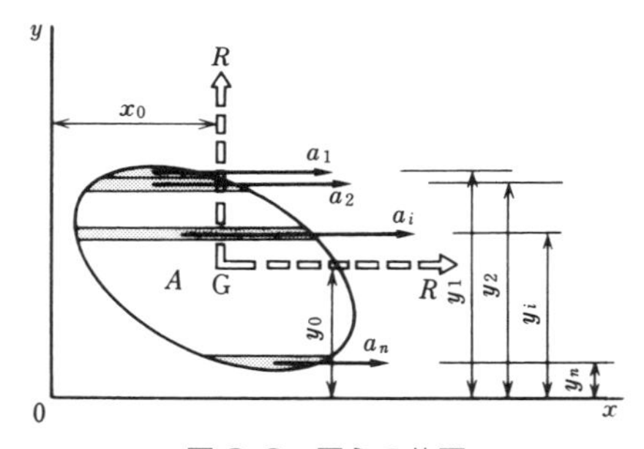

図 3･9　図心の位置

No. 3　図心を求めてみよう

図 3･10 の断面の図心 G（x_0，y_0）を求めよ．

〔解〕　与えられた図形を図のように A_1，A_2 に分け，表 3･1 のように整理して計算する．

$$y_0 = \frac{Q_x}{A} = \frac{129}{30} = 4.3 \text{ cm}$$

$$x_0 = \frac{Q_y}{A} = \frac{54}{30} = 1.8 \text{ cm}$$

すなわち，図心は G（1.8，4.3）である．

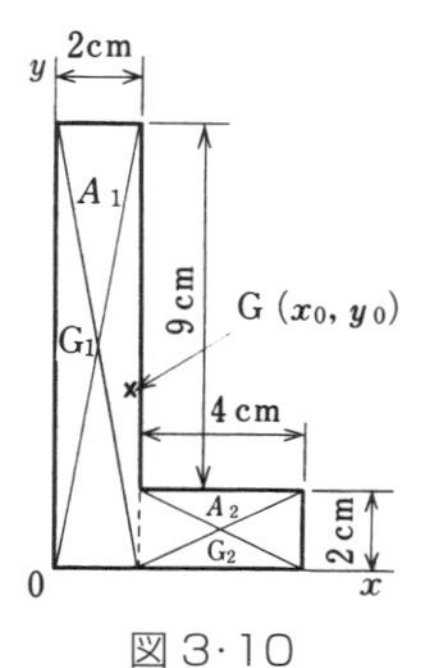

図 3･10

表 3·1　図心の計算

断面	寸　法 〔cm×cm〕	断面積 A_i〔cm²〕	x 軸からの距離 y_i〔cm〕	y 軸からの距離 x_i〔cm〕	x 軸にたいする断面一次モーメント A_iy_i〔cm³〕	y 軸にたいする断面一次モーメント A_ix_i〔cm³〕
A_1	2×11	22	5.5	1.0	121	22
A_2	4×2	8	1.0	4.0	8	32
合　計		A＝30			$Q_x=129$	$Q_y=54$

No. 4　重心の位置を求めてみよう

図 3·11 は鉄筋コンクリート造 2 階建事務所の 1 階各柱の軸方向力の値を示したものである．この建物の重心の位置を求めよ．

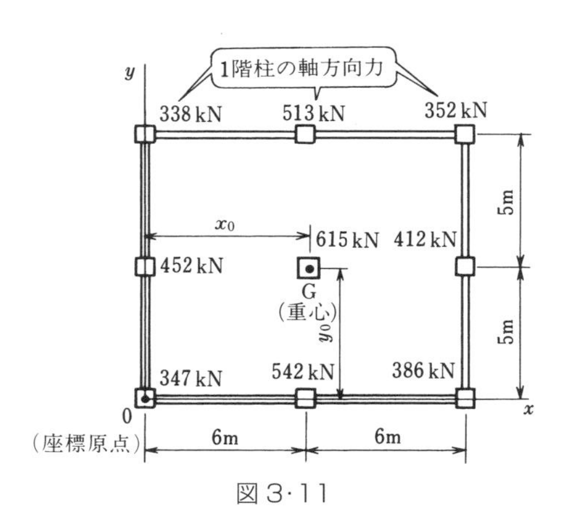

図 3·11

〔解〕 x 軸，y 軸を平面図の周辺にとり，重心までの距離を y_0，x_0 とし，断面一次モーメントの断面積の代わりに軸方向力を代入して求めると

$$Q_x=(338+513+352)\times 10+(452+615+412)\times 5+(347+542+386)\times 0$$
$$=19\,425\ \text{kN·m}$$
$$Q_y=(352+412+386)\times 12+(513+615+542)\times 6+(338+452+347)\times 0$$
$$=23\,820\ \text{kN·m}$$
$$A=(338+513+352)+(452+615+412)+(347+542+386)=3\,957\ \text{kN}$$

$$y_0=\frac{Q_x}{A}=\frac{19\,425}{3\,957}=4.909\ \text{m}$$

$$x_0=\frac{Q_y}{A}=\frac{23\,820}{3\,957}=6.020\ \text{m}$$

すなわち，重心は G（6.020，4.909）である．

3 強さの秘訣は形にあり

断面二次モーメントの計算

一般に，太い部材は強いと考えられる．たしかに，長さのわりに太い部材が縦方向に圧縮力を受けるとき，部材の強さは太さに比例し，断面の形には無関係である．しかし，曲げモーメントを受けるはりの強さは，太さだけでなく断面の形に関係する．たとえば，長方形のはりでは縦長の向きにするか横向きにするかで，その強さは大変な違いがでてくる．

このように，部材断面の形を考える場合，断面二次モーメントの大きさが重要な値となる．

図 3·12 に示す面積 A の断面において，x 軸に平行で微小な幅の帯の断面積 a_i をとり，それから x 軸までの距離を y_i とするとき

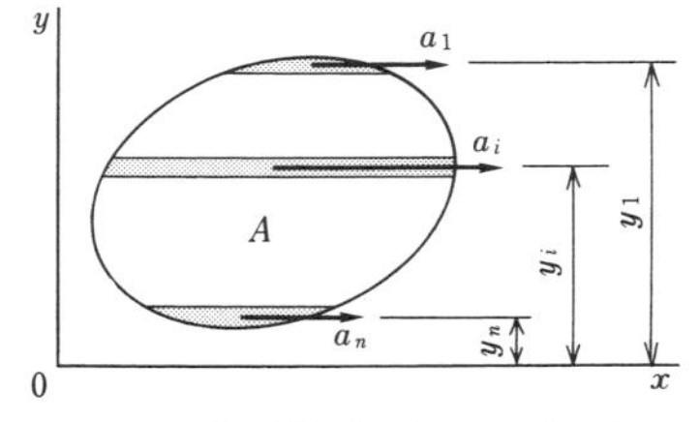

図 3·12　断面二次モーメント

$$I_x = a_1 y_1^2 + a_2 y_2^2 + \cdots + a_i y_i^2 + \cdots + a_n y_n^2$$

$$= \sum_{i=1}^{n} a_i y_i^2 \qquad (3·9)$$

を断面 A の x 軸に対する**断面二次モーメント**という．

おなじようにして，y 軸に対する断面二次モーメント I_y は，次のようになる．

$$I_y = a_1 x_1^2 + a_2 x_2^2 + \cdots + a_i x_i^2 + \cdots + a_n x_n^2$$

$$= \sum_{i=1}^{n} a_i x_i^2 \qquad (3·10)$$

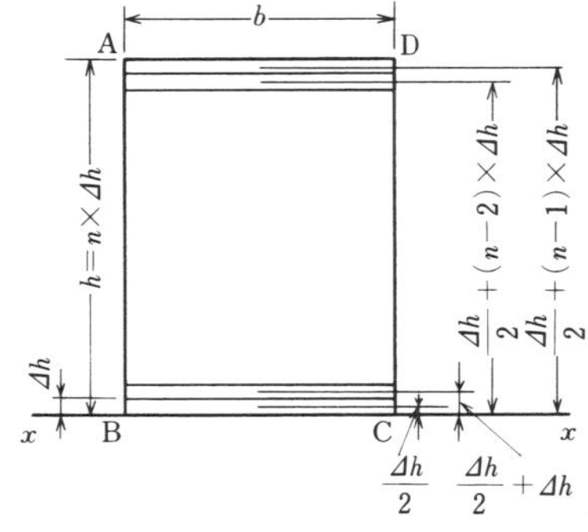

図 3·13　長方形断面の x 軸に対する断面二次モーメント

図 3·13 の長方形断面 ABCD の辺 BC を通る x 軸に対する断面二次モーメントを求めてみる．

いま，高さ h を微小な幅 Δh ずつに n 等分したときの I_x は，それぞれの微小面積の帯（$b\Delta h$）に，それぞれの x 軸からの距離を2乗した値，$(\Delta h/2)^2$，$(\Delta h/2+\Delta h)^2$，…，$\{\Delta h/2+(n-2)\Delta h\}^2$，$\{\Delta h/2+(n-1)\Delta h\}^2$ をかけたものを断面全体について合計して求められる．すなわち

$$I_x=b\Delta h\left[\left(\frac{\Delta h}{2}\right)^2+\left(\frac{\Delta h}{2}+\Delta h\right)^2+\cdots+\left\{\frac{\Delta h}{2}+(n-2)\Delta h\right\}^2+\left\{\frac{\Delta h}{2}+(n-1)\Delta h\right\}^2\right]$$

$$=b\Delta h\Big[n\left(\frac{\Delta h}{2}\right)^2+(\Delta h)^2\{1+2+\cdots+(n-2)+(n-1)\}$$

$$+(\Delta h)^2\{1^2+2^2+\cdots+(n-2)^2+(n-1)^2\}\Big]$$

$$=b(\Delta h)^3\left\{\frac{n}{4}+\frac{n(n-1)}{4}+\frac{n(n-1)(2n-1)}{6}\right\}=\frac{bn^3(\Delta h)^3}{3}-\frac{bn(\Delta h)^3}{12} \quad (3\cdot11)$$

ここで，$n\Delta h=h$ であるから　　$I_x=\dfrac{bh^3}{3}-\dfrac{bn(\Delta h)^2}{12}$

右辺の式の第2項は，$bh/12$ に微小な値の Δh の2乗をかけたもので，第1項の値に比べて無視できるほど小さい．

したがって，I_x は次のようになる．

$$I_x=\frac{bh^3}{3} \quad (3\cdot12)$$

また，I_y は I_x の b と h とを入れかえて次のようになる．

$$I_y=\frac{hb^3}{3} \quad (3\cdot13)$$

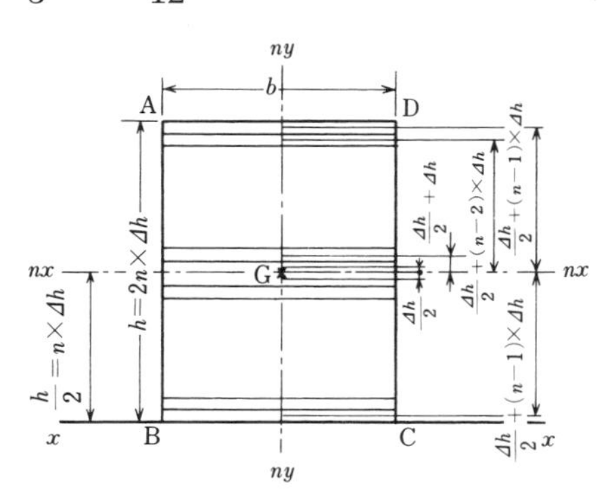

図3·14　長方形断面の図心軸に対する断面二次モーメント

次に，図3·14に示す長方形断面の図心を通る軸に対する断面二次モーメント I_{nx} を求めてみよう．

長方形断面の図心軸に対して上下対称の位置にある二つの断面の nx 軸に対するそれぞれの断面二次モーメントは同じ値であるから，上半分もしくは下半分の断面の nx 軸に対する断面二次モーメントを2倍すれば，断面ABCDの図心軸に対する断面二次モーメント I_{nx} を求めることができる．

いま，高さ h を微小な幅 Δh ずつ n 等分のさらに 2 倍の $2n$ 等分したとき，上半分の断面の nx 軸に対する断面二次モーメント I_{nx} は，式（3･9）を求めたときと同じようにして導くことができる．

すなわち，式（3･11）において，$n\Delta h = h/2$ であるから

$$I_{nx} = 2\times\left\{\frac{bn^3(\Delta h)^3}{3} - \frac{bn(\Delta h)^3}{12}\right\} = 2\times\left\{\frac{b(h/2)^3}{3} - \frac{b\cdot h/2(\Delta h)^2}{12}\right\}$$

$$= 2\times\left\{\frac{bh^3}{24} - \frac{bh(\Delta h)^2}{24}\right\} = \frac{bh^3}{12} - \frac{bh(\Delta h)^2}{12}$$

となる．前と同じく第 2 項を無視して，I_{nx} は次のようになる．

$$I_{nx} = \frac{bh^3}{12} \qquad (3\cdot14)$$

また，I_{ny} は I_{nx} の b と h とを入れかえて次のようになる．

$$I_{ny} = \frac{hb^3}{12} \qquad (3\cdot15)$$

一般に，一つの断面において図心軸およびそれと並行な 2 軸に対する断面二次モーメントの関係は，次のようになる（図 3･15）．

$$I_x = I_{nx} + Ay_0^2 \qquad (3\cdot16)$$

$$I_y = I_{ny} + Ax_0^2 \qquad (3\cdot17)$$

これによって，**図心軸に対する断面二次モーメント**が最小であることがわかる．

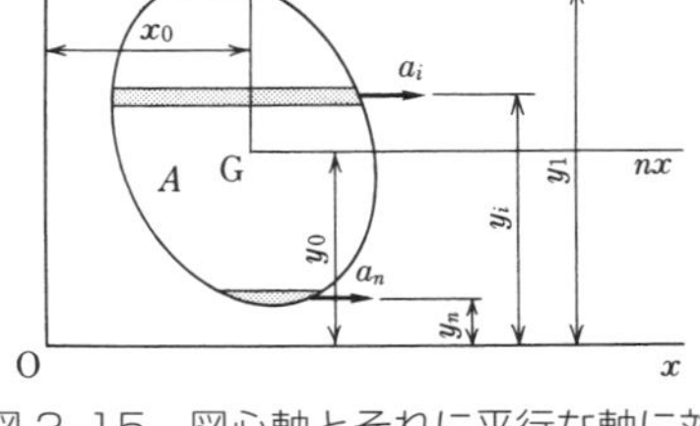

図 3･15　図心軸とそれに平行な軸に対する断面二次モーメント

これまで学んだように，断面二次モーメントは，**面積×(距離)²** の和であるから，その符号は軸のとり方に関係なく正となる．また，単位は cm^4，m^4 である．

三角形の断面二次モーメント

図 3･16 のように x 軸から y のところにある微小な幅の帯 a を考えると，長方形も平行四辺形もともに a は等しい面積となる．したがって，これを断面全体について合計した断面二次モーメントは両方ともに $bh^3/12$ である．

よって，△ABC または△ADC の x 軸に対する断面二次モーメントを I_x とすると

$$2I_x = \frac{bh^3}{12} \quad \text{または} \quad I_x = \frac{bh^3}{12}$$

また，三角形 ABC の図心軸に対する断面二次モーメント I_{nx} は，式（3·16）より

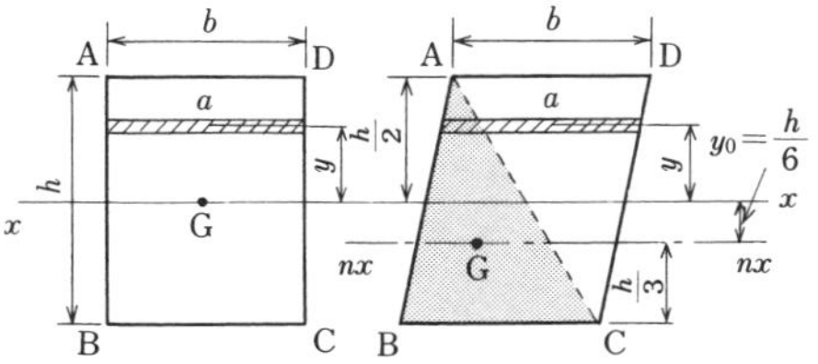

$$I_{nx} = I_x - Ay_0{}^2$$

$$= \frac{bh^3}{24} - \frac{bh}{2}\left(\frac{h}{6}\right)^2 = \frac{bh^3}{36} \tag{3·18}$$

図 3·16　三角形断面の断面二次モーメント

円形（直径 d）の図心軸に対する断面二次モーメントは次式で求められる．

$$I_{nx} = \frac{\pi d^4}{64} \tag{3·19}$$

次に，図 3·17 のような T 形断面の図心軸に対する断面二次モーメントを求めよう．

x 軸を図のようにとり，表 3·2 のように整理して計算する．

図心軸 nx の位置は，表 3·2 から

$$y_0 = Q_x/A = 960/96 = 10\ \text{cm}$$

図心軸 nx に対する断面二次モーメント I_{nx} は，式（3·16）から

$$I_{nx} = I_x - A \cdot y_0{}^2 = 11\,776 - 96 \times 10^2 = 2\,176\ \text{cm}^4$$

となる．

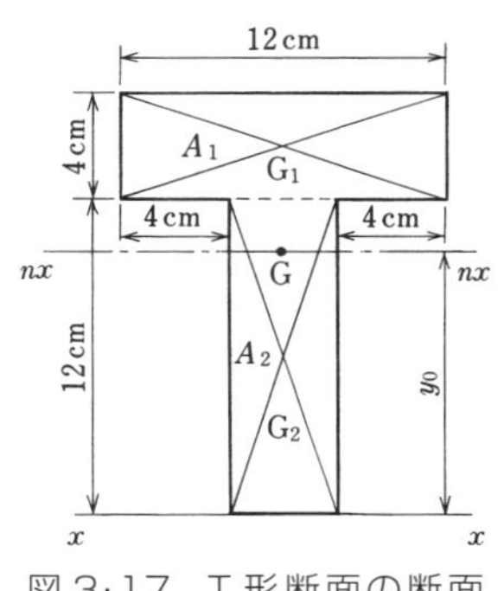

図 3·17　T 形断面の断面二次モーメント

表 3·2　T 形断面の I_x の計算

断面	寸　法〔cm × cm〕	断面積 A_i〔cm²〕	x 軸からの距離 y_i〔cm〕	断面一次モーメント A_iy_i〔cm³〕	断面二次モーメント		
					$bh^3/12$〔cm⁴〕	$A_iy_i{}^2$〔cm⁴〕	I_x〔cm⁴〕
A1	12 × 4	48	14	672	$\frac{12 \times 4^3}{12} = 64$	672 × 14 = 9 408	9 472
A2	4 × 12	48	6	288	$\frac{4 \times 12^3}{12} = 576$	288 × 6 = 1 728	2 304
合　　計		$A = 96$		$Q_x = 960$			$I_x = 11\,776$

4 植物の茎はなぜ空洞

たんぽぽや麦の茎は中が空洞になっている．空を飛ぶ鳥—あの骨も軽く，しかも丈夫にするため中空になっている．

はりの強さは断面係数でわかる

長方形のはりは，横向きよりも縦向きに使うほうが強い．そのわけは，長方形の断面係数は横向きより縦向きのほうが大きいからである．詳しい説明は次章にゆずるが，簡単にいうと図 3·18 のように断面の中央から上下縁までの距離が大きくなればなるほど，曲げモーメントによる上下縁の応力度は小さく，それだけ伸縮も少なく，また断面の回転も少ないからである．だから，断面積の大部分がはりの中央から離れたところにあるような断面形が曲げに対して有効といえる．

たとえば，同じ断面積の鉄の棒なら中空のパイプ状にしたほうが強いのである．

断面係数は，断面二次モーメントを図心から断面のいちばん外側までの距離で割った値で，はりの断面の上下縁に生じる応力度を求め，**はりの強さ**を調べるのに用いられる．

図 3·19 において，図心軸 nx に対する断面二次モーメントを I_{nx}，図心軸から上縁までの距離を y_c，下縁までの距離を y_t とすると

$$\left.\begin{aligned} Z_c &= I_{nx}/y_c \\ Z_t &= I_{nx}/y_t \end{aligned}\right\} \qquad (3 \cdot 20)$$

で求められる Z_c を**上縁の断面係数**，Z_t を**下縁の断面係数**という．

断面係数は，**(断面二次モーメント)/(図心軸から最上縁または最下縁までの距離)** であるから，単位は cm^3，m^3 で表される．

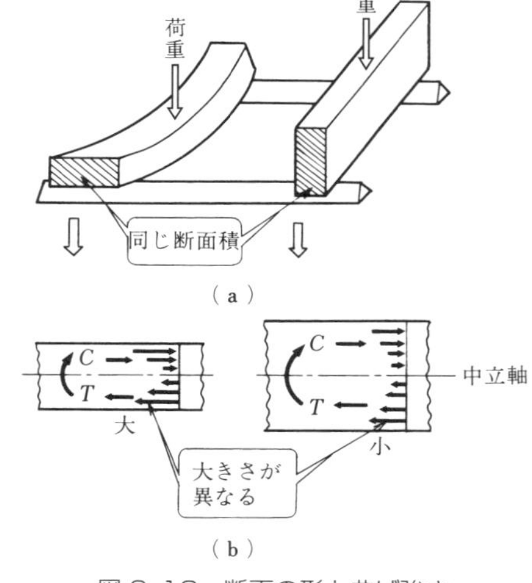

図 3·18 断面の形と曲げ強さ

図 3･21 の各断面の断面係数を求めてみる．

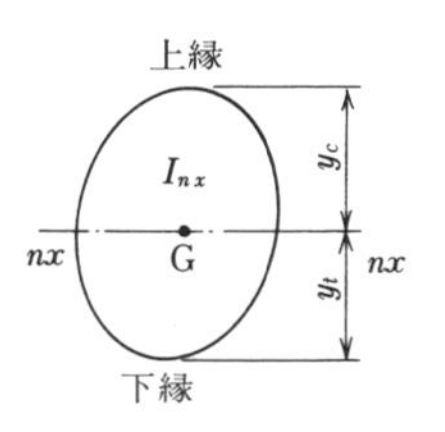

図 3･19　断面係数

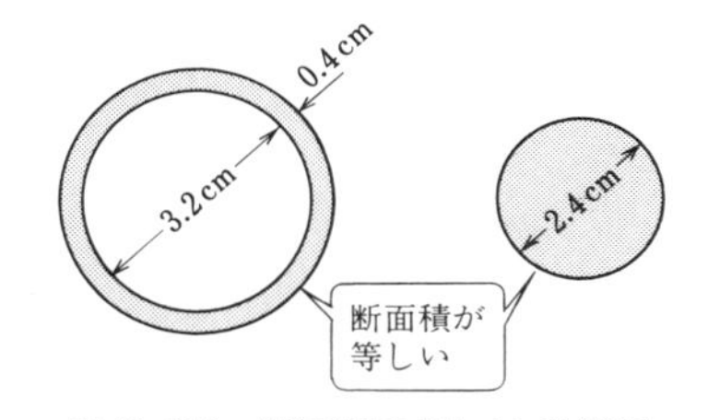

図 3･20　断面積の等しい 2 断面

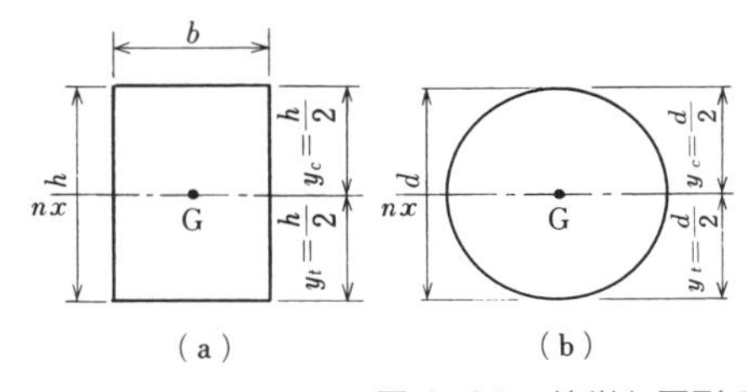

図 3･21　簡単な図形の断面係数

長方形断面の断面二次モーメントは $I_{nx}=bh^3/12$ で，図心軸 nx から上縁および下縁までの距離は，$y_c=y_t=h/2$ である．したがって，上縁および下縁の断面係数は

$$Z_c=Z_t=\frac{I_{nx}}{y}=\frac{bh^3/12}{h/2}=\frac{bh^2}{6}$$

となる．

同じようにして，円形断面の断面二次モーメントは，$I_{nx}=\pi d^4/64$ で，図心軸から上下縁までの距離は，$y_c=y_t=d/2$ であり，上下縁の断面係数は次のようになる．

$$Z_c=Z_t=\frac{I_{nx}}{y}=\frac{\pi d^4/64}{d/2}=\frac{\pi d^3}{32}$$

三角形断面の上下縁の断面係数は，図心軸 nx から上縁までの距離 $y_c=2h/3$，下縁までの距離 $y_t=h/3$ であるから，次のようになる．

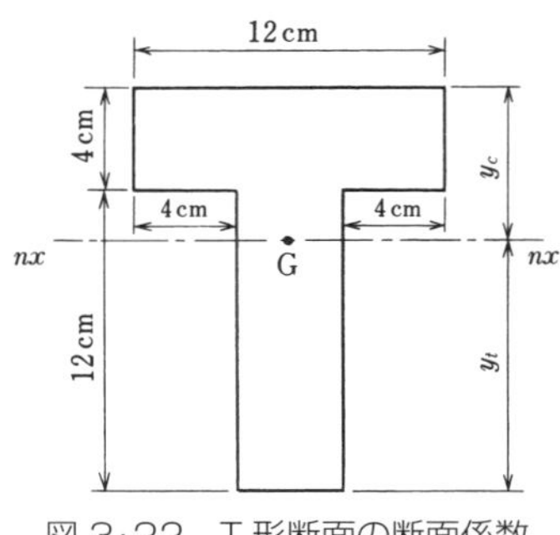

図 3･22　T 形断面の断面係数

$$Z_c = \frac{I_{nx}}{y_c} = \frac{bh^3/36}{2h/3} = \frac{bh^2}{24}$$

$$Z_t = \frac{bh^3/36}{h/3} = \frac{bh^2}{12}$$

図 3·17 と同じ図 3·22 の T 形断面の上下縁の断面係数を断面二次モーメントの計算結果に基づいて求めてみよう.

図心軸 nx から上下縁までの距離は

$y_t = 10$ cm　　　$y_c = 16 - 10 = 6$ cm

であるから

$$Z_t = \frac{I_{nx}}{y_t} = \frac{2\,176}{10} = 217.6 \text{ cm}^3$$

$$Z_c = \frac{I_{nx}}{y_c} = \frac{2\,176}{6} = 362.7 \text{ cm}^3$$

強い形こんなにも

1 枚の厚紙からいかに強い形が生まれるか. 図 3·23 のように折って試してみるとよい. 形の強さにアッと驚くにちがいない.

このように, 板を折り曲げて強くする工夫は随分多くの物に利用されている. これらのうち, 波形のものを建築では折版(せつばん)(折れ曲がった鉄筋コンクリート版の意) といっているが, これを壁や屋根の代わりにした折版構造の建物として, また ⊔ 形や H 形に折り曲げたものを形鋼(かたこう)(付録参照) といい, 鉄骨構造によく使われる.

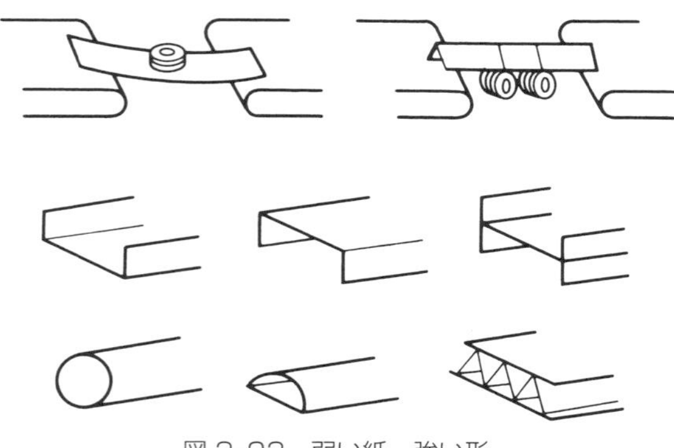

図 3·23 弱い紙, 強い形

参考　**主な断面の諸係数**

断面の図形	断面積 A〔cm²〕	図心軸から縁までの距離 y〔cm〕	断面二次モーメント I_{nx}〔cm⁴〕	断面係数 $Z=\frac{I_{nx}}{y}$〔cm³〕	断面二次半径 $i_x=\sqrt{\frac{I_{nx}}{A}}$〔cm〕
(1)	$BH-bh$	$\frac{H}{2}$	$\frac{1}{12}(BH^3-bh^3)$	$\frac{1}{6H}(BH^3-bh^3)$	$\sqrt{\frac{BH^3-bh^3}{12(BH-bh)}}$
(2)	$BH+bh$	$\frac{H}{2}$	$\frac{1}{12}(BH^3+bh^3)$	$\frac{1}{6H}(BH^3+bh^3)$	$\sqrt{\frac{BH^3+bh^3}{12(BH+bh)}}$
(3)	$\frac{(a+b)h}{2}$	$y_c=\frac{h}{3}\times\frac{2a+b}{a+b}$ $y_t=\frac{h}{3}\times\frac{a+2b}{a+b}$	$\frac{a^2+4ab+b^2}{36(a+b)h^3}$	$Z_c=\frac{a^2+4ab+b^2}{12(2a+b)}h^2$ $Z_t=\frac{a^2+4ab+b^2}{12(a+2b)}h^2$	$\frac{h\sqrt{2(a^2+4ab+b^2)}}{6(a+b)}$
(4)	$\frac{\pi}{4}\times(D^2-d^2)$	$\frac{D}{2}$	$\frac{\pi}{64}(D^4-d^4)$	$\frac{\pi}{32}\times\frac{D^4-d^4}{D}$	$\frac{\sqrt{D^2+d^2}}{4}$

5 向きなタイプと不向きなタイプ

棒の強さを表す断面二次半径

図 3·24 (a) のような長さのわりに太い部材が軸方向に圧縮力を受けるとき，部材内部に生じる応力度が大き過ぎると，部材は押しつぶされて圧縮破壊を起こす．しかし，断面積を大きくすると，応力度の値は小さくなって破壊のおそれはなくなる．

つまり，このような長さのわりに太い部材の強さは断面積の大きさに比例するというわけである．ところが，図 (b) のように同じ圧縮力を受ける場合であっても，細長い部材では，押しつぶされる前に折れ曲がってしまう．たとえば，木材にくぎを打つとき，節などの固い部分にあたると急に曲がってだめになってしまう．あの現象である．このように細長い部材の圧縮力に対する強さは，太さではなく断面の形に関係するのである．

図 (c) の長方形断面の棒は，どの方向に曲がりだすのだろうか．それは必ず断面二次半径の小さい矢印の方向である．

図 3·24　棒状部材の変形

図 3·25 に示す断面の図心 G を通る nx，ny 軸に対する断面二次モーメントを I_{nx}，I_{ny} とし，断面積を A とすると

$$\left.\begin{aligned} i_x &= \sqrt{I_{nx}/A} \\ i_y &= \sqrt{I_{ny}/A} \end{aligned}\right\} \qquad (3\cdot21)$$

で求められる i_x，i_y を，この断面の n_x，n_y 軸に対する断

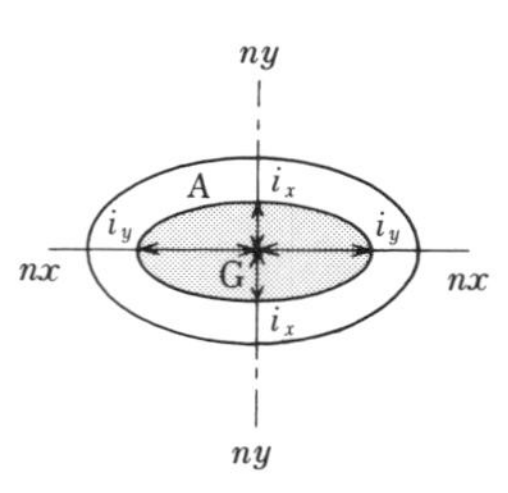

図 3·25　断面二次半径

面二次半径（回転半径）という．

さきほどの図 3･24（c）の棒状部材の長方形断面の nx 軸および ny 軸に対する断面二次半径 i_x，i_y を求めてみよう．

$$i_x=\sqrt{\frac{I_{nx}}{A}}=\sqrt{\frac{bh^3/12}{bh}}=\sqrt{\frac{30\times45^3/12}{30\times45}}=\sqrt{\frac{45^2}{12}}=12.99\ \mathrm{cm}$$

$$i_y=\sqrt{\frac{I_{ny}}{A}}=\sqrt{\frac{bh^3/12}{bh}}=\sqrt{\frac{45\times30^3/12}{30\times45}}=\sqrt{\frac{30^2}{12}}=8.66\ \mathrm{cm}$$

となり，i_y の値のほうが小さいので，矢印の方向に曲がることになる．

核は断面の安全地帯

図 3･26 において，軸方向の力が断面の図心に作用するとき断面には圧縮応力度だけが生じるが，図心をはずれて作用すると，断面には曲げモーメントが働くようになり，さらに大きくはずれると引張応力度が断面の一部に生じるようになる．

このような引張応力度が，断面に生じないようにするためには，軸方向力の作用位置が断面のある範囲から外へ越えないようにしなければならない．この断面のある範囲を**核**といい，この範囲を決める点が**核点**である．

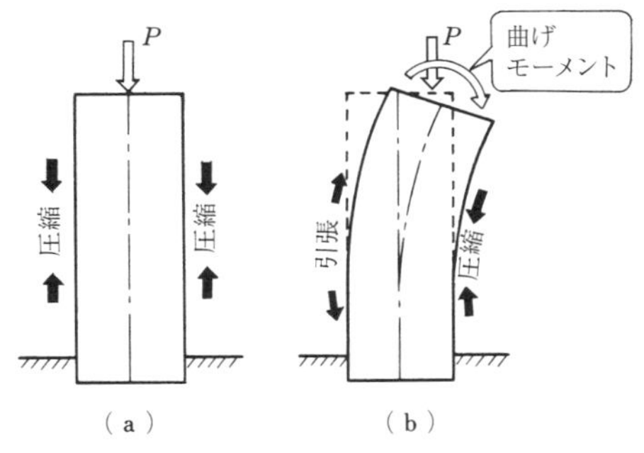

図 3･26　図心をはずれて作用するときの柱の変形

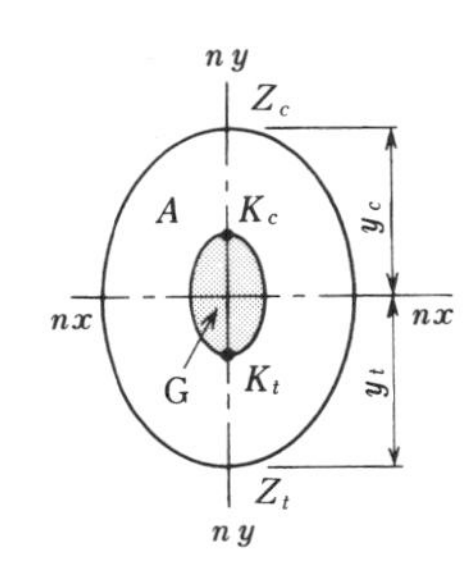

図 3･27　核　点

図 3･27 に示す断面の核点 K_c，K_t は，断面の図心 G を通る nx 軸に対する上下縁の断面係数を Z_c，Z_t とし断面積を A とすると，次の式によって求められる．

$$K_c=\frac{Z_t}{A}\qquad K_t=\frac{Z_c}{A}\tag{3･22}$$

それでは，図 3･28 に示す長方形断面の図心軸 nx，ny に対する核点を求めてみよう．

nx 軸に対する核点は

$$K_c = K_t = \frac{Z}{A} = \frac{30\times 42^2/6}{30\times 42} = \frac{42}{6} = 7\ \mathrm{cm}$$

ny 軸に対する核点は

$$K_c = K_t = \frac{Z}{A} = \frac{42\times 30^2/6}{30\times 42} = \frac{30}{6} = 5\ \mathrm{cm}$$

となる．これらの核点を結んだ線で囲まれた範囲が核である．

これを図示すると，図 3·28 のようになる．

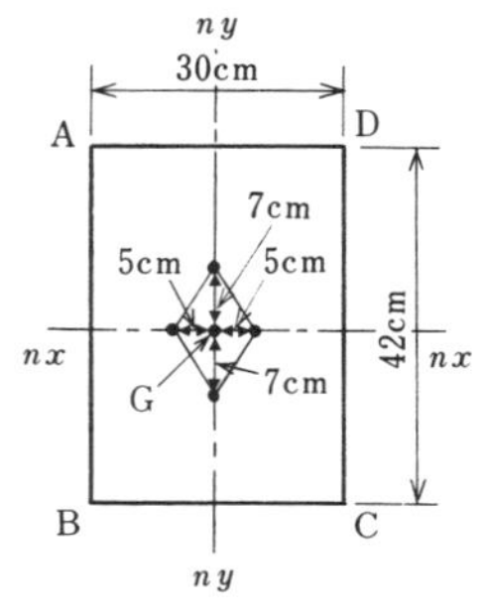

図 3·28　長方形断面の核点と核

No. 5　円形断面の核を求めてみよう

図 3·29 に示す円形断面の核を求め，図示せよ．

〔解〕 nx 軸に対する核点は

$$K_c = K_t = \frac{Z}{A} = \frac{\pi d^3/32}{\pi (d/2)^2} = \frac{d}{8}$$

となる．これらの核点を結んで，図のような円形の核となる．

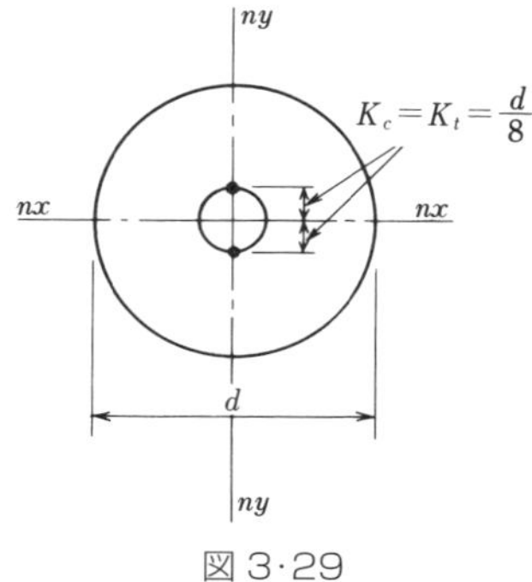

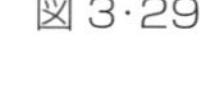

図 3·29

参考　主な図形の核

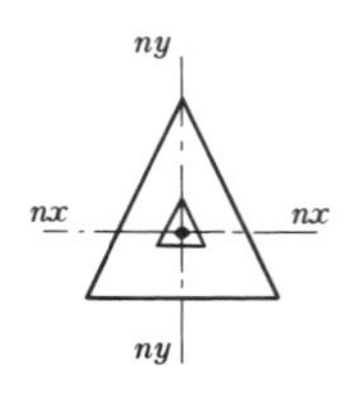

三角形断面

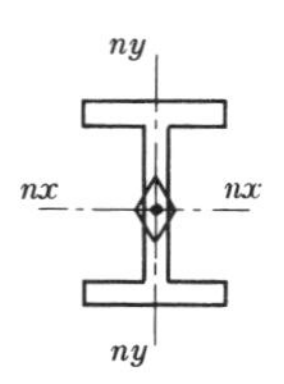

I 形断面

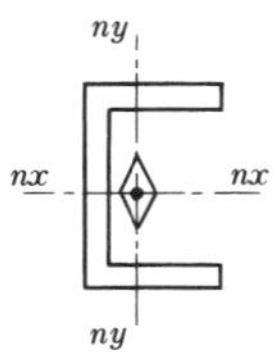

みぞ形断面

三　角　関　数　表

角	正　弦 (sin)	余　弦 (cos)	正　接 (tan)	角	正　弦 (sin)	余　弦 (cos)	正　接 (tan)
0°	0.0000	1.0000	0.0000				
1°	0.0175	0.9998	0.0175	46°	0.7193	0.6947	1.0355
2°	0.0349	0.9994	0.0349	47°	0.7314	0.6820	1.0724
3°	0.0523	0.9986	0.0524	48°	0.7431	0.6691	1.1106
4°	0.0698	0.9976	0.0699	49°	0.7547	0.6561	1.1504
5°	0.0872	0.9962	0.0875	50°	0.7660	0.6428	1.1918
6°	0.1045	0.9945	0.1051	51°	0.7771	0.6293	1.2349
7°	0.1219	0.9925	0.1228	52°	0.7880	0.6157	1.2799
8°	0.1392	0.9903	0.1405	53°	0.7986	0.6018	1.3270
9°	0.1564	0.9877	0.1584	54°	0.8090	0.5878	1.3764
10°	0.1736	0.9848	0.1763	55°	0.8192	0.5736	1.4281
11°	0.1908	0.9816	0.1944	56°	0.8290	0.5592	1.4826
12°	0.2079	0.9781	0.2126	57°	0.8387	0.5446	1.5399
13°	0.2250	0.9744	0.2309	58°	0.8480	0.5299	1.6003
14°	0.2419	0.9703	0.2493	59°	0.8572	0.5150	1.6643
15°	0.2588	0.9659	0.2679	60°	0.8660	0.5000	1.7321
16°	0.2756	0.9613	0.2867	61°	0.8746	0.4848	1.8040
17°	0.2924	0.9563	0.3057	62°	0.8829	0.4695	1.8807
18°	0.3090	0.9511	0.3249	63°	0.8910	0.4540	1.9626
19°	0.3256	0.9455	0.3443	64°	0.8988	0.4384	2.0503
20°	0.3420	0.9397	0.3640	65°	0.9063	0.4226	2.1445
21°	0.3584	0.9336	0.3839	66°	0.9135	0.4067	2.2460
22°	0.3746	0.9272	0.4040	67°	0.9205	0.3907	2.3559
23°	0.3907	0.9205	0.4245	68°	0.9272	0.3746	2.4751
24°	0.4067	0.9135	0.4452	69°	0.9336	0.3584	2.6051
25°	0.4226	0.9063	0.4663	70°	0.9397	0.3420	2.7475
26°	0.4384	0.8988	0.4877	71°	0.9455	0.3256	2.9042
27°	0.4540	0.8910	0.5095	72°	0.9511	0.3090	3.0777
28°	0.4695	0.8829	0.5317	73°	0.9563	0.2924	3.2709
29°	0.4848	0.8746	0.5543	74°	0.9613	0.2756	3.4874
30°	0.5000	0.8660	0.5774	75°	0.9659	0.2588	3.7321
31°	0.5150	0.8572	0.6009	76°	0.9703	0.2419	4.0108
32°	0.5299	0.8480	0.6249	77°	0.9744	0.2250	4.3315
33°	0.5446	0.8387	0.6494	78°	0.9781	0.2079	4.7046
34°	0.5592	0.8290	0.6745	79°	0.9816	0.1908	5.1446
35°	0.5736	0.8192	0.7002	80°	0.9848	0.1736	5.6713
36°	0.5878	0.8090	0.7265	81°	0.9877	0.1564	6.3138
37°	0.6018	0.7986	0.7536	82°	0.9903	0.1392	7.1154
38°	0.6157	0.7880	0.7813	83°	0.9925	0.1219	8.1443
39°	0.6293	0.7771	0.8098	84°	0.9945	0.1045	9.5144
40°	0.6428	0.7660	0.8391	85°	0.9962	0.0872	11.4301
41°	0.6561	0.7547	0.8693	86°	0.9976	0.0698	14.3007
42°	0.6691	0.7431	0.9004	87°	0.9986	0.0523	19.0811
43°	0.6820	0.7314	0.9325	88°	0.9994	0.0349	28.6363
44°	0.6947	0.7193	0.9657	89°	0.9998	0.0175	57.2900
45°	0.7071	0.7071	1.0000	90°	1.0000	0.0000	

3章のまとめ問題

【問題 1】 図3·30に示す擁壁断面の図心を求めよ．

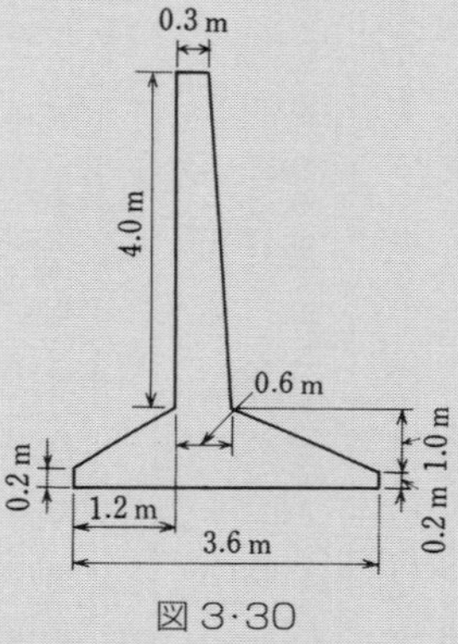

図3·30

【問題 2】 図3·31のように1辺の長さ20 cmの正方形から直径10 cmの円を切り取った残りの面積の図心を求め，図心軸に対する断面二次モーメントを求めよ．

【問題 3】 図3·32のように，みぞ形鋼を組み合わせ，I_{nx}，I_{ny}が等しくなるようにするには，みぞ形鋼の背面間の距離xはいくらにすればよいか．

【問題 4】 図3·33に示す断面は，x軸を水平に使用するときとy軸を水平に使用するときとで，どちらがはりとしての強さが大きいか．

【問題 5】 図3·34に示すI形断面の断面係数，断面二次半径，核点を求めよ．

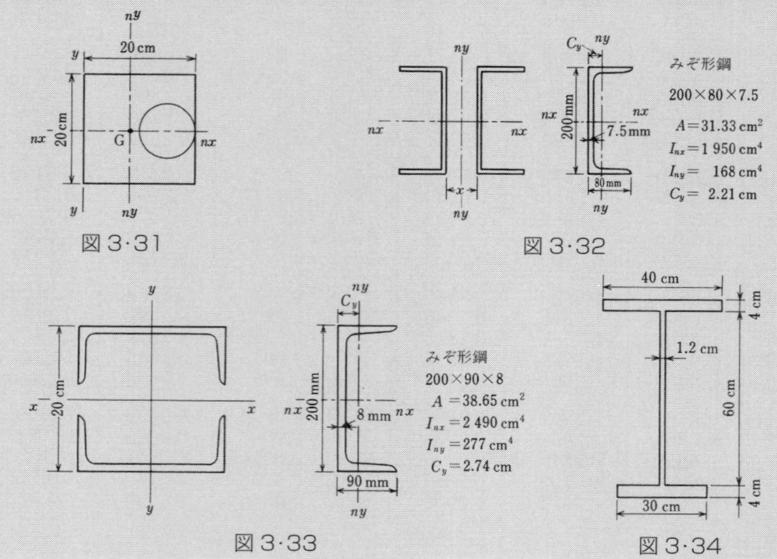

図3·31

図3·32

図3·33

図3·34

4章

はりの応力度と設計

はりに荷重が作用すると，断面に曲げモーメントとせん断力が生じる．これらに対応する応力度を，それぞれ**曲げ応力度**，**せん断応力度**という．

最大曲げモーメント M_{max}，最大せん断力 S_{max} についてはすでに学んだが，それらに対応する応力度をそれぞれ**最大曲げ応力度** σ_{max}，**最大せん断応力度** τ_{max} という．ここではこれらの値が，はり材料の許容応力度を下回るような安全でかつ経済的な断面設計を考えてみる．

この章では，曲げモーメントと曲げ応力度，せん断力とせん断応力度の各々の関係を知り，それらを土台にしてはりの設計の進め方や考え方について，長方形断面とH形，I形断面のはりによって学習する．

1 曲げられれば圧縮も引張も

はりの曲げ応力度

少し細長い長方形の消しゴムを図4·1のように曲げてみると，湾曲した外側が引張られ，内側が圧縮されていることがよくわかる．このような現象が荷重を受けた単純ばりにも生じていることになる．

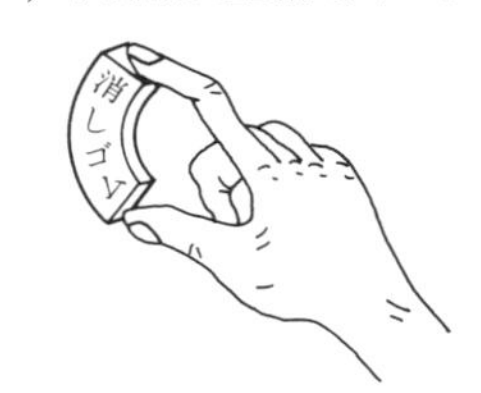

図 4·1　曲げモーメントを受ける消しゴム

図4·2は，荷重が作用したはりが，上の消しゴムと同じように変形するようすを示したものである．曲げモーメントによって，はりの中心軸より上側では圧縮力によって縮み，下側では引張力によって伸びる，このとき，はりの上下端では，伸び縮みが最も大きくなっていることがわかる．中心軸の部分では，圧縮も引張りも生じていないことになるので，この面を**中立面**という．また，はりの横断面と中立面との交線を n–n で表し，これを**中立軸**という．

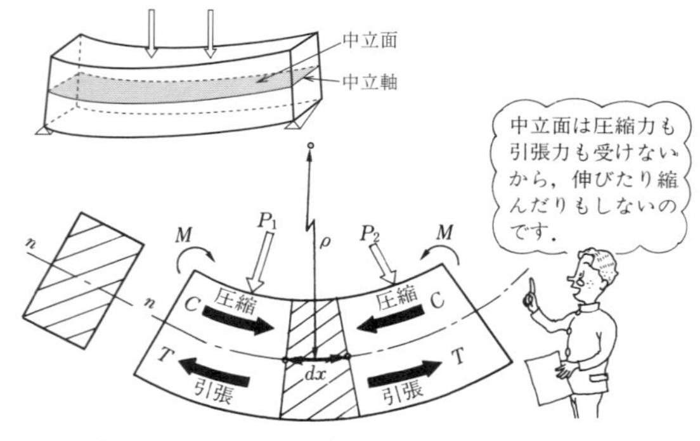

図 4·2　はりの曲げモーメントと曲げ応力度

曲げ応力度の計算

曲げモーメント M によって変形した図 4·2 のはりにおいて，微小区間 dx を取り出したのが図 4·3 である．中立軸 n–n から引張断面の y_i の位置に生じた応力度を σ_i とすると，微小面積 a_i に生じた応力度の中立軸に関するモーメント $\varDelta M_i$ は

$$\varDelta M_i = -\sigma_i \cdot a_i \cdot y_i$$

$\sigma_i \cdot a_i$ は a_i に生じた応力度の合計である．これを全断面にわたって合計すると

次のようになる．

$$M_o = -\sum_A (\sigma_i \cdot a_i \cdot y_i)$$

ところで，この M_o は外力による曲げモーメント M に応じて生じる偶力モーメントであるから，M と M_o はつりあい条件を満足する．

$$M + M_o = 0$$

よって　$M = -M_o$

図 4·3(a)は，曲げ変形に対する中立軸までの曲率半径を ρ とし，微小区間 dx の変形状態を直線で示したものである．斜線部分の二つの三角形は相似形だから

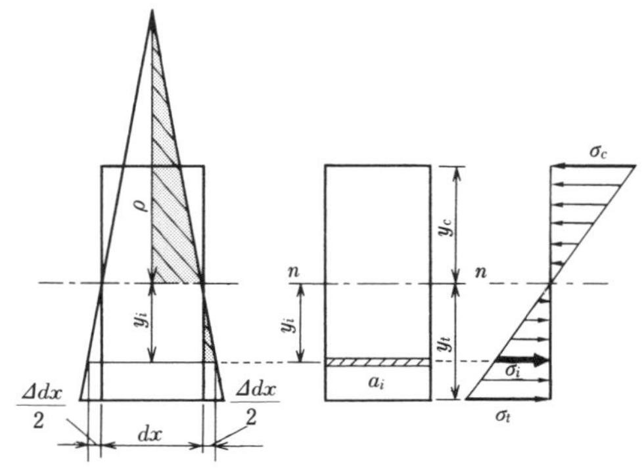

（a） dx 区間のひずみ状況　（b） はり断面　（c） 曲げ応力分布図

図 4·3　はりの曲げ応力度

$$\frac{y_i}{\rho} = \frac{\Delta dx}{dx} \quad \text{また} \quad \varepsilon_i = \frac{\Delta dx}{dx}$$

ε_i は y_i におけるひずみ度である．

フックの法則から　　$\sigma_i = E \times \varepsilon_i = E \times \dfrac{\Delta dx}{dx} = E \times \dfrac{y_i}{\rho}$　だから　$\rho = \dfrac{E \cdot y_i}{\sigma_i}$

$$M = -M_o = \sum_A (\sigma_i \cdot a_i \cdot y_i) = \sum_A \left(\frac{E}{\rho} \times y_i \times a_i \times y_i \right) = \frac{E}{\rho} \sum_A (a_i \cdot y_i^2)$$

式中の $\sum_A (a_i \cdot y_i^2)$ は**中立軸に対する断面二次モーメント**であり，これを I_n とすると

$$M = \frac{EI_n}{\rho} = \frac{EI_n}{Ey_i/\sigma_i} = \frac{I_n}{y_i}\sigma_i \quad \text{よって} \quad \boldsymbol{\sigma_i = \frac{M \cdot y_i}{I_n}} \qquad (4\cdot1)$$

式（4·1）によれば $y_i = y_t$，$y_i = y_c$ のとき $\sigma_{\max}$ となる．すなわち上縁で最大圧縮応力度，下線で最大引張応力度が生じることになる．これらを**縁応力度**といい，σ_c，σ_t で表すと次のようである．

$$\left.\begin{aligned} \boldsymbol{\sigma_c} &= -\frac{\boldsymbol{M}}{\boldsymbol{I_n}}\boldsymbol{y_c} = -\frac{\boldsymbol{M}}{\boldsymbol{Z_c}} \quad \text{（上縁の最大圧縮応力度）} \\ \boldsymbol{\sigma_t} &= +\frac{\boldsymbol{M}}{\boldsymbol{I_n}}\boldsymbol{y_t} = +\frac{\boldsymbol{M}}{\boldsymbol{Z_t}} \quad \text{（下縁の最大引張応力度）} \end{aligned}\right\} \qquad (4\cdot2)$$

2 縦にも横にも切られる

せん断応力度とは

はりが荷重を受けると，はりの内部には曲げ応力度のほかに，せん断力によるせん断応力度が生じる．

せん断面には図 4･4（a）のような，はりを垂直にせん断しようとする力の作用によって起こる**垂直せん断応力度**と図 4･4（b）のように水平にせん断する力によって起こる**水平せん断応力度**とが生じる．

図 4･5（a），（b）のように，はりの内部に微小な立方体 $dx \times dy \times 1$ を考えてみよう．垂直せん断応力度 τ，水平せん断応力度 τ' として，z–z 軸でつりあいを考えると

$$\Sigma M_z = -\tau' \times (dx \times 1)dy + \tau \times (dy \times 1) \times dx = 0$$

よって　$\boldsymbol{\tau = \tau'}$

となり，垂直せん断応力度と水平せん断応力度は同じ大きさであることがわかる．

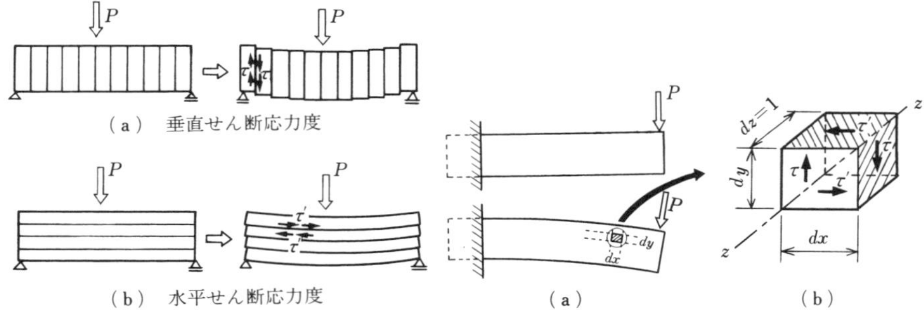

図 4･4　せん断応力度　　図 4･5　はりの中の微小立方体でのせん断応力度

せん断応力度の計算

図 4･6（a）のように支点から x はなれた断面でのせん断力を S，曲げモーメントを M とし，また $x+dx$ の位置の曲げモーメント，せん断力をそれぞれ，M'，S' とす

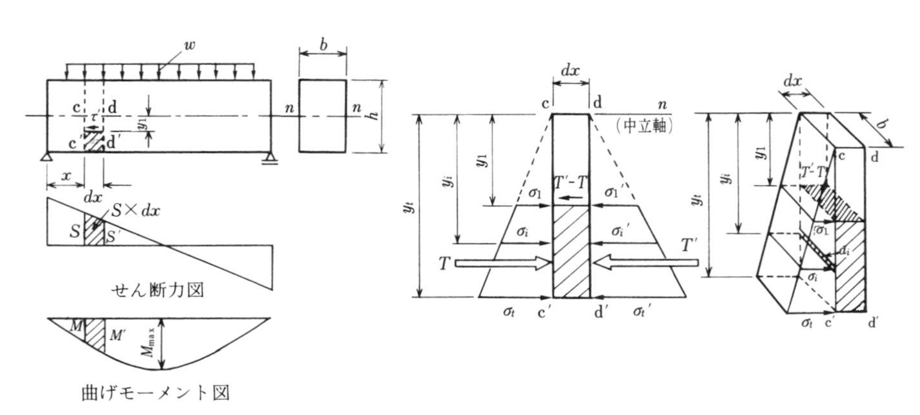

図 4·6　応力度の状況

ると，せん断力図と曲げモーメント図の関係から次のようになる．

$$M' = M + dM = M + S \cdot dx$$

図 4·6 (b) より，中立軸から y_1 の引張断面での水平せん断応力度 τ' $(=\tau)$ を求めてみよう．dx 部分の曲げ応力度による両側の水平応力度の差 $(T'-T)$ が y_1 断面の水平せん断力を与えている．すなわち

$$\tau' = \tau = \frac{T'-T}{b \times dx} \qquad \sigma_i = \frac{M}{I} y_i \qquad \sum_{i=1}^{t} (a_i \cdot y_i) = Q \quad \text{として}$$

$$T = \sum_{i=1}^{t} (\sigma_i \cdot a_i) = \sum_{i=1}^{t} \left(\frac{M}{I} y_i \cdot a_i \right) = \frac{M}{I} \sum_{i=1}^{t} (a_i \cdot y_i)$$

$$T' = \sum_{i=1}^{t} (\sigma_i' \cdot a_i) = \sum_{i=1}^{t} \left(\frac{M'}{I} y_i \cdot a_i \right) = \sum_{i=1}^{t} \left(\frac{M + S \cdot dx}{I} \cdot y_i \cdot a_i \right)$$

$$= \frac{M + S \cdot dx}{I} \sum_{i=1}^{t} (a_i \cdot y_i)$$

$$T' - T = \frac{M + S \cdot dx}{I} \sum_{i=1}^{t} (a_i \cdot y_i) - \frac{M}{I} \sum_{i=1}^{t} (a_i \cdot y_i)$$

$$= \frac{S \cdot dx}{I} \sum_{i=1}^{t} (a_i \cdot y_i) = \frac{S \cdot dx}{I} Q$$

よって　$\tau = \tau' = \dfrac{T'-T}{b \times dx} = \dfrac{S \cdot dx \cdot Q}{b \cdot dx \cdot I}$

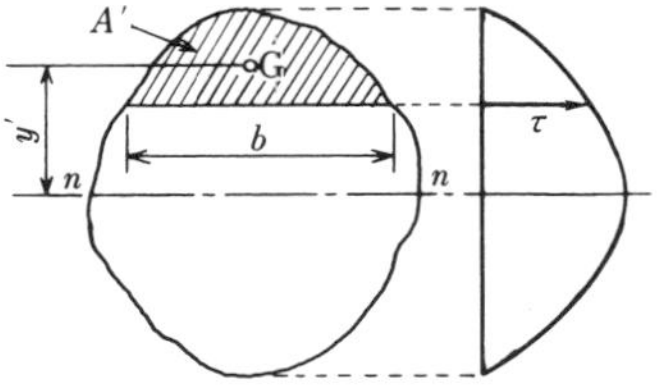

A'
G
y'
b
n
n
τ

図 4·7　せん断応力度

以上より τ, τ' は次のようになる.

$$\boldsymbol{\tau}=\boldsymbol{\tau}'=\frac{\boldsymbol{S\cdot Q}}{\boldsymbol{I\cdot b}} \qquad (4\cdot3)$$

ここに　S：その断面のせん断力

Q：斜線部分の中立軸 n-n に関する断面一次モーメント

I：中立軸 n-n に関する断面二次モーメント（$=I_n$）

b：τ を求める面の幅

長方形断面のせん断応力度

図4・8のような，幅 b，高さ h の長方形断面のせん断応力度について考えてみよう.

図4・8 (a) の斜線部分の中立軸に関する断面一次モーメント Q は，斜線部分の面積を A' とすると次のようである.

$$Q=A'y'$$

$$=b\left(\frac{h}{2}-y\right)\left\{\left(\frac{h}{2}-y\right)\times\frac{1}{2}+y\right\}$$

$$=\frac{b}{8}(h-2y)(h+2y)=\frac{b}{8}(h^2-4y^2)$$

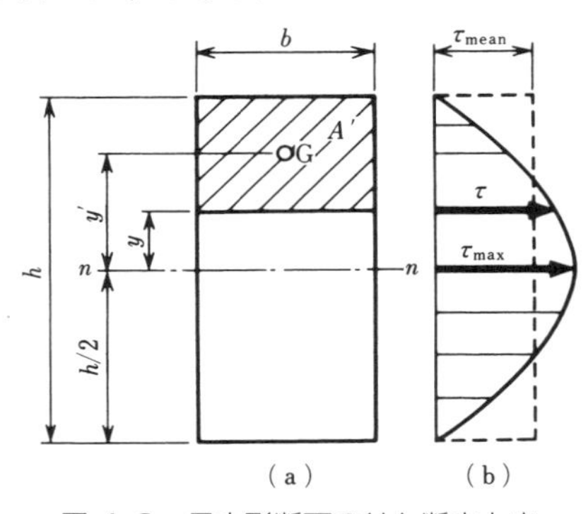

図4・8　長方形断面のせん断応力度

式（4・3）より中立軸より y の断面に作用するせん断応力度は

$$\tau=\frac{SQ}{Ib}=\frac{S}{(bh^3/12)b}\cdot\frac{b}{8}(h^2-4y^2)$$

$$=\frac{3S}{2}\cdot\frac{(h^2-4y^2)}{bh^3} \qquad (4\cdot4)$$

となる.

$\tau=0$ となるときの h と y の関係は式（4・4）より

$h^2-4y^2=0$　とおくことにより　$y=\pm\dfrac{h}{2}$

となり，せん断応力度は上下縁で0となることがわかる.

また，τ の最大値は $y=0$ のときに生じる．すなわち

$$\boldsymbol{\tau}_{\max}=\boldsymbol{\frac{3}{2}\cdot\frac{S}{bh}=\frac{3}{2}\cdot\frac{S}{A}} \qquad (4\cdot5)$$

なお，平均せん断応力度 τ_{mean} は次のようである．

$$\tau_{\mathrm{mean}}=\frac{S}{A} \tag{4・6}$$

τ は式（4・4）のように y の二次方程式で示されるから，せん断応力度の分布図は図 4・8（b）のようになる．

No. 1　長方形断面のせん断応力度を求めてみよう

図 4・9 のような長方形断面の単純ばりに自重も含めて $w=6$ kN/m の等分布荷重が作用するとき，$\tau_{\max}$，τ_{mean} を求めよ．

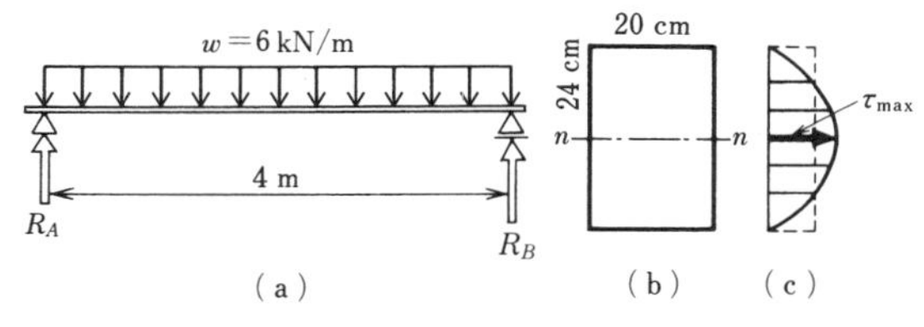

図 4・9

また，中立軸から $y=10$ cm における圧縮断面のせん断応力度 τ' はいくらか．

〔解〕　最大せん断力 $S_{\max}$ は，支点に生じ，反力 R_A に等しい．

$$S_{\max}=R_A=\frac{wl}{2}=\frac{6\,000\times4}{2}=12\,000\ \mathrm{N}$$

$\tau_{\max}$，τ_{mean} は，支点 A でのせん断力に対して計算する．

$$\tau_{\max}=\frac{3}{2}\cdot\frac{S}{A}=\frac{3}{2}\times\frac{12\,000\times4}{20\times24}=37.5\ \mathrm{N/cm^2}$$

$$\tau_{\mathrm{mean}}=\frac{S}{A}=\frac{12\,000\times4}{20\times24}\times24=25\ \mathrm{N/cm^2}$$

τ' は式（4・4）より

$$\tau'=\frac{3S}{2}\cdot\frac{(h^2-4y^2)}{bh^3}$$

$$=\frac{3\times12\,000}{2}\times\frac{24^2-4\times10^2}{20\times24^3}=11.5\ \mathrm{N/cm^2}$$

以上より A 点のせん断応力度の状況は図 4・9（c）のようになる．

3 はりの断面はこうして決める

はりの設計とは

作用した荷重によって，はりの部材断面に曲げ応力度 σ，せん断応力度 τ が生じることについては前節で学んだ．はりが破壊しない条件は，これらの応力度が許容応力度を超えないことである．すなわち

σ_{max}（最大曲げ応力度）$\leqq\sigma_a$（許容曲げ応力度）

τ_{max}（最大せん断応力度）$\leqq\tau_a$（許容せん断応力度）

実際には曲げモーメントの影響のほうが大きい場合が多いので，曲げモーメントに対して安全な断面は，せん断力に対しても安全である場合が多い．だから，はりの設計では曲げ応力度に対する計算がより重要である．

はりの設計の手順

ここからは，実際のはりの設計について，例題を解きながらその手順を学ぶことにする．

No. 2　はりの断面寸法を求めてみよう

スパン 5 m の長方形断面の単純ばりに $P=25$ kN の移動荷重が作用するとき，断面寸法を設計せよ．ただし，はりは木材で自重も含めて $w=4$ kN/m の等分布荷重が作用する．また $\sigma_a=10$ N/mm²，$\tau_a=0.9$ N/mm² とする．

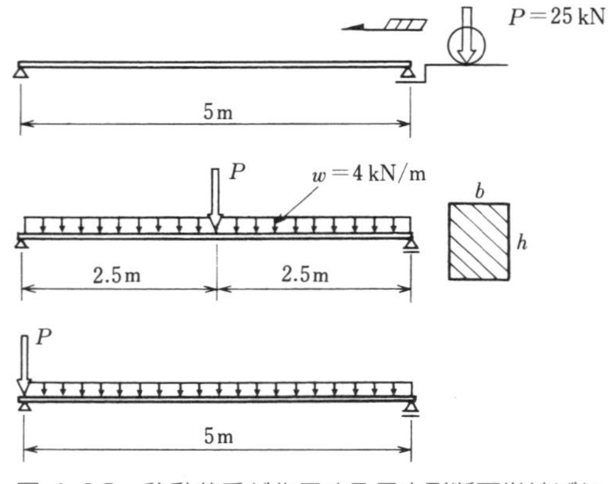

図 4·10　移動荷重が作用する長方形断面単純ばり

〔解〕

(1)　最大曲げモーメント M_{max}，最大せん断力 S_{max}

$$M_{max}=\frac{wl^2}{8}+\frac{Pl}{4}$$

$$=\frac{4\times5^2}{8}+\frac{25\times5}{4}$$

$$=43.75\ \mathrm{kN\cdot m}$$

$$=4.375\times10^7\ \mathrm{N\cdot mm}$$

$$S_{\max}=\frac{wl}{2}+P=\frac{4\times5}{2}+25$$

$$=35\ \mathrm{kN}=35\ 000\ \mathrm{N}$$

これが設計手順です

（2）　$M_{\max}$ に必要な断面係数 Z

$$Z\geqq\frac{M_{\max}}{\sigma_a}=\frac{4.375\times10^7}{10}$$

$$=4.375\times10^6\ \mathrm{mm^3}$$

（3）　断面の仮定

$$Z=\frac{bh^2}{6}=4.375\times10^6\ \mathrm{mm^3}$$

ここで $b=250$ mm と仮定すると

$h=324$ mm

これより少し大きめの仮定断面を次のようにする．

$b=250$ nm，　$h=340$ mm

（4）　仮定断面のせん断応力度に対する安定性

$$\tau_{\max}=\frac{3}{2}\cdot\frac{S_{\max}}{A}=\frac{3}{2}\cdot\frac{35\ 000}{250\times340}$$

$$=0.618\ \mathrm{N/mm^2}<\tau_a$$

よって，せん断応力度に対しても安全である．

（5）　検算

ⓐ　曲げ応力度に関する検算

$$Z=\frac{bh^2}{6}=\frac{250\times340^2}{6}=4.82\times10^6\ \mathrm{mm^3}$$

$$\sigma=\frac{M}{Z}=\frac{4.375\times10^7}{4.82\times10^6}=9.08\ \mathrm{N\cdot cm^2}<\sigma_a$$

ⓑ　抵抗モーメント M_r に関する換算

断面が耐えることのできる最大の曲げモーメントを抵抗モーメントといい，この場合は

$$M_r=\sigma_a\cdot Z=10\times4.82\times10^6$$

$$=4.82\times10^7\ \mathrm{N\cdot mm}>M_{\max}$$

以上より，$b=250$ mm，$h=340$ mm と決定する．

1．$M_{\max}$，$S_{\max}$ を求める

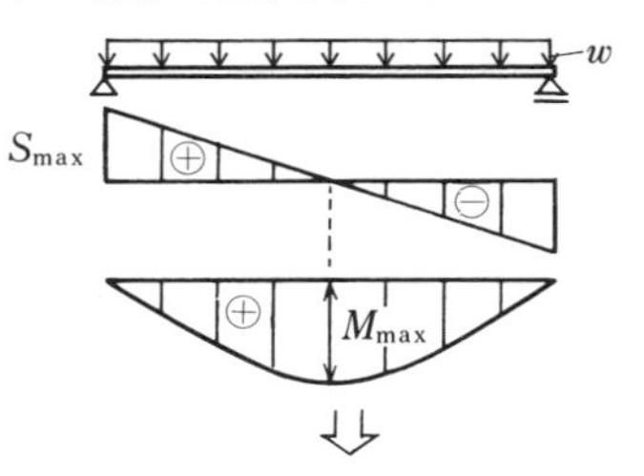

2．断面係数 Z を求める

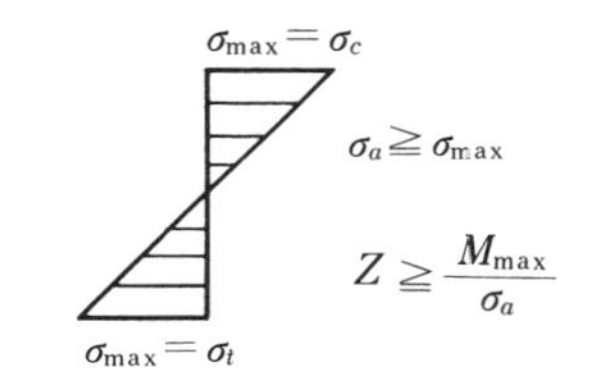

3．Z に近く少し大きめの断面を仮定

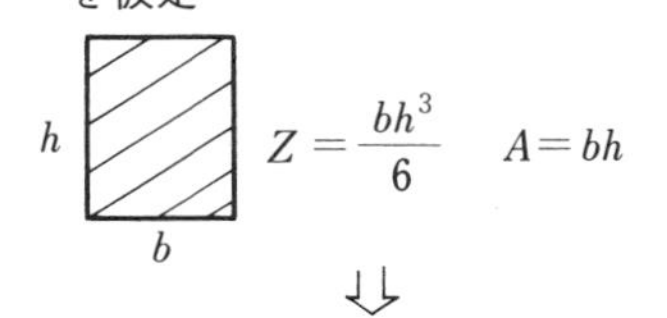

4．仮定断面がせん断応力に対して安全か

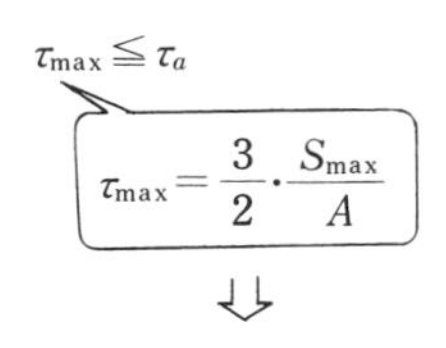

5．仮定断面の検算

（1）　$\sigma_{\max}\leqq\sigma_a$

（2）　$M_r=\sigma_a\cdot Z$

（3）　$M\leqq M_r$

断面設計（長方形）の手順

4

I 形でいくか それとも H 形で

I 形鋼の最大径間

はりとして使用する材料，荷重条件，応力度の許容値等が定まり，単純ばりとしての許容される最大径間を求める場合の考え方は，次のようである．

No. 3　I 形鋼ばりの最大径間を求めてみよう

I 形鋼（$I=450\times175\times11\times20$，$I_x=3.92\times10^8\ \mathrm{mm}^4$，単位質量 $w=91.7\ \mathrm{kg/m}$）を単純ばりとして使用する．最大で 120 kN の集中荷重が図 4·11 のように作用するものとすれば，最大径間は何メートルまで許されるか．ただし，せん断力に対しては安全とし，$\sigma_a=110\ \mathrm{N/mm^2}$ とする．

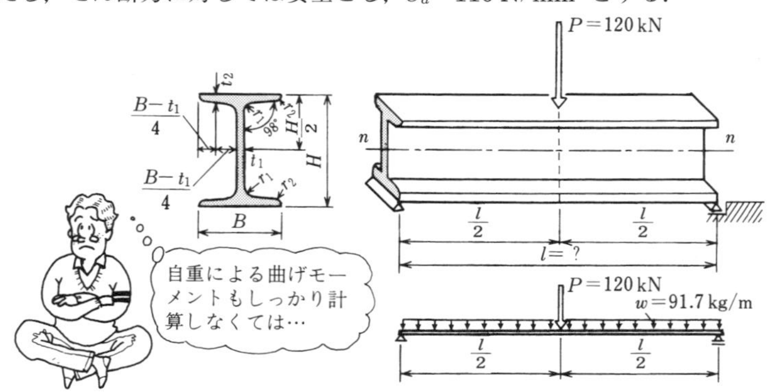

図 4·11　集中荷重を受ける I 形鋼単純ばり

〔解〕

単位重量 $w=91.7\ \mathrm{kgf/m}=899\ \mathrm{N/m}$

最大曲げモーメントの計算

$$M_{\max}=\frac{Pl}{4}+\frac{wl^2}{8}=\frac{120\,000l}{4}+\frac{899l^2}{8}=30\,000l+112l^2\ \mathrm{N\cdot m}$$

断面係数の計算

$$Z=\frac{I}{y}=\frac{3.92\times10^8}{225}=1.74\times10^6\ \mathrm{mm^3}$$

$\sigma_a \geqq \dfrac{M}{Z}$　より　$M \leqq \sigma_a Z = 110\times1.74\times10^6 = 1.91\times10^8\ \mathrm{N\cdot mm} = 1.91\times10^5\ \mathrm{N\cdot m}$

以上から　$112l^2+30\,000l-1.91\times10^5 \leqq 0$

$\therefore\ \ l \leqq 6.22\ \mathrm{m}$

H形鋼断面の設計　長方形断面のように，幅 b，高さ h を決めるだけではなく，既製の形鋼をはりとして使用する場合の考え方は次のようになる．

No. 4　H形鋼ばりの断面を求めてみよう

支間 14 m の単純ばりに図 4·12 のように $P=200$ kN の移動荷重が作用する場合の H 形鋼の断面を決定せよ．ただし鋼の $\sigma_a=140$ N/mm^2，$\tau_a=80$ N/mm^2 とする．

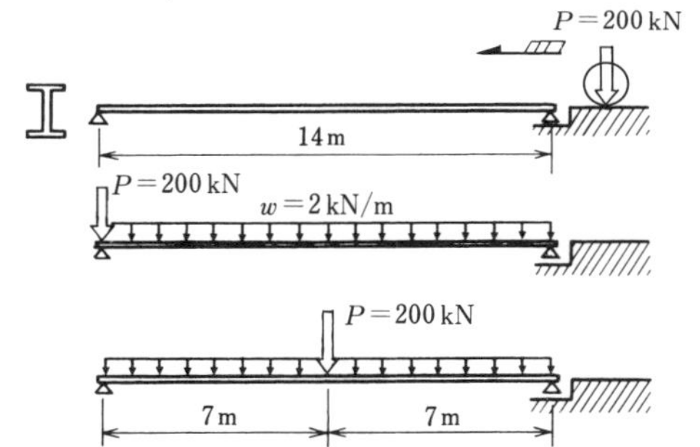

図 4·12　移動荷重を受けるH形鋼単純ばり

〔解〕 断面寸法が未知だから，自重 w を仮定して曲げモーメントとせん断力を試算する．

$w=2$ kN/m と仮定する．

$$S_{\max}=\frac{wl}{2}+P=\frac{2\times14}{2}+200=214\ \mathrm{kN}=2.14\times10^5\ \mathrm{N}$$

$$M_{\max}=\frac{wl^2}{8}+\frac{Pl}{4}=\frac{2\times14^2}{8}+\frac{200\times14}{4}=749\ \mathrm{kN\cdot m}=7.49\times10^8\ \mathrm{N\cdot mm}$$

したがって，この荷重条件に必要な断面係数 Z は

$$Z=\frac{M_{\max}}{\sigma_a}=\frac{7.49\times10^8}{140}=5.35\times10^6\ \mathrm{mm^3}$$

この Z の最も近くて少し大きめのH形寸法を巻末付録より選択する．図 4·13 のような寸法とすると $w \geqq w'$ となっており安全である．

$$Q_x=(300\times24)\times338+(350-24)^2\times13\times\frac{1}{2}=3\,124\times10^3\ \mathrm{mm^3}$$

$$\tau_{\max}=\frac{S_{\max}\cdot Q_x}{I_x\cdot b}=\frac{2.14\times10^5\times3\,124\times10^3}{1.97\times10^9\times13}=26.1\ \mathrm{N/mm^2}$$

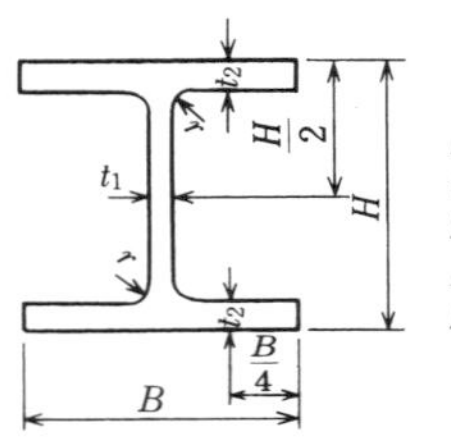

$H=700\text{mm}$，$B=300\text{mm}$
$t_1=13\text{mm}$，$t_2=24\text{mm}$
単位質量 $w_1=182\text{kg/m}$
$I_x=1.97\times10^9\ \text{mm}^4$
$Z_x=5.64\times10^6\ \text{mm}^3$

図 4·13　H 形鋼

$$\tau_{\max}<\tau_a\quad(=80\ \text{N/mm}^2)$$

よって，せん断応力度については安全である．
（検算）

$$\sigma=\frac{M}{Z}=\frac{7.49\times10^8}{5.64\times10^6}=132.8\ \text{N/mm}^2<\sigma_a$$

$$M_r=\sigma_a\cdot Z=140\times5.64\times10^6=7.896\times10^8\ \text{N}\cdot\text{m}>M_{\max}$$

以上より安全である．

No. 5　I 形鋼, H 形鋼ばりの断面寸法を巻末付録から求めてみよう

単純ばりに死荷重，活荷重が作用して，あわせて 350 kN·m の曲げモーメントを受ける．この曲げモーメントに耐えうる断面係数 Z を計算し，I 形，H 形鋼の断面寸法を巻末付録より決めよ．ただし，$\sigma_a=140\ \text{N/mm}^2$ とする．

〔解〕

$$Z\geqq\frac{M}{\sigma_a}=\frac{3.5\times10^8}{140}=2.5\times10^6\ \text{mm}^3$$

$Z>2.5\times10^6\ \text{mm}^3$ の I，H 形鋼の寸法は

I 形鋼の場合

$\text{I}(H\times B\times t_1\times t_2)=\text{I}\ 600\times190\times13\times25$　のとき

$Z_x=3.28\times10^6\ \text{mm}^3>2.5\times10^6\ \text{mm}^3$

となり，この断面寸法は安全である．

H 形鋼の場合

$\text{H}(H\times B\times t_1\times t_2)=\text{H}\ 600\times200\times11\times17$　のとき

$Z_x=2.52\times10^6\ \text{mm}^3>2.5\times10^6\ \text{mm}^3$

となり，この断面寸法で安全である．

参考　積分法による曲げ応力度の解法

曲げ応力度の計算は，式（4·1），式（4·2）によることについては既に説明した．ここでは積分による方法を簡単に説明する．

図4·14より

$$\varepsilon=\Delta dx/dx=y/\rho$$

フックの法則から

$$\sigma=E\cdot\varepsilon$$
$$=E\cdot\Delta dx/dx$$
$$=Ey/\rho$$

よって

$$\frac{1}{\rho}=\frac{\sigma}{Ey} \qquad (4\cdot7)$$

図4·14　曲げ応力度

断面abには偶力モーメントが生じており，次の関係がなりたつ．

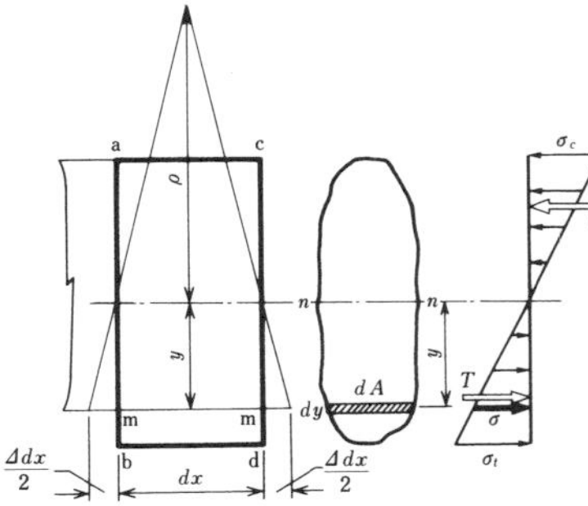

$$\Sigma H=\int_A \sigma\cdot dA=\int_A \frac{E}{\rho}ydA=\frac{E}{\rho}\int_A ydA=\frac{E}{\rho}Q_n=0 \qquad (4\cdot8)$$

ここに

$\int_A ydA=Q_n$：中立軸に関する断面一次モーメント

式（4·8）から，$\Sigma H=0$ とは $Q_n=0$ のことであり，中立軸 n-n は長方形断面の図心を通ることを意味している．

dA に作用する応力の中立軸に関するモーメント（偶力モーメント）の総和は

$$M=\int_A y\sigma dA=\int_A y\left(\frac{E}{\rho}\right)ydA=\frac{E}{\rho}\int_A y^2dA=\frac{E}{\rho}I_n \qquad (4\cdot9)$$

ここに

$\int_A y^2dA=I_n$：中立軸に関する断面二次モーメント

ここで，式（4·9）は式（4·7）より

$$M=\frac{\sigma}{Ey}EI_n=\frac{\sigma I_n}{y}$$

よって，中立軸から y の距離にある断面mmの曲げ応力度 σ は

$$\boldsymbol{\sigma=\frac{M}{I_n}y} \qquad (4\cdot10)$$

4章のまとめ問題

【問題 1】 図 4･15 のようなＩ形断面に，曲げモーメント $M=500$ kN･m，せん断力 $S=180$ kN が作用するとき，縁応力度 σ，最大せん断応力度 τ_{max}，平均せん断応力度 τ_{mean} を求めよ．

【問題 2】 図 4･16 のような材料が同質で，それぞれの形が異なっても面積が同じ断面がある．それぞれの断面に曲げモーメント $M=18$ kN･m が作用するとき，(a)，(b)，(c) 断面の断面係数 Z_1，Z_2，Z_3，曲げ応力度 σ_1，σ_2，σ_3 を求めよ．

【問題 3】 図 4･17 のような中空断面のはりに，曲げモーメント $M=170$ kN･m，せん断力 $S=25$ kN が作用するとき，σ_{max}，τ_{max} を求めよ．

【問題 4】 幅 $b=10$ cm，高さ $h=15$ cm の長方形断面の単純ばりがある．はりの単位重量は 8 kN/m^3，許容曲げ応力度 $\sigma_a=8$ N/mm^2 とすると自重をささえうる最大スパン長 l を求めよ．

【問題 5】 支間 $l=8$ m のＩ形鋼のはりに $P=100$ kN の移動荷重が作用する，このＩ形鋼の許容曲げ応力度 $\sigma_a=140$ N/mm^2，自重 $w=1$ kN/m として次の問に答えよ．

(1) 移動荷重と自重による最大曲げモーメント M_{max} を求めよ．
(2) M_{max} に対して必要な断面係数 Z を求めよ．
(3) 巻末付録から，図 4･18 のＩ形断面の寸法，H，B，t_1，t_2 を定めよ．
(4) (3) で定めた断面の抵抗モーメント M_r はいくらか．またこの M_r と M_{max} を比較して安全性を判定せよ．

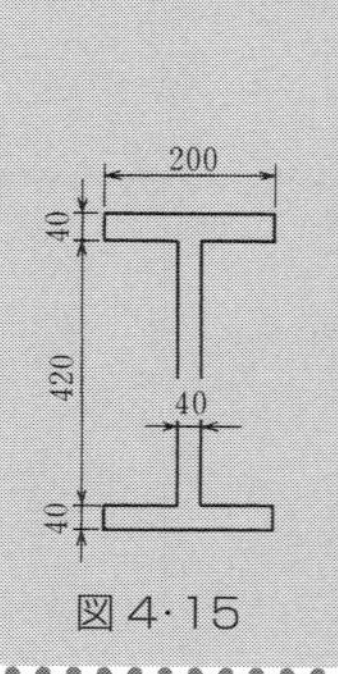

図 4･15

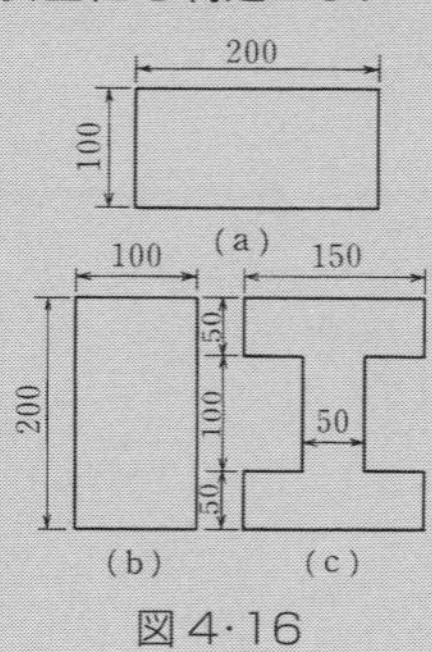

図 4･16

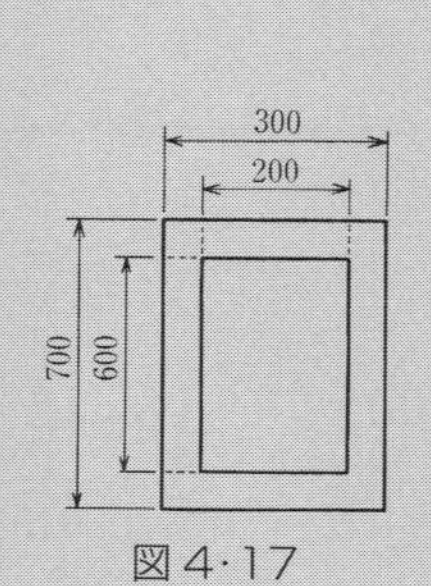

図 4･17

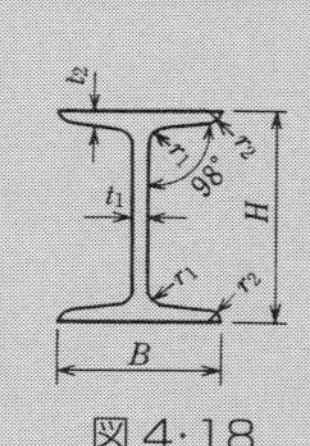

図 4･18

5章

柱

部材が軸方向に圧縮力を受けるとき，これを**柱**という．せん断力や曲げモーメントを受けるはりに対して，橋台や橋脚などは主に圧縮力を受ける構造物である．ここで述べる柱の理論は，このような土木構造物を設計するための基礎となるものである．

柱には，**短柱**と**長柱**とがある．圧縮力が増加すると，短柱は押しつぶされて破壊する．これを**圧座**という．長柱の場合は曲げ変形が生じ，ついには折れる．これを**座屈**という．

これらの柱の理論は，柱の設計そのものについてはもちろんのこと，橋脚，橋台あるいは擁壁などの土木構造物の設計には欠かせない重要な理論である．

この章では，短柱と長柱の理論，またそれを応用した断面設計の方法について学ぶ．

1

偏心すれば曲げモーメントに変身

偏心荷重を受ける短柱

橋台や橋脚などはコンクリートあるいは鉄筋コンクリートで作られた圧縮力を受ける構造物である．これらの場合，荷重が構造物の軸の中心に作用するとはかぎらず，少々ずれながら作用するものと考えて断面設計をする．荷重 P が図 5·1 (a) のように作用したとき，これを**偏心荷重**といい，図心からずれた距離 e を**偏心距離**という．ここでは，偏心荷重を受ける柱の応力度について考えてみることにする．

図 5·1 (a) のように，図心軸より e だけ離れた点 E に偏心荷重 P が作用する．このとき柱に生じる応力度は，P が図心軸に作用したときの応力度と，曲げモーメント $M=P\cdot e$ が作用したときの応力度をあわせて考えなければならない．偏心荷重を受ける短柱は，これら二つの応力度を加えた**合成応力度**となる．これら応力度の状況を示したのが図 5·1 である．A, B 点における応力度は次のようになる．

$$\boldsymbol{\sigma}_A = \boldsymbol{\sigma}_c + \boldsymbol{\sigma}_t' = -\frac{\boldsymbol{P}}{\boldsymbol{A}} + \frac{\boldsymbol{M}}{\boldsymbol{I}}\boldsymbol{x}_t = -\frac{\boldsymbol{P}}{\boldsymbol{A}} + \frac{\boldsymbol{M}}{\boldsymbol{Z}_t} \quad (5\cdot1)$$

$$\boldsymbol{\sigma}_B = \boldsymbol{\sigma}_c + \boldsymbol{\sigma}_c' = -\frac{\boldsymbol{P}}{\boldsymbol{A}} - \frac{\boldsymbol{M}}{\boldsymbol{I}}x_c = -\frac{\boldsymbol{P}}{\boldsymbol{A}} - \frac{\boldsymbol{M}}{\boldsymbol{Z}_c} \quad (5\cdot2)$$

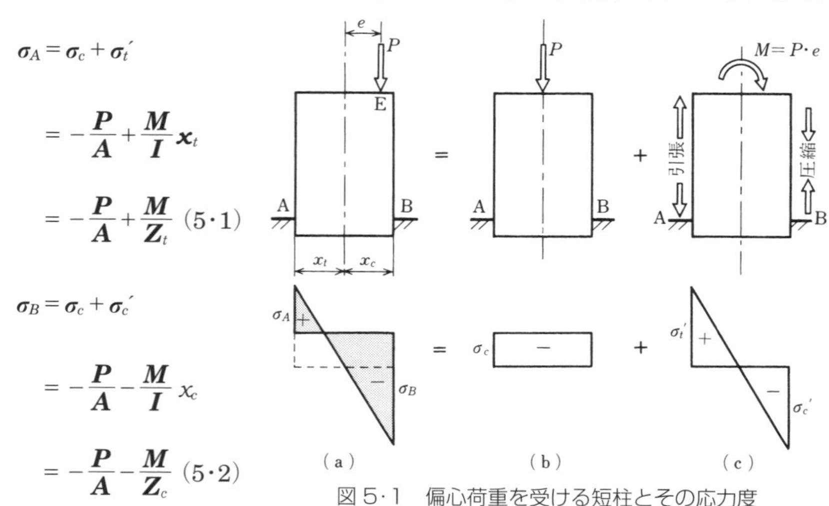

図 5·1　偏心荷重を受ける短柱とその応力度

応力度の形は，図 5･2 (a)，(b)，(c) のような 3 種類考えられる．

図 (a) は，e が小さく全断面が圧縮応力度になる場合である．

図 (b) は，e が大きく断面の一部に引張応力度が生じている場合である．

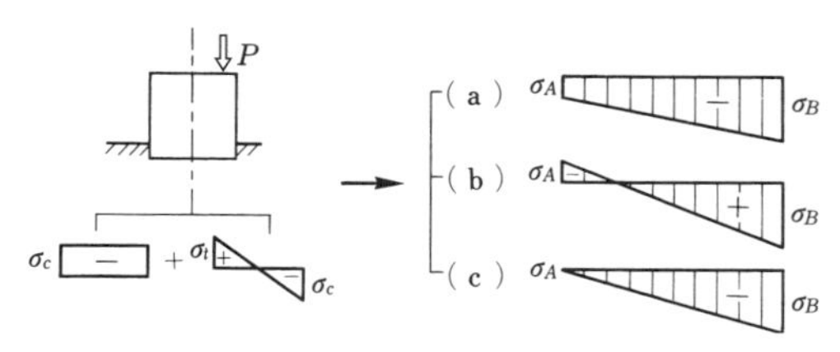

図 5･2　短柱応力度の形

図 (c) は，A 点の引張応力度と圧縮応力度が，ちょうど 0 となった場合である．

柱断面の軸上に圧縮荷重が作用する場合

図 5･3 のように長方形断面の短柱において，図心 G から x 軸上で e だけ離れた点 E に圧縮荷重 P が作用する．このとき，A 点，B 点に生じる応力度 σ_A，σ_B を求めてみよう．

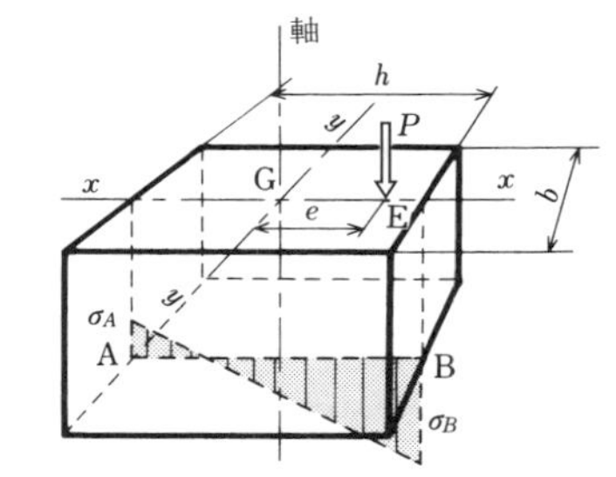

図 5･3　偏心荷重の作用する短柱

曲げモーメント M による曲げ応力度と荷重 P による圧縮応力度の合成応力度であるから，σ_A，σ_B は次のようになる．

$$\sigma_A = -\frac{P}{A} + \frac{M}{Z_t} = -\frac{P}{bh} + \frac{6P \cdot e}{bh^2} \quad \text{よって} \quad \boldsymbol{\sigma_A = -\frac{P}{bh}\left(1 - \frac{6e}{h}\right)} \tag{5･3}$$

$$\sigma_B = -\frac{P}{A} - \frac{M}{Z_c} = -\frac{P}{bh} - \frac{6P \cdot e}{bh^2} \quad \text{よって} \quad \boldsymbol{\sigma_B = -\frac{P}{bh}\left(1 + \frac{6e}{h}\right)} \tag{5･4}$$

式 (5･4) からは，$\sigma_B < 0$ であるから，B 点は常に圧縮応力度となることがわかる．また，式 (5･3) からは，A 点の応力度について次のようになる．

$e = \dfrac{h}{6}$ のとき　　$\sigma_A = 0$

$e < \dfrac{h}{6}$ のとき　　$\sigma_A < 0$（圧縮応力度）

$e > \dfrac{h}{6}$ のとき　　$\sigma_A > 0$（引張応力度）

No. 1　短柱の応力度を求めてみよう

図 5·4 のような短柱において，図心から x 軸上の偏心距離 $e=8$ cm の点に $P=80$ kN の圧縮力が作用するとき，AB 縁，CD 縁に生じる応力度 σ_{AB}，σ_{CD} はいくらか．

〔解〕　断面積　$A=bh=20\times30=600\ \text{cm}^2$

断面二次モーメント I は

$$I=\frac{bh^3}{12}=\frac{20\times30^3}{12}=45\,000\ \text{cm}^4$$

曲げモーメント　$M=P\cdot e=80\,000\times8$

$$=640\,000\ \text{N}\cdot\text{cm}$$

$$x_1=x_2=30/2=15\ \text{cm}$$

式（5·1），式（5·2）から

$$\sigma_{AB}=-\frac{P}{A}+\frac{M}{I}x_1=-\frac{80\,000}{600}+\frac{640\,000}{45\,000}\times15$$

$$=+80\ \text{N/cm}^2\quad（引張応力度）$$

$$\sigma_{CD}=-\frac{P}{A}-\frac{M}{I}x_2=-\frac{80\,000}{600}-\frac{640\,000}{45\,000}\times15$$

$$=-347\ \text{N/cm}^2\quad（圧縮応力度）$$

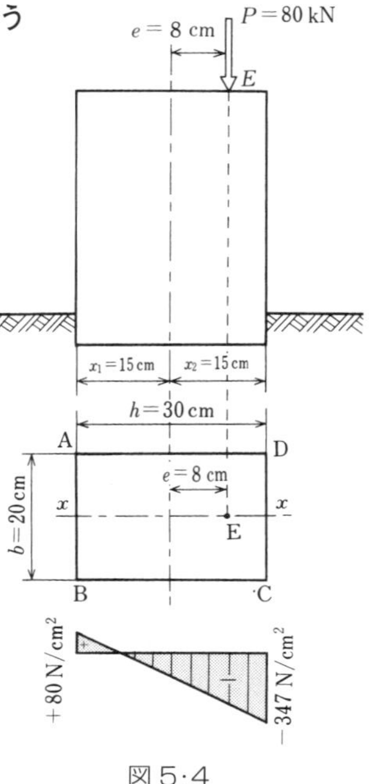

図 5·4

No. 2　偏心荷重を受ける短柱の応力度を求めてみよう

図 5·5 のように，x 軸から 10 cm，y 軸から 15 cm 偏心した点 E に，$P=150$ kN が作用するとき，A，B，C，D 点の応力度はいくらか．

〔解〕　$A=bh=30\times40=1\,200\text{cm}^2$

$$M_x=15\,000\times10=1\,500\,000\ \text{N}\cdot\text{cm}$$

$$M_y=15\,000\times15=2\,250\,000\ \text{N}\cdot\text{cm}$$

$$Z_{AD}=Z_{BC}=\frac{bh^2}{6}$$

$$=\frac{30\times40^2}{6}=8\,000\ \text{cm}^3$$

$$Z_{AB}=Z_{CD}=\frac{h\cdot b^2}{6}$$

$$=\frac{40\times30^2}{6}=6\,000\ \text{cm}^3$$

$$\sigma=-\frac{P}{A}=-\frac{1\,500\,000}{1\,200}$$

$$=-125\ \text{N/cm}^2$$

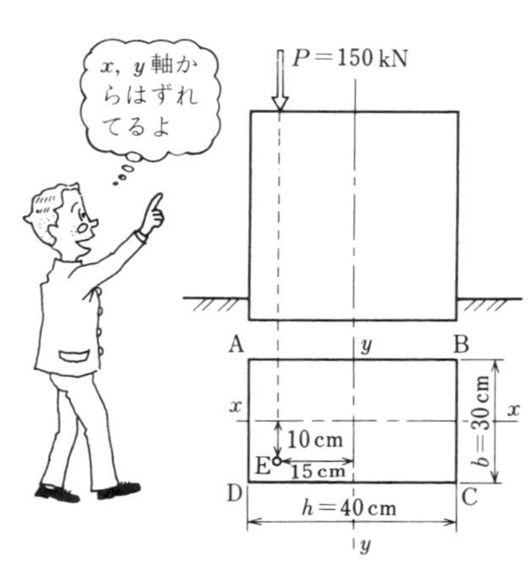

図 5·5　軸外の偏心荷重

$$\begin{cases} \sigma_{AB} = +\dfrac{M_x}{Z_{AB}} = +\dfrac{1\,500\,000}{6\,000} = +250\ \mathrm{N/cm^2} \\ \sigma_{CD} = -\dfrac{M_x}{Z_{CD}} = -\dfrac{1\,500\,000}{6\,000} = -250\ \mathrm{N/cm^2} \end{cases}$$

$$\begin{cases} \sigma_{BC} = +\dfrac{M_y}{Z_{BC}} = +\dfrac{2\,250\,000}{8\,000} = +281\ \mathrm{N/cm^2} \\ \sigma_{AD} = -\dfrac{M_y}{Z_{AD}} = -\dfrac{2\,250\,000}{8\,000} = -281\ \mathrm{N/cm^2} \end{cases}$$

したがって，四すみ A，B，C，D 点の合成応力度は次のようになる．

$\sigma_A = \sigma + \sigma_{AB} + \sigma_{AD} = -125 + 250 - 281 = -156\ \mathrm{N/cm^2}$　（圧縮応力度）

$\sigma_B = \sigma + \sigma_{AB} + \sigma_{BC} = -125 + 250 + 281 = +406\ \mathrm{N/cm^2}$　（引張応力度）

$\sigma_C = \sigma + \sigma_{BC} + \sigma_{CD} = -125 + 281 - 250 = -94\ \mathrm{N/cm^2}$　（圧縮応力度）

$\sigma_D = \sigma + \sigma_{AD} + \sigma_{CD} = -125 - 281 - 250 = -656\ \mathrm{N/cm^2}$　（圧縮応力度）

Let's try

No. 3　コンクリートダムの応力度を求めてみよう

図 5·6 のような満水位で 5.1 m の水圧を受けるコンクリートダムがある．A，B 点の応力度 σ_A，σ_B はいくらか．ただし，コンクリートの単位重量は 23 kN/m³，水の密度 1 t/m³ とし，ダムの単位長さ 1 m について計算せよ．

〔解〕　ダムの単位長さ 1 m について計算する．

全水圧　$P = \dfrac{1}{2}\gamma_w H^2$

$= \dfrac{1}{2} \times 1 \times 9.8 \times 5.1^2$

$= 127.4\ \mathrm{kN}$

自　重　$P_W = 2 \times 6 \times 1 \times 23$

$= 276\ \mathrm{kN}$

全水圧 P による曲げモーメント M は

$M = P \times H_C = 127.4 \times 5.1/3$

$= 216.6\ \mathrm{kN \cdot m}$

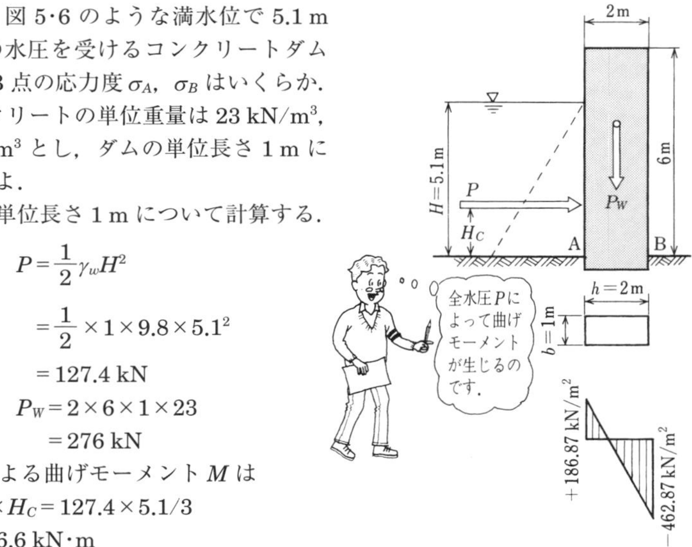

図 5·6　コンクリートダム

よって，σ_A，σ_B は式（5·1），式（5·2）より

$$\sigma_A = -\frac{P_W}{A} + \frac{M}{Z} = -\frac{276}{2 \times 1} + \frac{216.6}{1 \times 2^2/6} = +186.6\ \mathrm{kN/m^2}\quad（引張応力度）$$

$$\sigma_B = -\frac{P_W}{A} - \frac{M}{Z} = -\frac{276}{2 \times 1} - \frac{216.6}{1 \times 2^2/6} = -463.2\ \mathrm{kN/m^2}\quad（圧縮応力度）$$

2 力は核内で全部圧縮

偏心荷重と核の関係

柱の断面には，引張応力度が生じないように設計しなければならない．柱の引張応力度は偏心荷重による曲げモーメントによって生じることは前節で説明した．

図 5･7 において，σ_A のような引張応力度が柱の断面に生じないようにするためには，σ_A が 0 か負の値になっていればよい．

そこで，式（5･1）より $\sigma_A \leqq 0$ と

$$\sigma_A = -\frac{P}{A} + \frac{M}{Z} = -\frac{P}{A} + \frac{P \cdot e}{Z} \leqq 0$$

よって　$\boldsymbol{e} \leqq \dfrac{\boldsymbol{Z}}{\boldsymbol{A}} = \boldsymbol{K}$

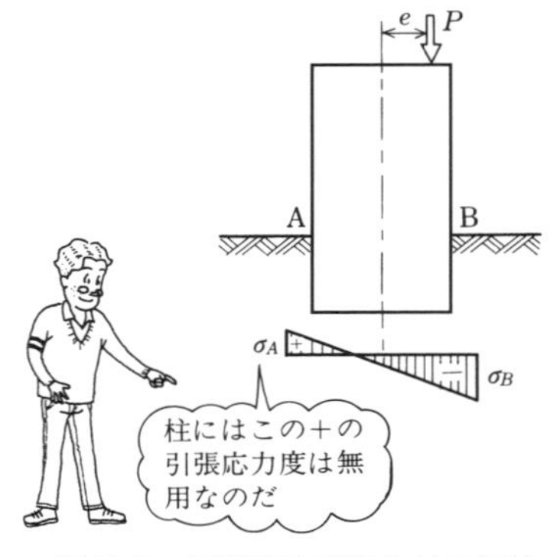

図 5･7　引張応力度の生じる短柱

すなわち，$\sigma_A \leqq 0$ であるための偏心距離 e の条件は，偏心距離 e が接点 K を超えないことである．

ここで e，K による応力度の変化については次のようになる．

$e < K$　のとき　$\sigma_A < 0 \Longrightarrow \sigma_A$ ⊖ σ_B　全体が圧縮応力度

$e = K$　のとき　$\sigma_A = 0 \Longrightarrow \sigma_A$ ⊖ σ_B　全体が圧縮応力度

$e > K$　のとき　$\sigma_A > 0 \Longrightarrow \sigma_A$ ⊕ ⊖ σ_B　A 点側に引張応力度が生じる．

短柱の設計においては，引張応力度を生じさせないようにするために圧縮力 P がこの核点 K 内に作用するように考えて，その断面の形や大きさを決める．また P の大きさには無関係に，P が核点内にあれば短柱には引張応力度は生じないことになる．

長方形断面の核

ここでは，長方形断面を持つ短柱の接点について考えてみる．

図 5·8 のように長方形断面の図心を通る x，y 軸を図のようにおくと

$$I_x = \frac{bh^3}{12} \qquad Z_x = \frac{bh^3/12}{h/2} = \frac{bh^2}{6}$$

$$I_y = \frac{h \cdot b^3}{12} \qquad Z_y = \frac{hb^3/12}{b/2} = \frac{hb^2}{6}$$

よって，図心から y 軸上の接点までの距離を K_1，K_2，x 軸上の距離を K_3，K_4 とすると

$$K_1 = K_2 = \frac{Z_x}{A} = \frac{bh^2/6}{bh} = \frac{h}{6}$$

$$K_3 = K_4 = \frac{Z_y}{A} = \frac{hb^2/6}{bh} = \frac{b}{6}$$

すなわち，図 5·8 (b) のように図心を中心にして x 軸上では中央 $b/3$，y 軸上では中央 $h/3$ 以内に圧縮力 P が作用するなら，全断面に圧縮応力度のみが生じていることになる．この x，y 軸上の $b/3$，$h/3$ の点を**中央三分点**という．

また x，y 軸上以外の任意の点に圧縮力が作用した場合においても，図心軸をはさんでその反対側にも同じように応力度 0 となる核点がある．これらの核点をつないでいくと，図 5·8 (c) のようなひし形部分ができる．これが長方形断面 ABCD の**核**である．

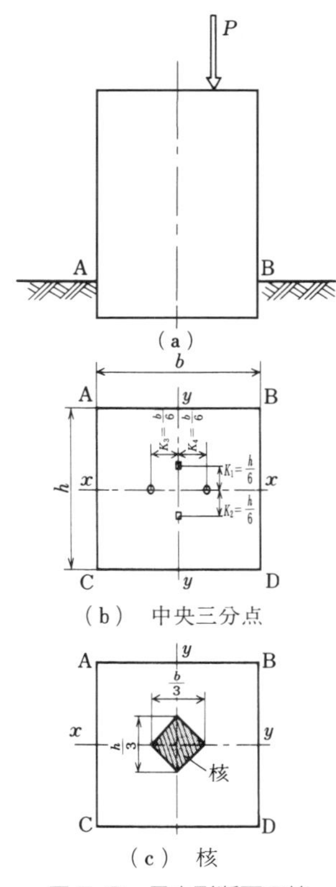

図 5·8　長方形断面の核

この核内に圧縮力 P が作用するなら，P の大きさには無関係に，短柱に引張応力度は生じないことになる．

3 長柱は曲がって折れる

柱の支持方法

細長い柱において，その軸方向に作用した圧縮力が増加すると，軸に直角方向に曲がりだし，ついには折れる．このような現象を**座屈**という．また座屈するときの限界の荷重を**座屈荷重**という．

長さ l の柱に圧縮荷重が作用するとき，その柱の支持方法によって理論上の長さ l_r を図 5·9 のように定めている．長柱の場合はこの l_r によって設計計算する．l_r を**換算長**または**有効長さ**という．また長柱を設計するための公式が種々作られている．それらは柱の理論上の長さ l_r と断面の最小断面二次半径 i との比，l_r/i が考慮に入れてある．この $\boldsymbol{l_r/i}$ を**細長比**という．

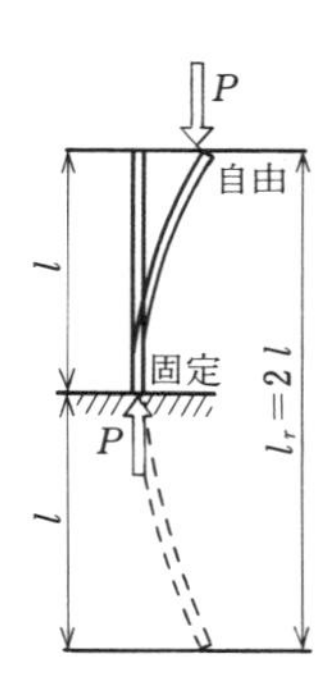

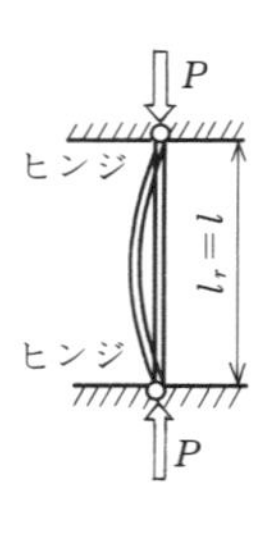

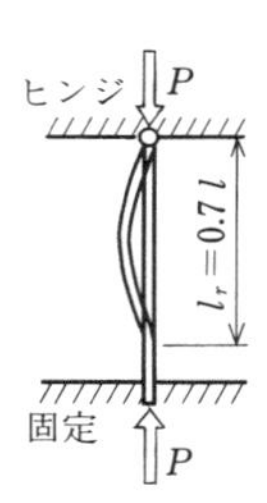

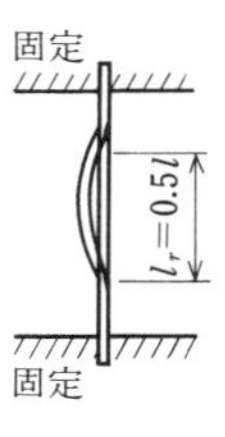

図 5·9　柱の支持方法と有効長さ

長柱公式

長柱の計算公式は，理論式としてはオイラーの公式が，実験式としてはテトマイヤーの公式がよく使われる．日本ではオイラー，テトマイヤー公式を基本として独自の示方書を定めている．

(1)　**オイラーの公式**　一般に $l_r/i>100$ のときに適用する．

$$\boldsymbol{P_{cr}=\frac{n\pi^2EI}{l^2}}$$（実際の長さ l による）

$$\mathbf{P}_{cr}=\frac{\pi^2 \boldsymbol{EI}}{\boldsymbol{l}_r^{\,2}}$$ （換算長 l_r による）

P_{cr}：座屈荷重〔N〕，l：柱の実際長〔mm〕，l_r：換算長〔mm〕，
E：弾性係数〔N/mm^2〕，I：断面二次モーメント〔mm^4〕
n：柱の支持方法によって定まる定数

表５·１　柱の支持方法によって定まる定数 n

柱の支持方法	n
一端固定，他端自由	1/4
両端回転端	1
一端固定，他端回転端	2
両端固定	4

表５·２　テトマイヤーの定数
（湯浅亀一著「材料力学」の数値を SI 単位に換算して作成）

定数＼材料	木　材	鋳　鉄	錬　鉄	軟　鋼	硬　鋼
a	28.7	761.0	297.1	304.0	328.5
b	0.190	1.18	1.27	1.12	0.61
l_r/i	$l_r/i<100$	$l_r/i<80$	$l_r/i<112$	$l_r/i<105$	$l_r/i<89$

（2）　**テトマイヤーの公式**　一般に $l_r/i<100$ のときに適用する．

$$\sigma_{cr}=\boldsymbol{a}-\boldsymbol{b}\left(\frac{\boldsymbol{l}_r}{\boldsymbol{i}}\right)$$

σ_{cr}：座屈応力度〔N/mm^2〕，i：最小断面二次半径〔mm〕，
a，b：柱の材料によって定まる定数〔N/mm^2〕

（3）　**日本の示方書で用いられている公式**　日本で用いられている実用公式は，表 5·3，表 5·4 による．これらは両端ヒンジの場合を基準にしているため，柱の長さは実長を基にしている．したがって，両端ヒンジ以外の長柱では，支持状態に応じた換算長を考えなければならない．

表５·３　鋼材の許容軸方向圧縮応力度〔N/mm^2〕

応力の種類＼鋼種	SS 400 SM 400 SMA 400 W	SM 490	SM 490 Y SM 520 SMA 490 W	SM 570 SMA 570 W
軸方向圧縮応力度（総断面積につき）（局部座屈を考慮しない場合） l：有効座屈長〔mm〕 i：断面二次半径〔mm〕	$l/i \leqq 18$ 140	$l/i \leqq 16$ 185	$l/i \leqq 15$ 210	$l/i \leqq 18$ 255
	$18<l/i \leqq 92$ $140-0.82\times(l/i-18)$	$16<l/i \leqq 79$ $185-1.2\times(l/i-16)$	$15<l/i \leqq 75$ $210-1.5\times(l/i-15)$	$18<l/i \leqq 67$ $255-2.1\times(l/i-18)$
	$92<l/i$ $\dfrac{1\,200\,000}{6\,700+(l/i)^2}$	$79<l/i$ $\dfrac{1\,200\,000}{5\,000+(l/i)^2}$	$75<l/i$ $\dfrac{1\,200\,000}{4\,400+(l/i)^2}$	$67<l/i$ $\dfrac{1\,200\,000}{3\,500+(l/i)^2}$

注．この表は鋼材の板厚が 40 mm 以下の場合である．
（日本道路協会：道路橋示方書・同解説「SI 単位系移行に関する参考資料」より作成）

表５・４　木材の許容圧縮応力度

項目＼材種	針葉樹	広葉樹	材種によらず
l/i	$l/i<100$	$l/i<100$	$l/i\geqq 100$
$\sigma_{cr,a}$〔N/mm^2〕	$6.86-0.048(l/i)$	$7.85-0.057(l/i)$	$\dfrac{21\,600}{(l/i)^2}$

$\sigma_{cr,a}$：許容圧縮応力度で，座屈応力度σ_{cr}に安全率を考慮した値（「木道路橋設計示方書案」によって作成）
（注）現在，この表は公園施設などの木歩道橋の設計に生かされている（道路橋の設計には適用できない）．

No. 4　円柱の許容座屈荷重を求めてみよう

図5·10のような長さ$l=3\,500$ mm，直径$d=160$ mmの円形断面の長柱は何kNの軸方向力に耐えられるか．ただし，木材は広葉樹，支持方法は両端ヒンジとし，日本に示方書公式によって計算せよ．

〔解〕 断面二次半径　$i=\sqrt{\dfrac{I}{A}}=\sqrt{\dfrac{\pi d^4/64}{\pi d^2/4}}=\dfrac{d}{4}=\dfrac{160}{4}=40$ mm

細長比　$\dfrac{l}{i}=\dfrac{3\,500}{40}=87.5<100$

許容圧縮応力度$\sigma_{cr,a}$は，表5·4より

$$\sigma_{cr,a}=7.85-0.057\left(\frac{l}{i}\right)=7.85-0.057\times 87.5$$
$$=2.86\ \text{N/mm}^2$$

よって許容座屈荷重$P_{cr,a}$は

$$P_{cr,a}=\sigma_{cr,a}\times A=2.86\times\frac{\pi\times 160^2}{4}=57\,500\ \text{N}$$
$$=57.5\ \text{kN}$$

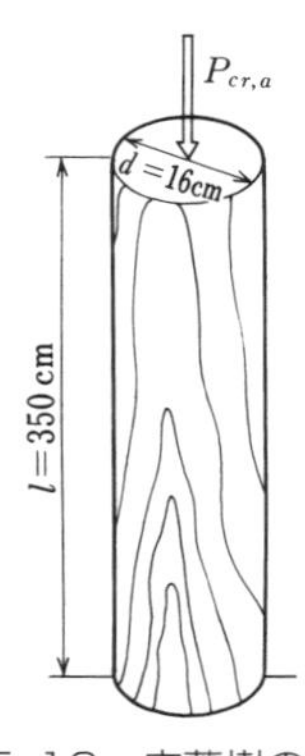

図5·10　広葉樹の円柱

No. 5　I形鋼の圧縮力に対する“安全”を判定してみよう

図5·11のようなI形鋼（$300\times150\times10\times18.5$，単位重量62.9 N/m）の柱が軸方向に350 kNの圧縮力を受けるとき，安全であるかどうか判定せよ．ただし鋼種はSM 400とし，柱の長さは$l=4.0$ m，支持方法は両端ヒンジ，安全率$s=3$，弾性係数$E=2.0\times10^5$ N/mm^{2}とする．

〔解〕 このI形鋼の必要な値は下のようである．

$i_x=123$ mm　$i_y=32.6$ mm　$A=8\,347$ mm^2　$I_x=1.27\times10^8$ mm^4
$I_y=8.86\times10^6$ mm^4

$i_x>i_y$であるから，図5·11（b）のようにy軸を中心に曲げ変形し座屈する．

細長比　$\dfrac{I}{i_y}=\dfrac{4\,000}{32.6}=123$

$l/i>100$であるから，オイラー公式によって計算する．また$I_y<I_x$より断面二次

モーメントは I_y を使用して計算する．

$$P_{cr}=\frac{n\pi^2 E\cdot I}{l^2}$$

$$=\frac{1\times3.14^2\times2.0\times10^5\times8.86\times10^6}{4\,000^2}$$

$$=1.09\times10^6\ \mathrm{N}=1.09\times10^3\ \mathrm{kN}$$

ゆえに

$$P_{cr,a}=\frac{P_{cr}}{s}=\frac{1.09\times10^3}{3}=363\ \mathrm{kN}>350\ \mathrm{kN}$$

よって安全である．

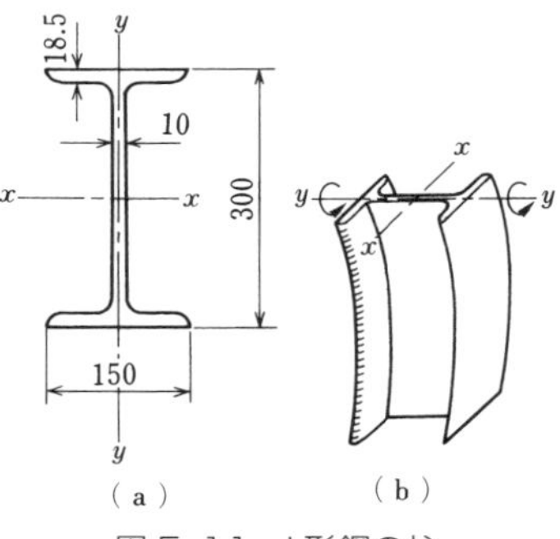

図 5·11　I 形鋼の柱

No. 6　みぞ形鋼の圧縮力に対する“安全”を判定してみよう

図 5·12 のようなみず形鋼（200×80×7.5×11）を 2 本組み合わせた長さ $l=8$ m の柱に圧縮力 $P_{cr}=300$ kN が作用する．このとき，この柱は安全か．鋼材は SS 400，支持方法は両端ヒンジである．

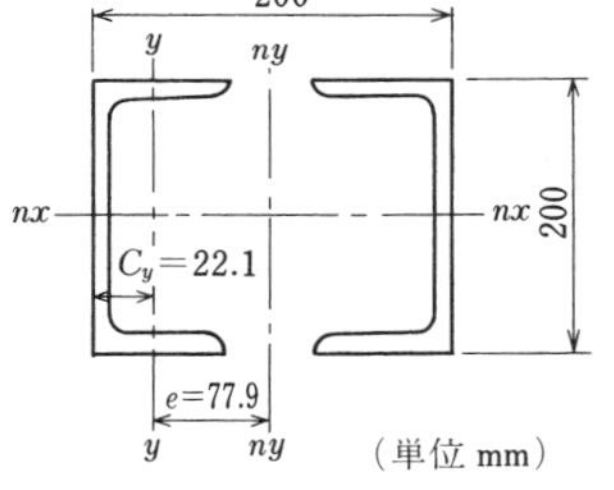

図 5·12　みぞ形鋼柱

〔解〕

$$I_x=1\,950\times10^4\ \mathrm{mm}^4\quad I_y=168\times10^4\ \mathrm{mm}^4$$

$$A=3\,133\ \mathrm{mm}^2$$

$$e=\frac{200}{2}-C_y=100-22.1=77.9\ \mathrm{mm}$$

2 本の組合せだから

$$I_{nx}=2\times1\,950\times10^4=3\,900\times10^4\ \mathrm{mm}^4$$

$$I_{ny}=2(I_y+A\times e^2)=2(168\times10^4+3\,133\times77.9^2)=4.14\times10^7\ \mathrm{mm}^2$$

$i_{nx}<I_{ny}$ だから，最小断面二次半径を i_{nx} として

$$I_{nx}=\sqrt{\frac{I_{nx}}{2A}}=\sqrt{\frac{3\,900\times10^4}{2\times3\,133}}=78.9\ \mathrm{mm}$$

細長比　$\dfrac{l}{i}=\dfrac{8\,000}{78.9}=101.4>93$

よって許容圧縮応力度 $\sigma_{cr,a}$ は，表 5·3 より

$$\sigma_{cr,a}=\frac{1\,200\,000}{6\,700+\left(\dfrac{l}{i}\right)^2}=\frac{1\,200\,000}{6\,700+101.4^2}=70.66\ \mathrm{N/mm^2}$$

許容座屈荷重　$P_{cr,a}=\sigma_{cr,a}\times2A=70.66\times2\times3\,133=442\,756$ N

$\therefore\quad P_{cr,a}=442.8$ kN

$P_{cr}<P_{cr,a}$ となり，この柱は安全である．

5 章のまとめ問題

【問題 1】 直径 d=20 cm, 高さ h=35 cm の円柱形のコンクリート供試体について圧縮試験したら，P=400 kN で破壊した．このときの圧縮応力度 σ_c と安全率 s=3 としたときの許容応力度 σ_{ca} を求めよ．

【問題 2】 図 5･13 のように，短柱断面の図心を通る x 軸の E 点に偏心荷重 P=200 kN が作用する．このとき，AD と BC の縁に生じる応力度 σ_{AD}，σ_{BC} を求めよ．

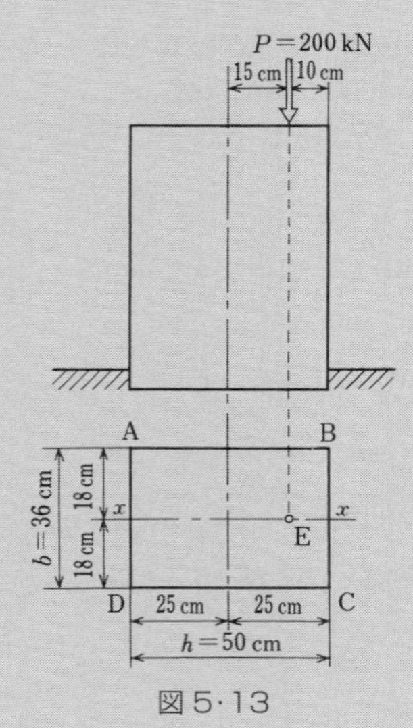

図 5･13

【問題 3】 図 5･14 のように，短柱に作用する荷重 P=120 kN が，x，y 軸から偏心した E 点に作用する．このとき，A，B，C，D 点における応力度を求めよ．

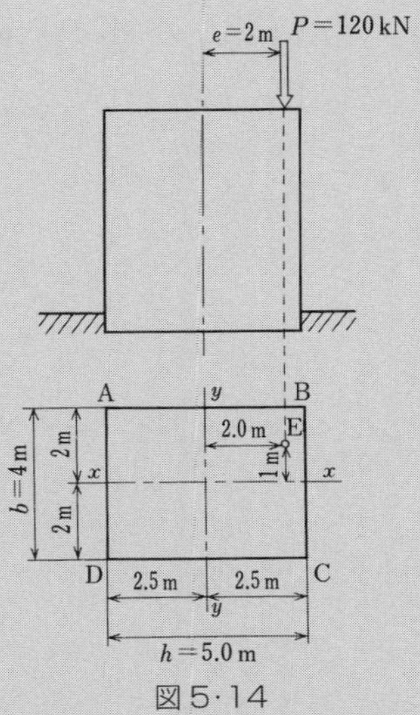

図5·14

【問題 4】 高さ 2.5 m，一辺 10 cm の正方形断面の針葉樹の木柱がある．この柱は何 N までの荷重（$P_{cr,a}$）に耐えられるか．ただし，日本の示方書公式によるものとし，両端ヒンジの場合の許容荷重 $P_{cr,a1}$，一端固定他端自由の場合の許容荷重 $P_{cr,a2}$ を求めよ．

【問題 5】 図 5·15 のようなみぞ形鋼（300×90×12×16）を 2 本組み合わせ，長さ l=8.5 m の柱として使用したい．この柱に圧縮力 P=800 kN が作用する．鋼材は SS 400，支持方法は両端ヒンジとし，このときの圧縮応力度 σ_{cr}，許容圧縮応力度 $\sigma_{cr,a}$ を求め，安全かどうか判定せよ．

【問題 6】 高さ h=4 m，一辺の長さが b〔cm〕の正方形断面の針葉樹の木柱がある．この柱に荷重 56 kN を受けるとき，安全な正方形断面の辺長 b を求めよ．ただし，支持方法は両端ヒンジとする．

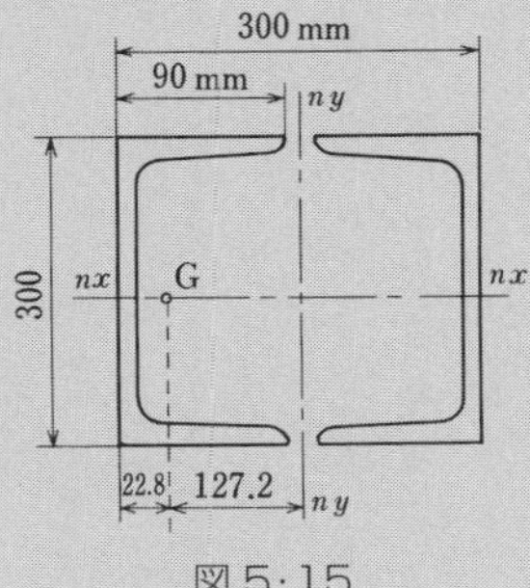

図5·15

6章

トラス

細長い直線部材を三角形状に組み合わせ，その交点を摩擦のないヒンジでいくつか組み合わせた構造物を**トラス**という．

はりが長くなると自重が増加し，その荷重をささえるだけでも大きな断面が必要となる．トラスはこの不経済さを解決しようとして考えられた．

はりの曲げ応力度は上下縁で最大値，中立軸で 0 である．逆にせん断応力度は上下縁で 0，中立軸で最大値がある．そこで，はりの中立軸付近ではせん断応力度に，上下縁付近では曲げ応力度にそれぞれ抵抗できるだけの断面を残し，全体として安全なはりになるようにしたのがトラスである．川幅が広く，橋脚の数も制限されるような場所にはトラスそのもの，またはトラスを応用した構造物が用いられる場合が多い．

この章では，トラスの種類や名称，部材応力の計算方法について学ぶ．

1 トラスは，はりのシェイプアップ

なぜトラスなのか

図6·1は長方形断面を持つはりの曲げ応力度とせん断応力度の状況を示したものである．これら応力度の特性から考えられたものに**プレートガーダー**がある（図6·2）．すなわち，中立軸付近で大きいせん断応力度に抵抗できるだけの腹部（ウェブ）を残し，上下縁付近で大きくなる曲げ応力度には，断面積の大きい突縁（フランジ）で抵抗させようとしたI形の形状をしたものである．橋梁構造物としてよく用いられるものである．

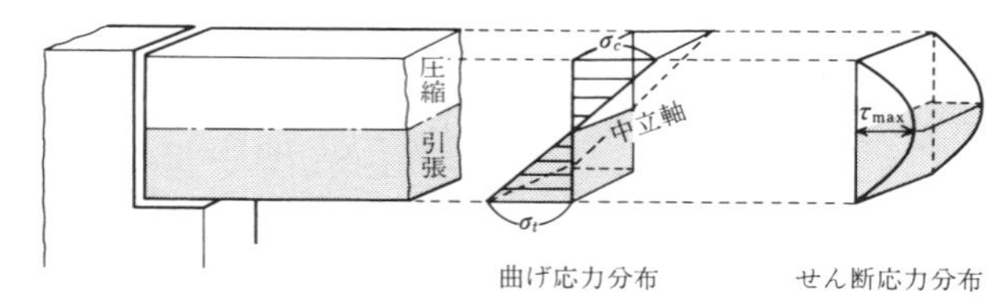

図6·1　長方形断面のはり

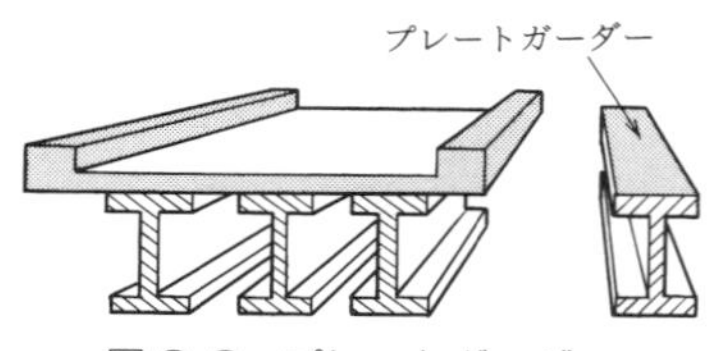

図6·2　プレートガーダー

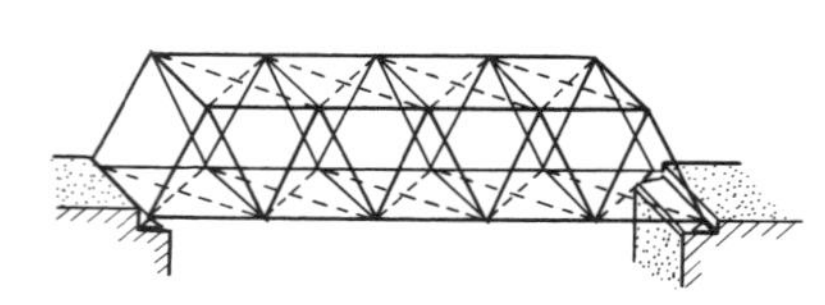

図6·3　トラス

これをさらにフランジ，ウェブそれぞれの部分から不要部分を取りのぞき，最終的には直線部材を三角形に組み合わせ，図6·3のような構造にしたものが**トラス**である．

トラス各部の名称

外力も部材の軸も同一平面に含まれるものを**平面トラス**という．実際に使用されるトラスは図6·3のようにほとんどが立体的構造であるが，設計にあたってはこれを平面トラスとして考える．トラスの各部の名称は図6·4より次のようになる．

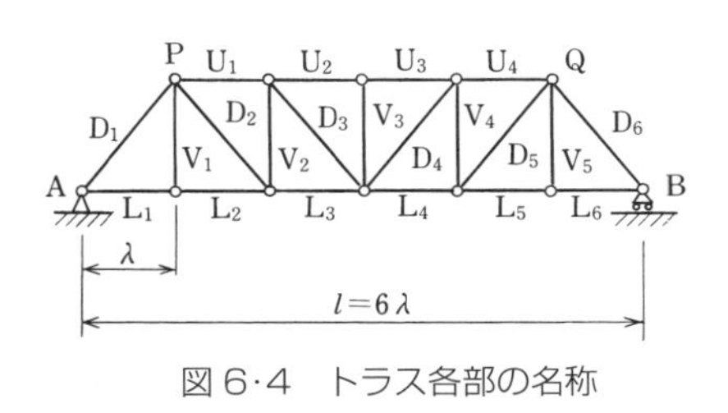

図 6·4　トラス各部の名称

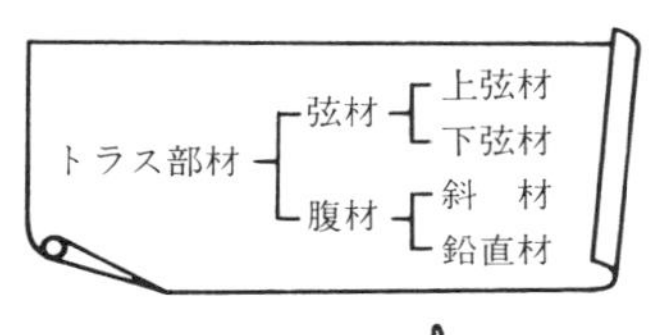

弦材（chord member）　トラスの外縁にある部材（U，L）

　上弦材（upper chord member）　上側の弦材（U）

　下弦材（lower chord member）　下側の弦材（L）

腹材（web member）　上下弦材を連結する部材（D，V）

　斜材（diagonal member）　傾斜した腹材（D）

　鉛直材（vertical member）　鉛直な腹材（V）

　端柱　両端の部材（AP，BQ 部材）

格点（節点　panel point）各部材の交点（A，B，P，Q など）

格間（panel）　格点間の部分

格間長（panel lenght）　格間の長さ λ

トラスの種類

トラスには多くの形があり，その代表的なものをあげると図 6·5 のようである．また活荷重の作用する位置によって**下路トラス**と**上路トラス**に分類される．

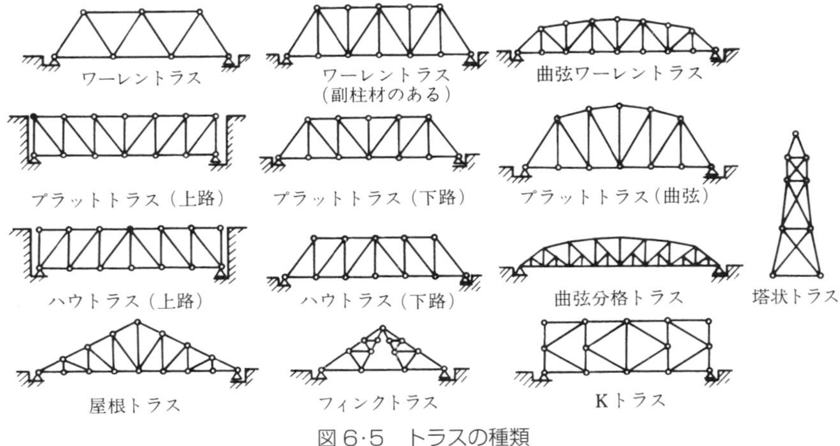

図 6·5　トラスの種類

2 三角は力を制す

折り尺とトラス

図6·6は折り尺で四辺形を作り，変形するのを止める工夫をしているところである．この考え方をトラスに応用したのが図6·7である．図6·7（a）の単純ばりでは，力が作用しても静止の状態になるので，これを**外部的安定**という．またこの場合，つりあい3条件式で支点反力を求めることができるから**外部的静定**ともいうことができる．ところが図6·7（b）のようなトラス構造になると，直線部材は破線のように変形してしまう．このようにトラスの形状が変形するとき，これを**内部的不安定**という．そこで図6·7（c）のように鉛直部材を1本入れて三角形を二つにした構造にすると変形は

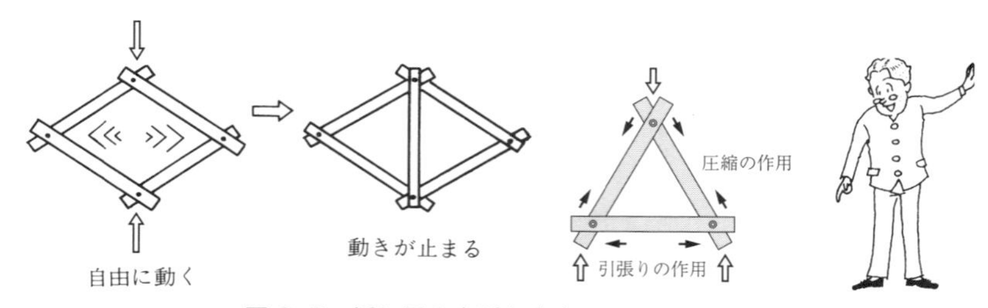

図6·6　折り尺の変形と安定

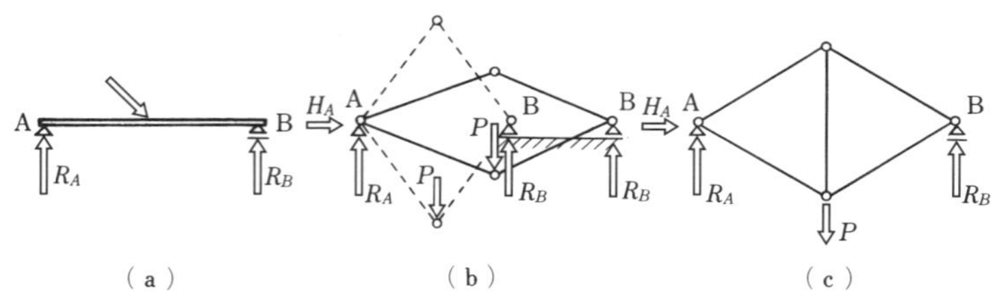

図6·7　外部安定と内的安定，内的不安定

止まる．この場合，外部的安定であるとともに，形状の変化がないことから**内部的安定**でもある．

図 6·8 (a) は直線部材 4 本がヒンジで結ばれた状態である．横荷重 P が作用すると破線のように倒れてしまう．そこで図 6·8 (b) のように斜材を 1 本追加すると変形は止まってしまう．この場合どの部材も三角形の一辺を構成し，各部材応力がつりあい 3 条件で解けることになるので，これを**内部的静定**という．また図 6·8 (c) のように，斜材が 2 本入ると必要以上の部材が入ったことになり，部材応力はつりあい 3 条件式で解けなくなる．このような構造を**内部的不静定**という．

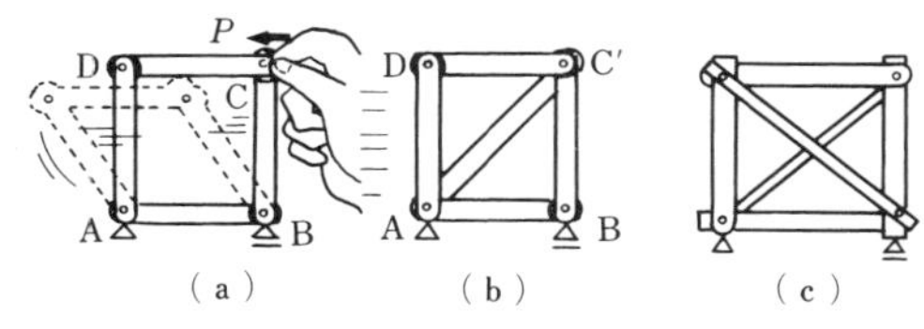

図 6·8　内部的静定と内部的不静定

トラスの判別式

ここでは部材とヒンジとの関係について明らかにする．図 6·9 において基本三角形 ABC とすると，部材数が 3 でヒンジ数は 3 である．さらに，この三角形の一辺を含めた新たな三角形 ACD は，新たなヒンジ 1 に対し，部材は AD，CD の 2 本が増加する．また三角形 ACD の一辺 AD を含む新たな三角形 ADE に対しても同様のことがいえる．つまり，基本三角形に新しく増加するヒンジ数と部材数の比は 1：2 ということになる．

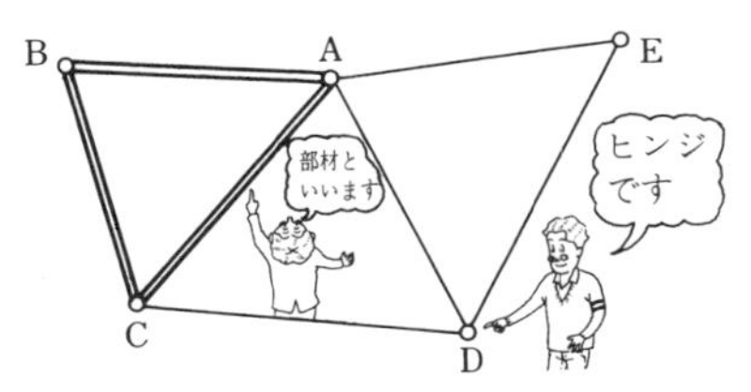

図 6·9　トラスの部材数とヒンジ数の関係

基本三角形を含めた m を**部材の総数**，j を**ヒンジの総数**とすると，新しく増加する部材数は $(m-3)$，ヒンジ数は $(j-3)$ である．したがって，これらの増加の割合は次のようになる．

$$(m-3):(j-3)=2:1 \qquad \boldsymbol{m=2j-3} \tag{6·1}$$

ここに式 (6·1) より

$\boldsymbol{m=2j-3}$　のとき**内部的静定**（各部材がそれぞれ三角形の一辺を構成する）

$\boldsymbol{m>2j-3}$　のとき**内部的不静定**（安定上，必要以上の部材がある）

$\boldsymbol{m<2j-3}$　のとき**内部的不安定**（部材が不足しトラスが変形する）

また，$\boldsymbol{k=m-2j+3}$ としたとき，k を**内部的不静定次数**といい，式 (6·1) から $k=0$ のときは内部的静定なトラスということになる．

トラスが外部的静定であるためには反力数 $r=3$ でなければならないから

$r-3=0$

したがって，トラスが外部的にも内部的にも静定であるかの判定は次のようである．

$$N=(m-2j+3)+(r-3)=m-2j+r \quad (6\cdot2)$$

トラス判別式

$\boldsymbol{N=m-2j+r}$

ここに

N：トラスの不静定次数　　**j**：ヒンジの総数

m：部材の総数　　**r**：反力数

$N<0$ のとき　不安定

$N=0$ のとき　安定・静定

$N>0$ のとき　安定・不静定（N 次不静定）

No. 1　トラスを判別してみよう

図6･10，図6･11，図6･12のトラスについて判別せよ．

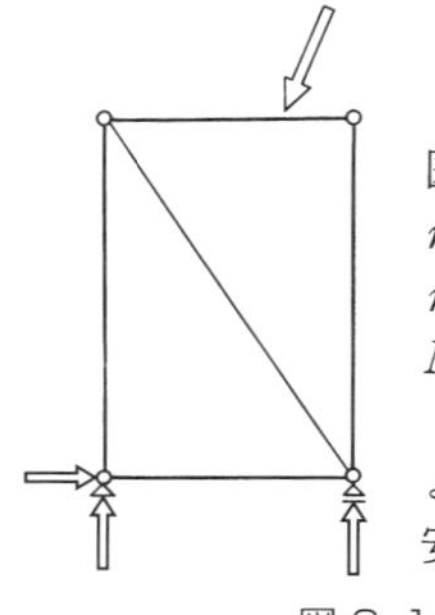

図6･10の場合

$m=5$　$j=4$

$r=3$

$N=5-2\times4+3$

$=0$

よって

安定・静定

図6･10

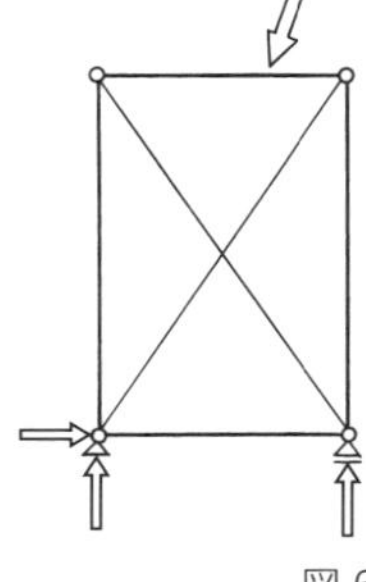

図6･11の場合

$m=6$　$j=4$

$r=3$

$N=6-2\times4+3$

$=1$

よって

一次不静定

図6･11

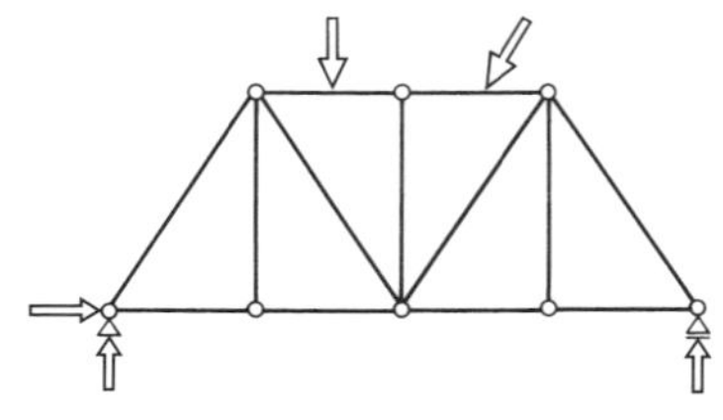

図6･12の場合

$m=13$　$j=8$　$r=3$

$N=13-2\times8+3=0$

よって

安定・静定

図6･12

3 要（かなめ）は格点

格点法とは

トラスが破壊しないなら，そのトラスは力の安定を保っていることになる．すなわち各格点において外力と部材の応力がつりあっていることになるから，$\Sigma H=0$，$\Sigma V=0$，$\Sigma M=0$ のつりあい 3 条件式がなりたつ．そこで格点法というのは，3 条件式のうち $\Sigma H=0$，$\Sigma V=0$ を利用して未知部材の応力度を求める方法である．

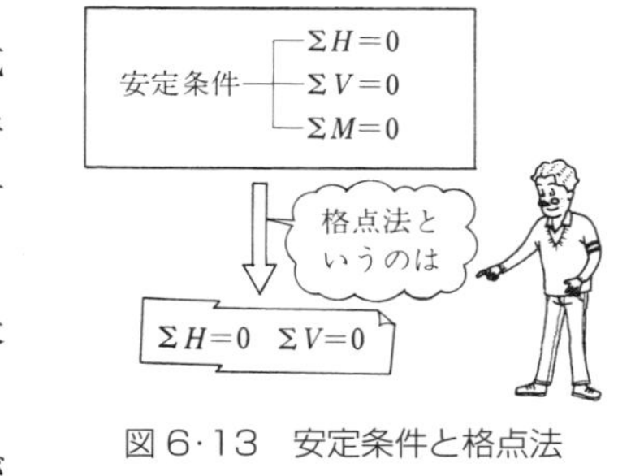

図 6·13 安定条件と格点法

まず，図 6·14 (a) のような左右対称な基本三角形だけのトラスで考えてみよう．

支点反力は単純ばりスパン l に集中荷重 P が作用したものと考える．P はスパン中央にあるからこの場合

$$R_A=R_B=P/2$$

次に断面①-①を AB，AC 部材の仮想切断面として格点 A について，力の安定条件を適用する．反力 R_A と切断面に作用する部材応力 $\overline{D_1}$, $\overline{L_1}$ がつりあっているとする．図 6·14 (b) のように引張応力が生じていると仮定し図のように切断面に対して引張る方向に矢印をつける．

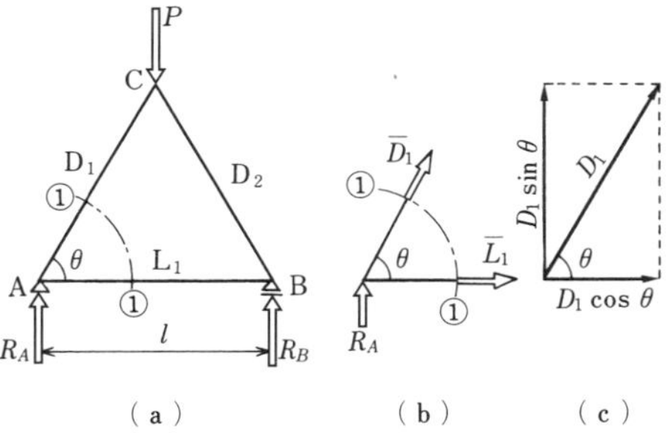

図 6·14 基本三角形のトラス

$$\Sigma V=R_A+\overline{D_1}\sin\theta=0 \quad \text{よって} \quad \boldsymbol{\overline{D_1}}=-\frac{\boldsymbol{R_A}}{\boldsymbol{\sin\theta}} \quad \text{（圧縮力）}$$

$$\Sigma H=\overline{D_1}\cos\theta+\overline{L_1}=0 \quad \overline{L_1}=-\overline{D_1}\cos\theta=-\left(\frac{R_A}{\sin\theta}\right)\times\cos\theta$$

よって　$\overline{L_1} = +\dfrac{R_A}{\tan\theta}$　(引張力)

符号については，切断面に対して引張力を正と仮定しているから，結果が**正**なら**引張力**，**負**なら**圧縮力**となる．

No. 2　トラスの各部材応力を求めてみよう

図 6·15（a）のようなトラスの各部材応力を求めよ．

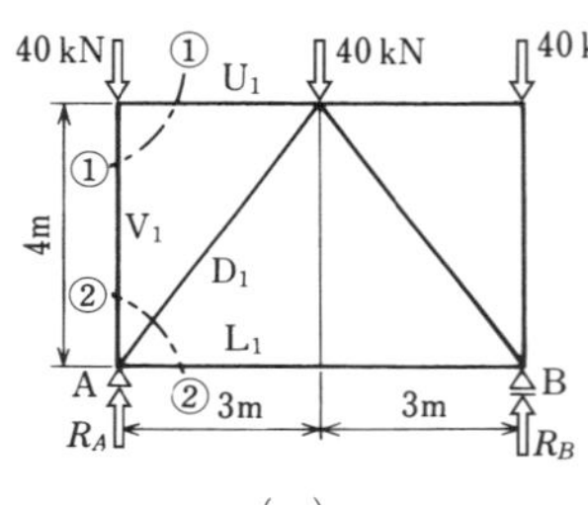

（a）

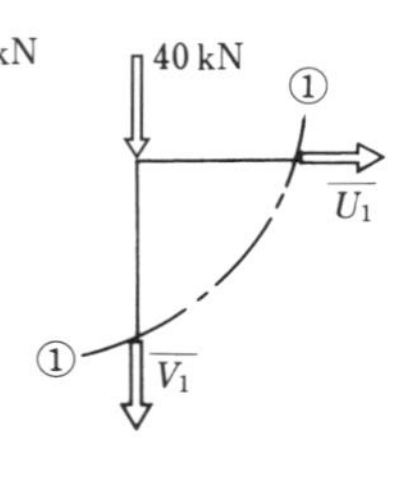

（b）①-①断面

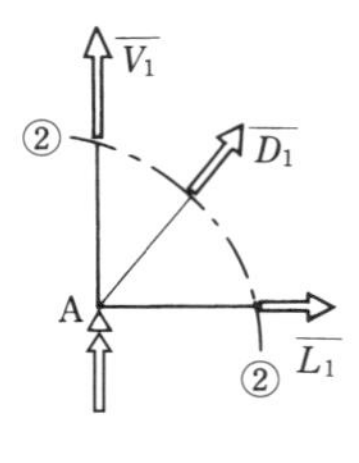

（c）②-②断面

図 6·15　格点法によるトラスの解法

〔解〕　左右対称荷重だから　$R_A = R_B = (40\times 3)/2 = 60\ \mathrm{kN}$

①-①断面　図 6·15（b）より

$\Sigma V = -40 - \overline{V_1} = 0$　　$\overline{V_1} = -40\ \mathrm{kN}$（圧縮力）

$\Sigma H = \overline{U_1} = 0$

②-②断面　図 6·15（c）より

$\Sigma V = R_A + \overline{V_1} + \overline{D_1}\sin\theta = 60 - 40 + \overline{D_1}\times\dfrac{4}{5} = 0$　　$\overline{D_1} = -25\ \mathrm{kN}$　(圧縮力)

$\Sigma H = \overline{L_1} + \overline{D_1}\cos\theta = \overline{L_1} - 25\times\dfrac{3}{5} = 0$　　$\overline{L_1} = +15\ \mathrm{kN}$　(引張力)

No. 3　ワーレントラスで計算してみよう

図 6·16 のようなワーレントラスの部材応力を求めよ．

〔解〕　**反力計算**

$\Sigma M_B = R_A\times 12 - 90\times 9 - 35\times 6 - 60\times 3 = 0$

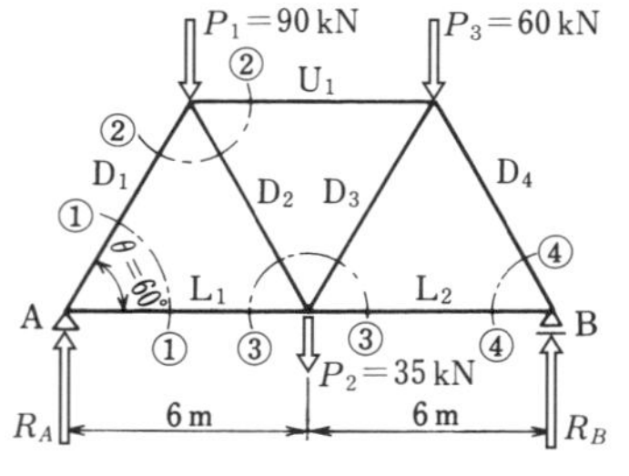

（a）ワーレントラス

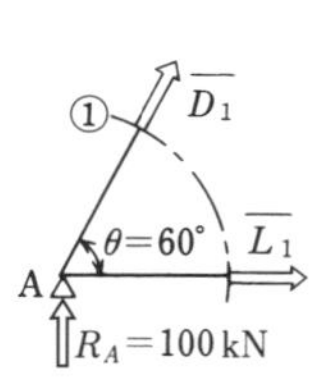

（b）①-①断面

図 6·16　格点法によるワーレントラスの解法

$R_A=(810+210+180)/2=100\ \mathrm{kN}$　　$R_B=(90+35+60)-R_A=85\ \mathrm{kN}$

部材応力の計算

①-①断面　図6·16（b）より

$\Sigma V=R_A+\overline{D_1}\sin\theta=0$

$\overline{D_1}=-\dfrac{R_A}{\sin\theta}=-\dfrac{100}{\sin 60^\circ}$

$=-100\times\mathrm{cosec}\,60^\circ$

$=-115.5\ \mathrm{kN}$　（圧縮力）

$\Sigma H=\overline{L_1}+\overline{D_1}\cos\theta=0$

$\overline{L_1}=-\overline{D_1}\cos\theta$

$=-(-115.5)\cos 60^\circ$

$=+57.75\ \mathrm{kN}$　（引張力）

②-②断面　図6·17（a）より

$\Sigma V=-P_1-\overline{D_1}\sin\theta-\overline{D_2}\sin\theta=0$

$\overline{D_2}=-\dfrac{1}{\sin\theta}(P_1+\overline{D_1}\sin\theta)$

$=-\dfrac{1}{\sin 60^\circ}(90-115.5\sin 60^\circ)$

$\overline{D_2}=+11.58\ \mathrm{kN}$　（引張力）

$\Sigma H=\overline{U_1}-\overline{D_1}\cos\theta+\overline{D_2}\cos\theta=0$

$\overline{U_1}=\overline{D_1}\cos\theta-\overline{D_2}\cos\theta$

$=(\overline{D_1}-\overline{D_2})\cos\theta$

$=(-115.5-11.58)\cos 60^\circ$

$\overline{U_1}=-63.54\ \mathrm{kN}$　（圧縮力）

③-③断面　図6·17（b）より

$\Sigma V=-P_2+\overline{D_2}\sin\theta+\overline{D_3}\sin\theta=0$

$\overline{D_3}=\dfrac{1}{\sin\theta}(P_2-\overline{D_2}\sin\theta)$

$=\dfrac{1}{\sin 60^\circ}(35-11.58\sin 60^\circ)$

$\overline{D_3}=+28.83\ \mathrm{kN}$　（引張力）

$\Sigma H=\overline{L_2}-\overline{L_1}+\overline{D_3}\cos\theta-\overline{D_2}\cos\theta=0$

$\overline{L_2}=\overline{L_1}+\overline{D_2}\cos\theta-\overline{D_3}\cos\theta$

$=\overline{L_1}+(\overline{D_2}-\overline{D_3})\cos\theta$

$=57.75+(11.58-28.83)\cos 60^\circ$

$\overline{L_2}=+49.13\ \mathrm{kN}$　（引張力）

④-④断面　図6·17（c）より

$\Sigma V=\overline{D_4}\sin\theta+R_B=0$

$\Sigma H=-\overline{L_2}-\overline{D_4}\cos\theta=0$

$\overline{D_4}=-\dfrac{R_B}{\sin\theta}=-\dfrac{85}{\sin 60^\circ}=-98.15\ \mathrm{kN}$　（圧縮力）

$\overline{L_2}=-\overline{D_4}\cos\theta=98.15\cos 60^\circ=+49.08\ \mathrm{kN}$　（引張力）

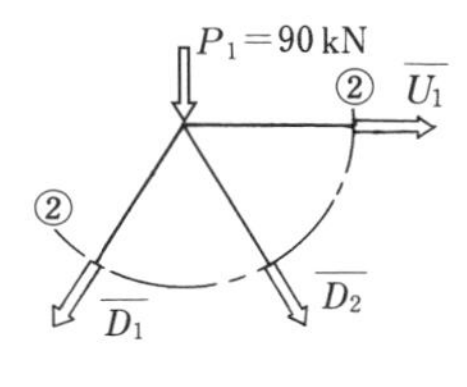

（a）②-②断面

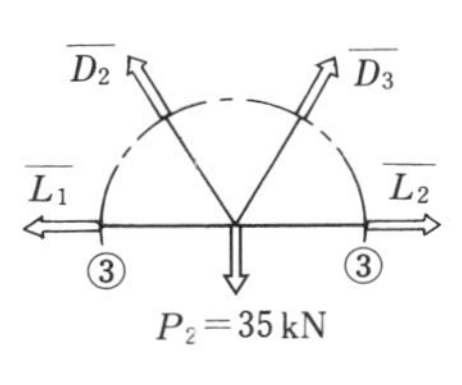

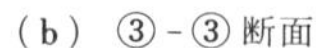
（b）③-③断面

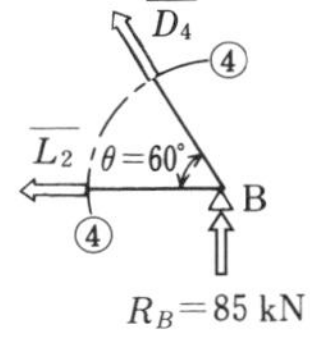

（c）④-④断面

図6·17　格点法のための格断面

4

切断は限定3部材

断面法とは

求めようとする部材応力が三つ以下となるような任意断面でトラスを切断したと仮定する．断面法とは，その切断面の部材応力と，その一方の部材に作用する外力とがつりあっていると考えて，各部材の応力を求める方法である．

図6･18（a）のようなプラットトラスで考えてみよう．図6･18（b）のように①-①断面で切断したと仮定する．断面左側にある荷重 P_1 と支点反力 R_A が部材応力 $\overline{U}$，$\overline{D}$，$\overline{L}$ とつりあっているとする．

そこで，安定3条件である $\Sigma H=0$，$\Sigma V=0$，$\Sigma M=0$ を適用して，部材応力 $\overline{U}$，$\overline{D}$，$\overline{L}$ を決定するのである．トラスにおいては，荷重が作用すれば，はりと同様な力の作用を受けていることになるから，その部材応力は，すべてはりにおきか

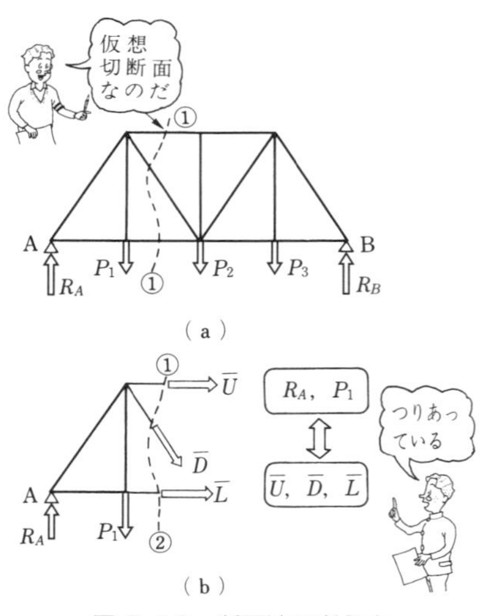

図6･18　断面法の考え方

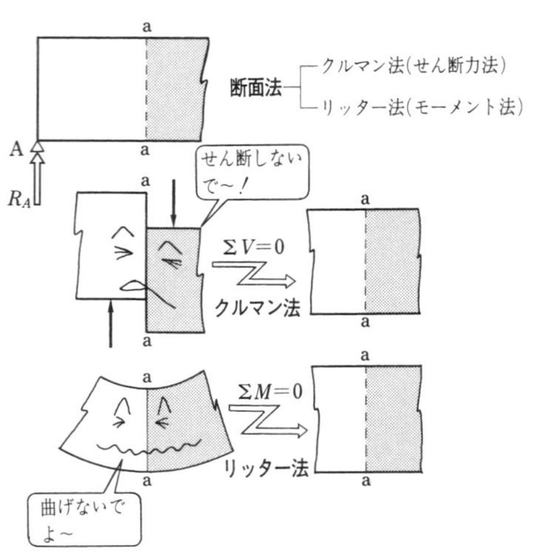

図6･19　クルマン法とリッター法

えたときのせん断力と曲げモーメントによって表される．

すなわち，図 6･19 のように $\Sigma V=0$ はせん断力がつりあっていることであり，このことから未知部材応力を求める方法を**クルマン法**という．また $\Sigma M=0$ は曲げモーメントがつりあっていることであり，このことを利用して未知部材応力を求める方法を，**リッター法**という．

具体的計算を次に示すが，仮想切断面は 3 部材以下とすることが留意点である．

プラットトラスで
レッツ・トライ

No. 4　プラットトラスの応力を求めてみよう

図 6･20 (a) のようなプラットトラスにおいて U，D，L 部材に作用している応力を求めよ．

(1)　**反力計算**　　図 6･20 (b) のような単純ばりとして計算する．

$$\Sigma M_B=R_A\times 12-30\times 12-60\times 9-60\times 6-60\times 3-30\times 0=0$$

$$R_A=(360+540+360+180)/12=120\text{ kN}$$

$$R_B=(30+60+60+60+30)-R_A=120\text{ kN}$$

(2)　**部材応力の計算**　　U, D, L の部材応力を求めるために，仮想切断面を図 6･20 (c) のようにし，その応力をそれぞれ $\overline{U}$，$\overline{D}$，$\overline{L}$ とする．

$$\Sigma V=R_A-P_1-P_2-\overline{D}\sin\theta=0$$

より

$$\overline{D}=\frac{1}{\sin\theta}(\boldsymbol{R}_A-\boldsymbol{P}_1-\boldsymbol{P}_2)$$

↑
①-①断面のせん断力 $S_①$

$$=\frac{5}{4}(120-30-60)$$

$$=+37.5\text{ kN}\quad（引張力）$$

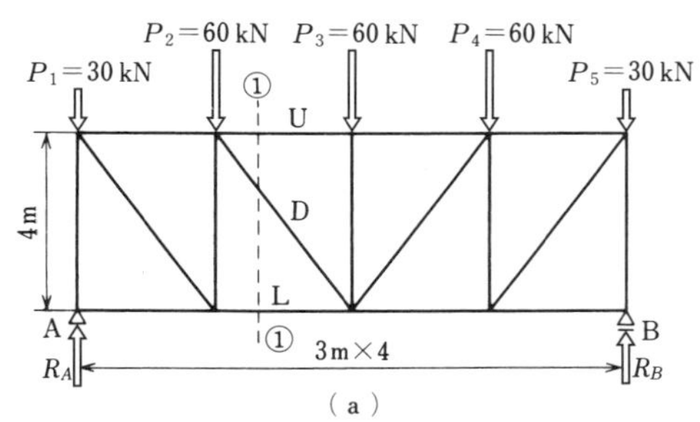

(a)

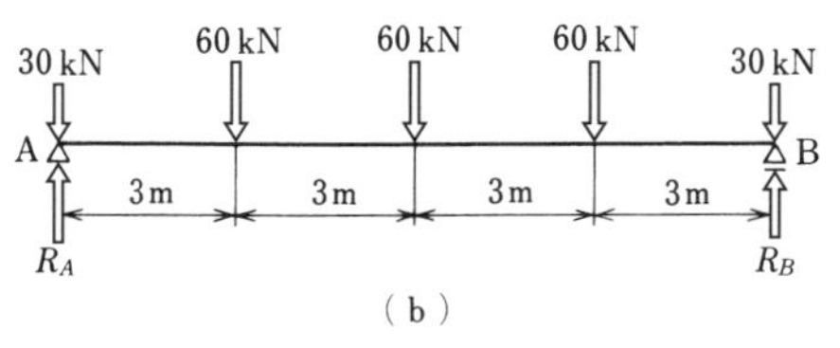

(b)

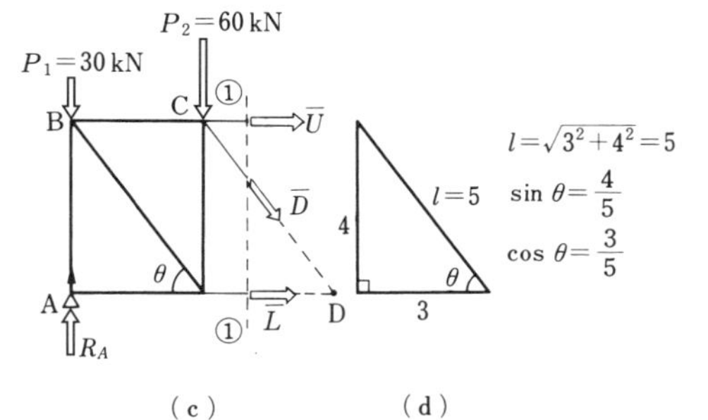

(c)　　(d)

図 6･20　断面法によるプラットトラスの解法

$$\Sigma M_C = R_A \times 3 - P_1 \times 3 - \overline{L} \times 4 = 0$$

より

$$\overline{L} = \frac{1}{4}(R_A \times 3 - P_1 \times 3)$$

①-①断面左側格点Cの曲げモーメント M_C

$$= \frac{1}{4}(120 \times 3 - 30 \times 3) = +67.5\ \mathrm{kN}\quad（引張力）$$

$$\Sigma M_D = R_A \times 6 - P_1 \times 6 - P_2 \times 3 + \overline{U} \times 4 = 0$$

$$\overline{U} = -\frac{1}{4}(R_A \times 6 - P_1 \times 6 - P_2 \times 3)$$

①-①断面右側格点Dの曲げモーメント M_D

$$= -\frac{1}{4}(120 \times 6 - 30 \times 6 - 60 \times 3)$$

$$\overline{U} = -90\ \mathrm{kN}\quad（圧縮力）$$

No. 5　クレーンに作用する力を求めてみよう

図6·21のようなクレーンに100 kNの荷重が作用するとき，$\overline{D_1}$，$\overline{D_2}$を求めよ．

〔解〕 $\Sigma M_B = R_A \times 4 + 100 \times 2 = 0$

$R_A = -200/4 = -50\ \mathrm{kN}$

$\Sigma V = R_A + R_B - 100 = 0$

$R_B = 100 - R_A = 100 - (-50)$

$= +150\ \mathrm{kN}$

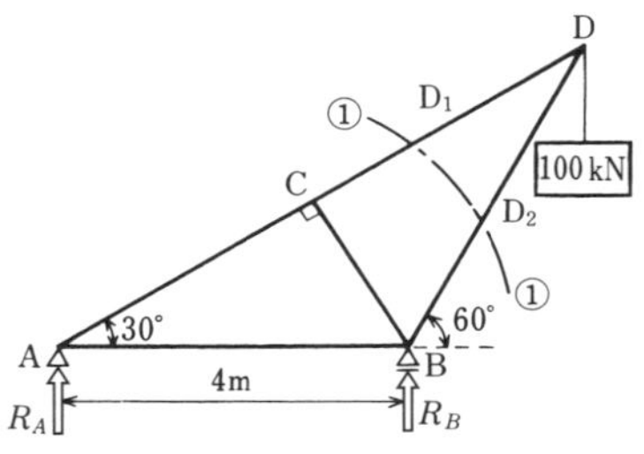

図6·21　断面法によるクレーンの解法

仮想切断面を①-①として図6·22より

$\Sigma M_C = R_A \times 3 - R_B \times 1 - \overline{D_2} \times 2 \times \sin 60° = 0$

$\overline{D_2} = -\dfrac{300}{\sqrt{3}} = -173.2\ \mathrm{kN}$　（圧縮力）

$\Sigma V = R_A + R_B + \overline{D_1} \sin 30° + \overline{D_2} \sin 60° = 0$

$-50 + 100 + \overline{D_1} \sin 30° + (-173.2) \sin 60° = 0$

$\overline{D_1} = +200\ \mathrm{kN}$　（引張力）

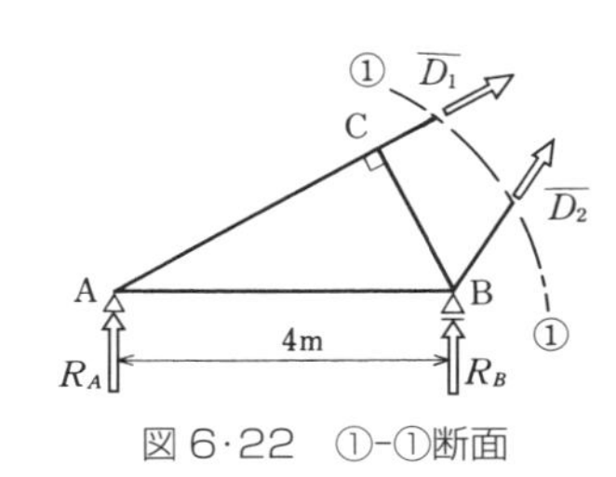

図6·22　①-①断面

部材の応力の性質

トラスの各部材に生じる応力が，引張りになるか，圧縮になるかについて整理してみよう．

単純トラスに作用する荷重は，鉛直方向荷重として考える．

弦材に生じる応力は，力の位置に関係なく次のことがいえる．

(1)　上弦材には圧縮力が生じる．

(2)　下弦材には引張力が生じる．

腹材（斜材，鉛直材）の応力は，トラスの形式や荷重の位置によって変化する．特に列車が通行するようなときは，腹材の応力は引張力となったり圧縮力になったりする．このように圧縮応力と引張応力が交互に生じるとき，これを**交番応力**という．

斜材の応力は，一般的に次のようである．

(1)　プラットトラスの斜材に引張応力が生じる（図 6･23（a））．

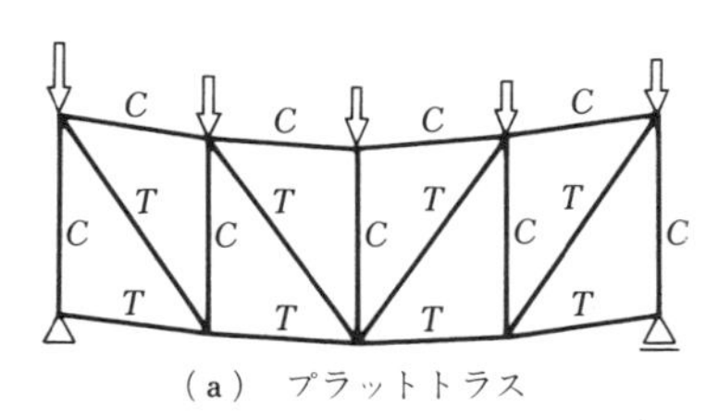

（a）　プラットトラス

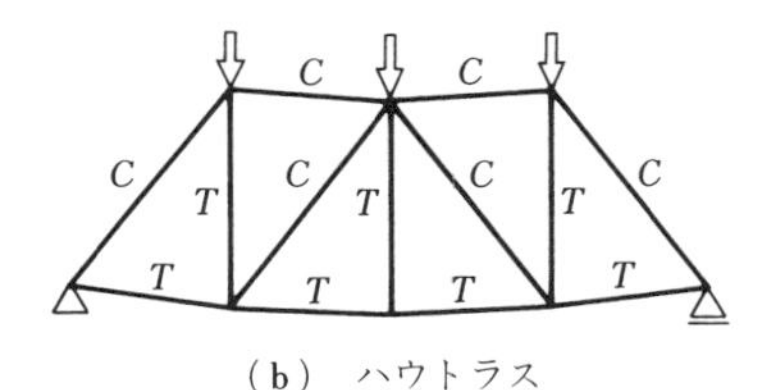

（b）　ハウトラス

図 6･23　トラスの変形と部材応力

(2)　ハウトラスの斜材には圧縮応力が生じる（図 6･23（b））．

また，鉛直材においては，一般的に斜材と反対の応力が生じている．

なお，斜材の応力については，図 6･24 のように，四つの格点をもつ長方形がひし形に変形するときのことを考えてみるとわかりやすい．対角線が斜材である．対角線に生じる応力が引張力になるか圧縮力になるかは図 6･24 をみれば容易にわかる．このことから図 6･23 に示したようなトラスの部材応力の性質を理解すればよい．

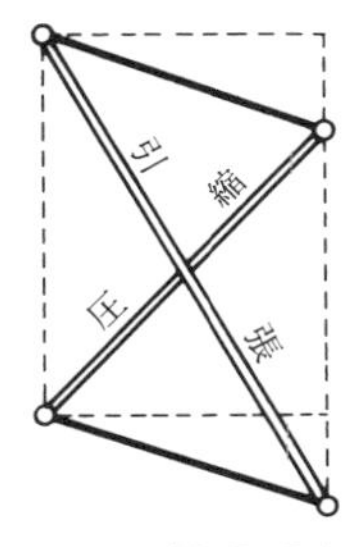

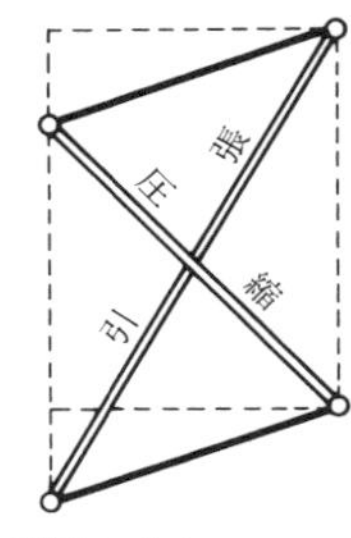

図 6･24　斜材の応力

6 章のまとめ問題

【問題 1】 図 6·25 のようなワーレントラスの各部材応力を格点法で求めよ．

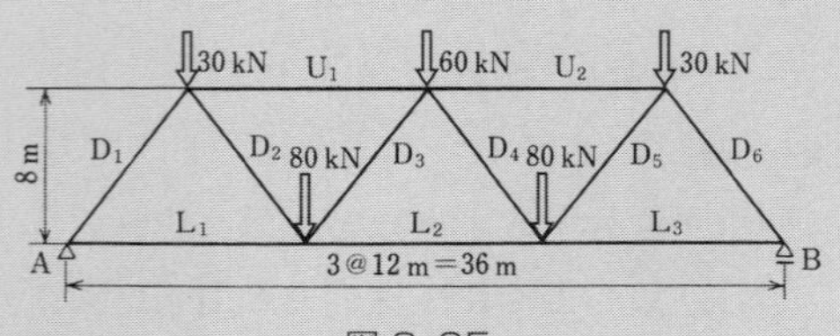

図 6·25

【問題 2】 図 6·26 のようなルーフトラスの各部材応力を格点法で求めよ．

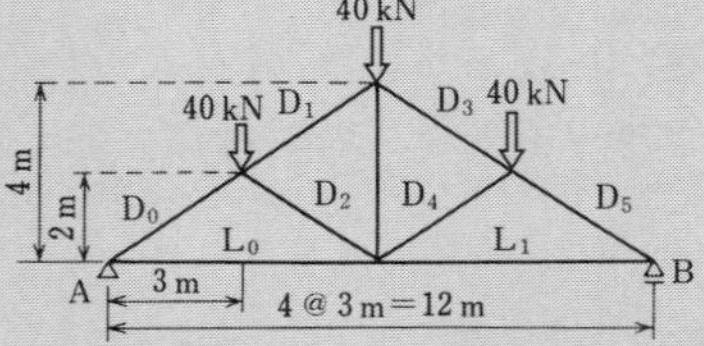

図 6·26

【問題 3】 図 6·27 のようなルーフトラスの各部材応力を格点法で求めよ．

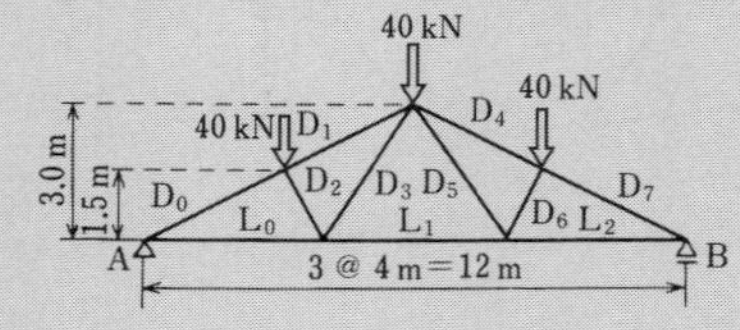

図 6·27

【問題 4】 図 6·28 のようなハウトラスの各部材応力を断面法で求めよ．

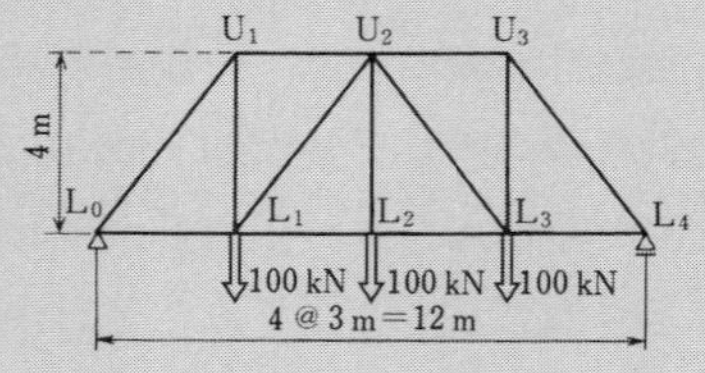

図 6·28

【問題 5】 図 6·29 のような鉛直材が入ったワーレントラスの各部材応力を断面法で求めよ．

【問題 6】 図 6·30 のような鉛直材が入った曲弦ワーレントラスの部材応力 $\overline{U}$, $\overline{D}$, $\overline{L}$ を断面法によって求めよ．

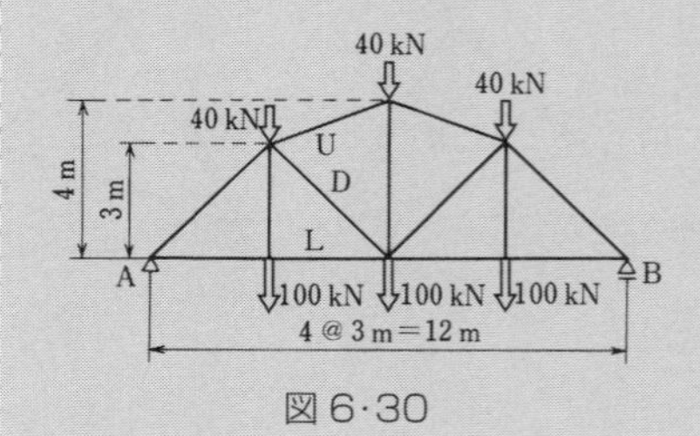

図 6·30

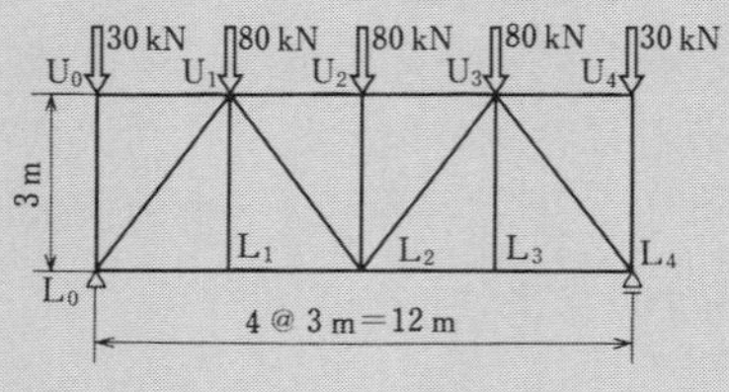

図 6·29

7章 たわみと不静定ばり

はりに荷重が作用すると曲げモーメントが生じて変形する．はりの図心軸上の一点が，はりの曲げ変形によって移動する鉛直方向の変位を**たわみ**という．はりの材質や力の大きさによってたわみも変化する．たわみが大きくなると，移動荷重にたいして振動を起こすなど不安定状態にもなる．橋梁などの設計示方書で，はりのたわみに制限値をあたえているのはこのためである．

また，はりにはつりあいの安定３条件式から解くことのできる**静定ばり**と，３条件式だけでは解けない**不静定ばり**とがある．

この章では，はりのたわみに関する理論と，たわみを応用して解く不静定ばりについての考え方について学ぶ．

1 つりざおのたわみも魚しだい

たわみとたわみ角

はりのたわみについて図 7·1 (a) のような単純ばりで考えてみよう．荷重 P が作用すると図のように変形する．これを**はりがたわむ**という．変形した中立面 n'-n' をとりだしたとき，図 7·1 (b) のような曲線となる．これを**たわみ曲線**，または**弾性曲線**という．A 点から x の距離における点を m とする．m における変位を y，また m′ 点に接線を引き，水平軸 $\overline{A'B'}$ との延長線とのなす角を θ とするとき．この y を**たわみ**，θ を**たわみ角**という．はりがたわむとき，曲げモーメントに比較してせん断力による影響が小さいので，曲げモーメントによるたわみを考えるのが一般的である．

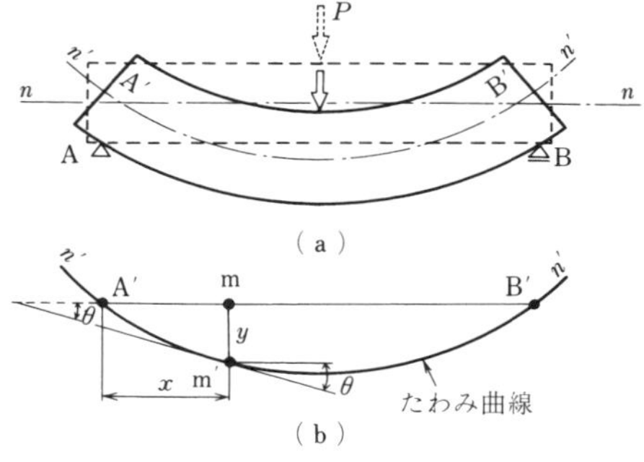

図 7·1　たわみとたわみ角

ところで，4 章の 4·1 節曲げ応力度における式 (4·1) で示したように，曲げモーメントが作用するはりでは式 (7·1) のような基本的な関係があった．

$$\frac{M}{EI}=\frac{1}{\rho} \qquad (7\cdot1)$$

ここに ρ：曲率半径

E：弾性係数

$1/\rho$：曲　　率

I：断面二次モーメント

M：曲げモーメント

EI：曲げこわさ

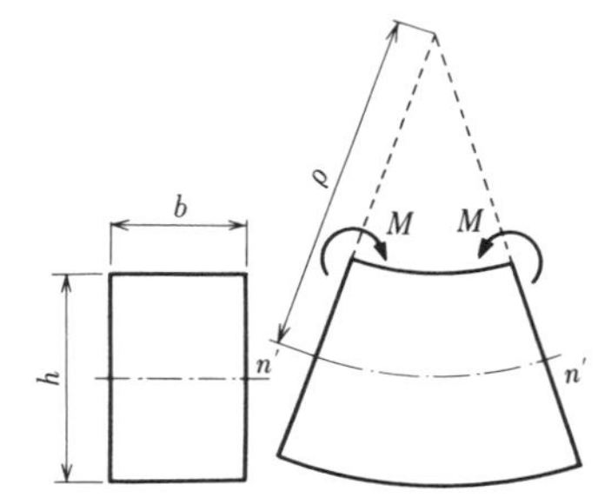

図 7·2　曲率とたわみの関係

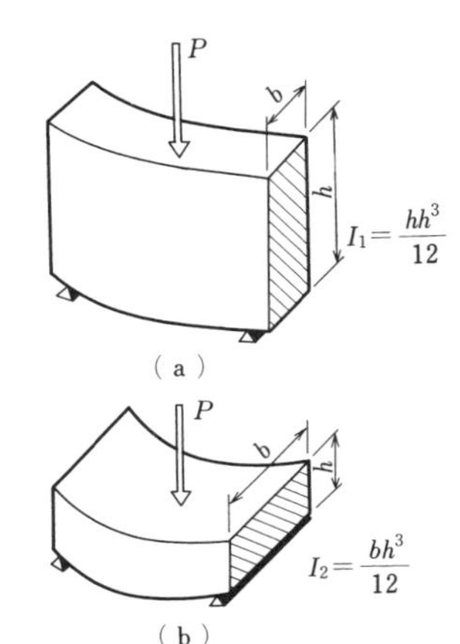

図 7·3　長方形断面のたわみ

式（7·1）について具体的に考えてみよう．

まず，図 7·2 から明らかなように曲率 $1/\rho$ が小さいほどたわみは小さくなる．そのためには分母にある弾性係数 E や断面二次モーメント I が大きいほど，曲率は小さくなる．

I が大きくなるのはどのようなときだろうか．長方形断面を持つはりで，図 7·3（a），（b）のようにおいた場合を考える．中立軸に対する断面二次モーメントの計算式から明らかなように

$$I_1 > I_2$$

である．図 7·3 または式（7·1）からも明らかなように図 7·3（a）の方がたわみが小さいことになる．

また弾性係数 E は，材料によって定まる定数であり，鋼材と木材の例としては次のようである．

鋼材　$E_1 = 2.1 \times 10^6\ \mathrm{kgf/cm^2}$

木材　$E_2 = 8.0 \times 10^4\ \mathrm{kgf/cm^2}$

よって　$E_1 > E_2$ であるから，式（7·1）から木材に比較して鋼材のほうがたわみが小さいことになる．

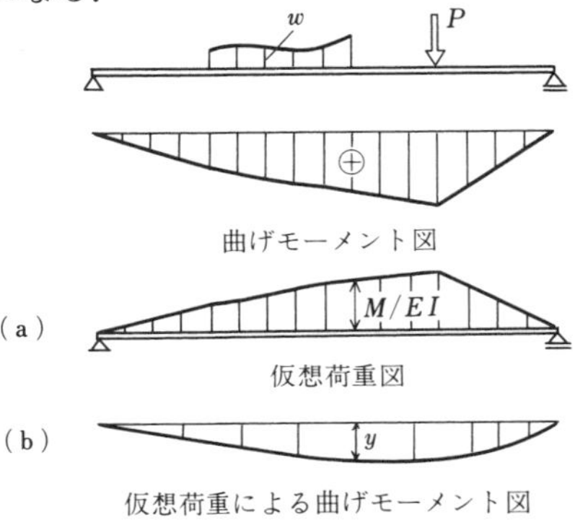

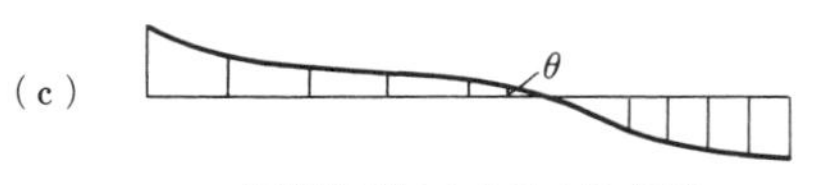

図 7·4　仮想荷重による曲げモーメントとせん断力

モールの定理

このように，$\boldsymbol{M/EI}$ はたわみを考えるうえでたいへん重要なものであり，これを**弾性荷重**という．

図 7·4 は，『**たわみ $\boldsymbol{y}$ は，弾性荷重（仮想荷重）が作用するはりにおいて，そのときの曲げモーメントによってあたえられる．同様にして，そのときのせん断力によってそれぞれの断面のたわみ角 $\boldsymbol{\theta}$ があたえられる．**』というのがモールの定理を説明したものである．

次ページからは，このモールの定理を単純ばり，片持ばりの場合について，具体的に説明する．

2 板でも鉄でも計算できる

集中荷重が作用する場合

一様な断面を有し曲げこわさ EI が一定な図 7･5（a）のような単純ばりにおいて，支点のたわみ角 θ_A，θ_B，C 点のたわみ y_C を求めてみよう．

EI が一定であるから図 7･5（b）のように各点の曲げモーメント図を分布荷重（**モーメント荷重図**という）と考え，そのときの支点反力 R_A'，R_B' を求める．

$$\Sigma M_B' = R_A' \times l - \left(\frac{1}{2} \times M_C \times a\right) \times \left(b + \frac{a}{3}\right) - \left(\frac{1}{2} \times M_C \times b\right) \times \frac{2}{3} b = 0$$

よって

$$R_A' = \frac{M_C}{6}(a + 2b) = \frac{Pab}{6l}(l + b)$$

$$\Sigma V' = R_A' + R_B' - \frac{1}{2} \times l \times M_C = 0$$

$$R_B' = \frac{1}{2} \times l \times M_C - R_A'$$

$$= \frac{l \times M_C}{2} - \frac{M_C}{6}(a + 2b)$$

$$R_B' = \frac{M_C}{6}(2a + b) = \frac{Pab}{6l}(l + a)$$

モーメント荷重による A，B 点のせん断力 S_A'，S_B' は

$$S_A' = R_A' \qquad S_B' = -R_B'$$

したがって，モールの定理により

$$\boldsymbol{\theta_A = \frac{S_A'}{EI} = \frac{Pab}{6EIl}(l + b)} \tag{7･2}$$

（a）

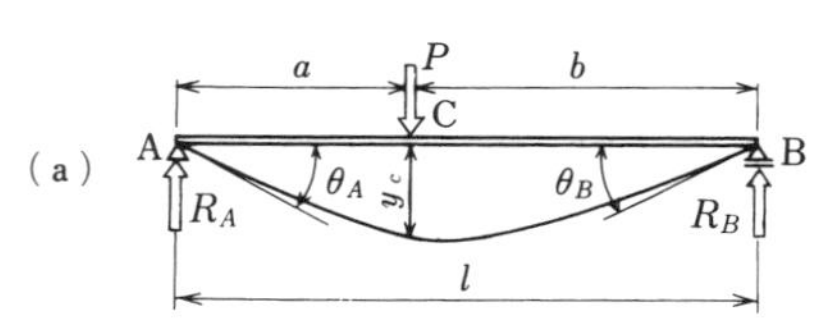

（b）

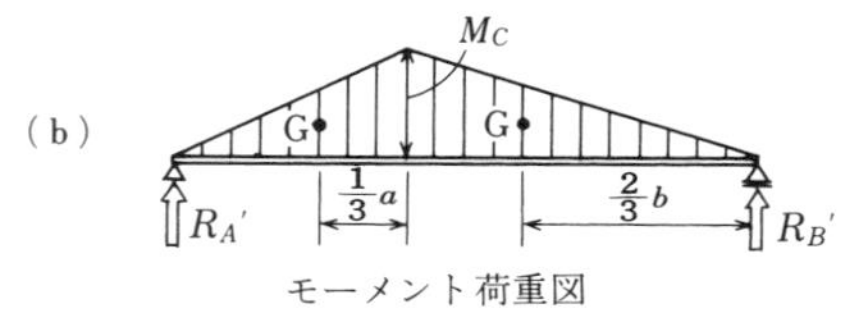

（c）

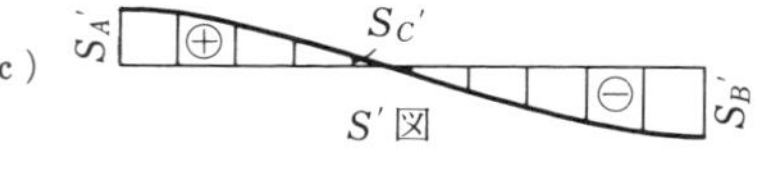

（d）

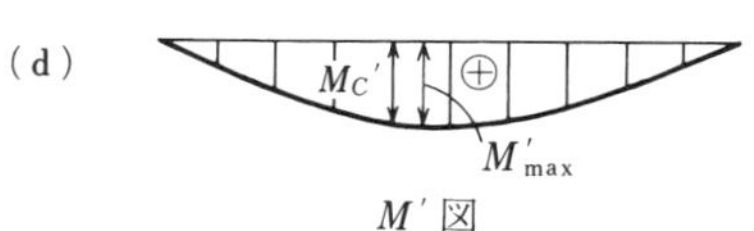

図 7･5　単純ばりのたわみとたわみ角

$$\theta_B = = \frac{S_B'}{EI} = -\frac{Pab}{6EIl}(l+a) \qquad (7 \cdot 3)$$

C 点におけるたわみ y_C を求めるために，まず図 7·5 (b) のモーメント荷重図より，C 点の曲げモーメント M_C' を計算する．

$$M_C' = R_A' \times a - \left(\frac{1}{2} \times a \times M_C\right) \times \frac{a}{3}$$

$$= \frac{Pab}{6l}(l+b) \times a - \left(\frac{1}{2} \times a \times \frac{Pab}{l}\right) \times \frac{a}{3} = \frac{Pa^2b^2}{3l}$$

よって，モールの定理より C 点のたわみ y_C は

$$y_C = \frac{Pa^2b^2}{3EIl} \qquad (7 \cdot 4)$$

図 7·6 のように，荷重 P が支間中央に作用するとき，$a=b=l/2$ とおくことにより θ_A，θ_B，y_C は次のようになる．

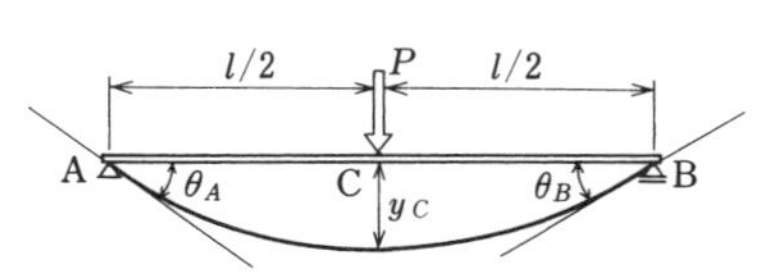

図 7·6　集中荷重 P が中央にある場合

$$\theta_A = -\theta_B = \frac{Pl^2}{16EI} \qquad (7 \cdot 5)$$

$$y_C = \frac{Pl^3}{48EI} \qquad (7 \cdot 6)$$

等分布荷重が作用する場合

同条件の単純ばりに図 7·7 (a) のように等分布荷重 w が作用する場合の支点のたわみ角 θ_A，θ_B と，はり中央 C 点におけるたわみ，すなわち最大たわみを求めよう．

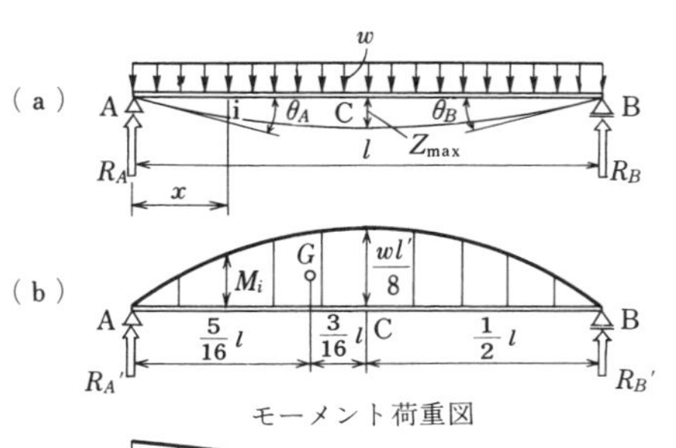

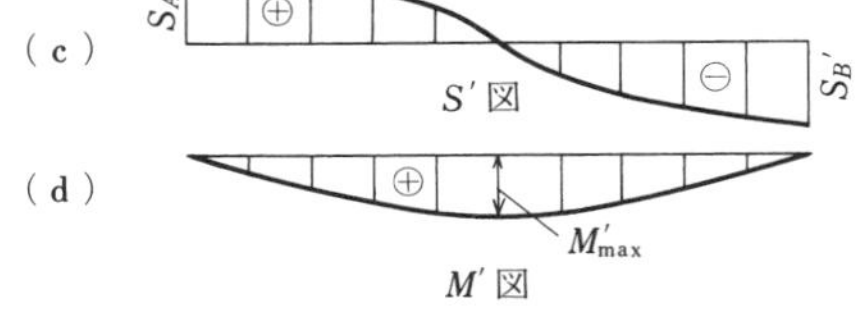

図 7·7　等分布荷重を受けるはりのたわみとたわみ角

図 7·7 (b) のモーメント荷重図から支点反力 R_A'，R_B' を求める．

左右対称であるから

$$R_A' = R_B' = \frac{1}{2}\left(\frac{2}{3} \times \frac{wl^2}{8} \times l\right) = \frac{wl^3}{24}$$

モーメント荷重による支点 A，B のせん断力 S_A'，S_B' は

$$S_A' = R_A' \qquad S_B' = -R_B'$$

$$\theta_A = \frac{\boldsymbol{S_A'}}{\boldsymbol{EI}} = \frac{\boldsymbol{wl^3}}{\boldsymbol{24EI}} \qquad \theta_B = -\frac{\boldsymbol{S_B'}}{\boldsymbol{EI}} = \frac{\boldsymbol{wl^3}}{\boldsymbol{24EI}} \tag{7・7}$$

次に最大たわみ $y_{\max}$ を求める．

$$M_C' = R_A' \times \frac{l}{2} - \frac{wl^3}{24} \times \frac{31}{16} = \frac{5wl^4}{384}$$

よって $y_C = y_{\max}$ は次のようになる．

$$\boldsymbol{y_C} = \boldsymbol{y_{\max}} = \frac{\boldsymbol{5wl^4}}{\boldsymbol{384EI}} \tag{7・8}$$

関連知識　微分方程式による解法

図 7・7（a）において A 点より x 離れた点 i の曲げモーメントを M_i として，たわみ曲線の微分方程式は

$$\frac{d^2y}{dx^2} = -\frac{M_i}{EI} \qquad M_i = \frac{w}{2}(lx - x^2)$$

$$\theta = \frac{dy}{dx} = -\frac{w}{2EI}\int(lx - x^2)dx = -\frac{w}{2EI}\left(\frac{l}{2}x^2 - \frac{1}{3}x^3 + c_1\right)$$

$$y = -\frac{w}{2EI}\int\left(\frac{l}{2}x^2 - \frac{1}{3}x^3 + c_1\right)dx = -\frac{w}{2EI}\left(\frac{l}{6}x^3 - \frac{1}{12}x^4 + c_1x + c_2\right)$$

境界条件は

$x=0$　のとき　$y_A=0$　　よって　$c_2=0$

$x=1$　のとき　$y_B=0$　　よって　$c_1=-l^3/12$

以上より

$$\theta = \frac{\boldsymbol{w}}{\boldsymbol{24EI}}(\boldsymbol{4x^3 - 6lx^2 + l^3}) \qquad \boldsymbol{y} = \frac{\boldsymbol{w}}{\boldsymbol{24EI}}(\boldsymbol{x^4 - 2lx^3 + l^3x})$$

θ 式において　$x=0$，1 とおいて　$\theta_A = -\theta_B = \dfrac{\boldsymbol{wl^3}}{\boldsymbol{24EI}}$

y 式において　$x=l/2$ とおいて　$\boldsymbol{y_{\max}} = \dfrac{\boldsymbol{5wl^4}}{\boldsymbol{384EI}}$

なお，θ 式において $x=l/2$ とおくと

$$\theta = \frac{w}{24EI}\left\{4\left(\frac{l}{2}\right)^3 - 6l\left(\frac{l}{2}\right)^2 + l^3\right\} = 0$$

となり，はり中央のたわみ角は 0 であることがわかる．

3 飛込み板はいくらたわむか

集中荷重が作用するとき

一様な断面をもち，曲げこわさ EI が一定な図 7·8 (a) のような集中荷重が作用する片持ばりの自由端 A 点のたわみ角 θ_A とたわみ y_A を求めてみよう．

A 点のたわみ角 θ_A は，次のようなモールの定理を応用すればよい．図 7·9 (a)，(b) を参考にして

『たわみ曲線上の 2 点で引いた接線のなす角は，2 点間の曲げモーメント図の面積を曲げこわさ EI で割った値に等しい．』

そこで図 7·8 (a) のような片持ばりにおいては，曲げモーメント図は図 7·8 (b) のようになる．A 点のたわみ角 θ_A は図 7·8 (a) に示すたわみ曲線上の A′ 点で引いた接線と B 点からの接線のなす角である．したがって，θ_A は AB 間の曲げモーメント図の面積を EI で割った値に等しい．

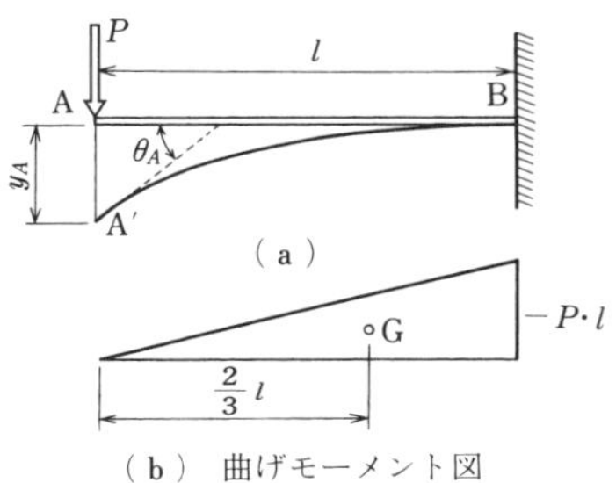

図 7·8 集中荷重が作用する片持ばりのたわみとたわみ角

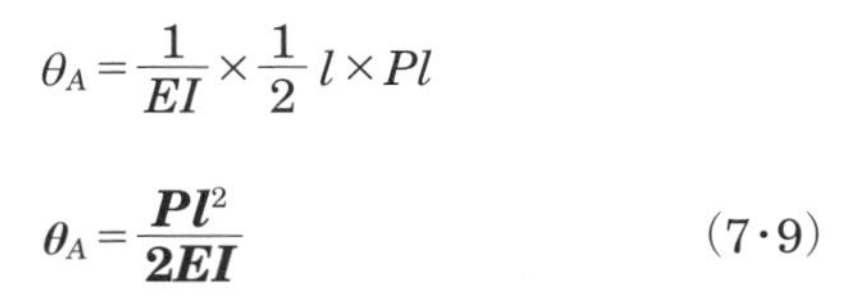

$$\theta_A = \frac{1}{EI} \times \frac{1}{2} l \times Pl$$

$$\boldsymbol{\theta_A = \frac{Pl^2}{2EI}} \qquad (7·9)$$

次に A 点のたわみ y_A は，次のモールの定理を応用する．**『たわみ曲線上の任意の 2 点における接線が，そのうちの 1 点を通る鉛直線で切り取る長さは，2 点間の曲げモーメント図の，その 1 点に対する一次モーメントを**

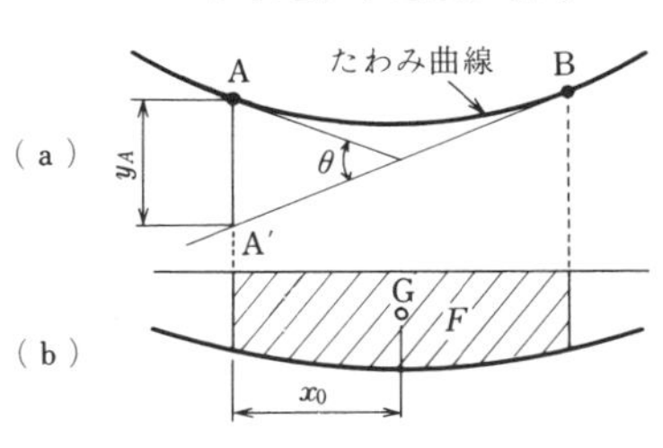

$\theta = \frac{F}{EI}$ $y_A = \frac{F \cdot x_0}{EI}$ F：曲げモーメント図の面積

図 7·9 片持ばりのモールの定理

***EI* で割った値に等しい．**』これを示したのが図 7·9 である．図 7·8（b）より y_A は次のようになる．

$$y_A = \frac{1}{EI} \times \frac{Pl^2}{2} \times \frac{2}{3} l \quad \text{よって} \quad \boldsymbol{y_A = \frac{Pl^3}{3EI}} \tag{7·10}$$

等分布荷重が作用するとき

図 7·10（a）のような等分布荷重が作用する片持ばりの自由端のたわみ角 θ_A とたわみ y_A を求めてみよう．

考え方は集中荷重の場合と同じである．曲げモーメント図は，図 7·10 (b) のようになるから，θ_A，y_A は次のようになる．

$$\theta_A = \frac{1}{EI} \times \frac{1}{3} \times l \times \frac{wl^2}{2}$$

$$\text{よって} \quad \boldsymbol{\theta_A = \frac{wl^3}{6EI}} \tag{7·11}$$

$$y_A = \frac{1}{EI} \times \frac{1}{3} \times l \times \frac{wl^2}{2} \times \frac{3}{4} l$$

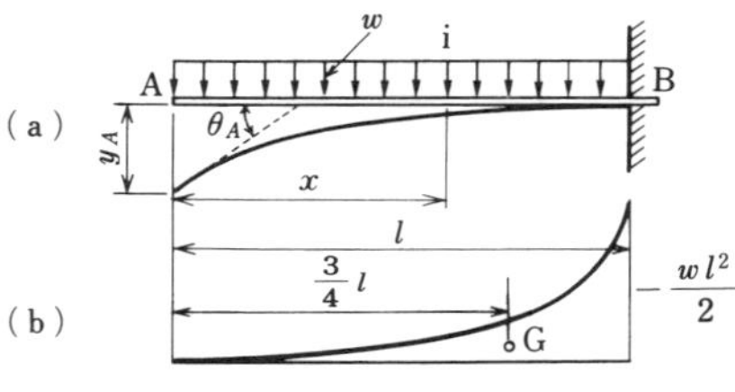

図 7·10　等分布荷重が作用する片持ばりのたわみとたわみ角

$$\text{よって} \quad \boldsymbol{y_A = \frac{wl^4}{8EI}} \tag{7·12}$$

また，図 7·11，図 7·12 のように荷重がはり AB の点 C に作用している場合の自由端のたわみ角とたわみは次のように考えればよい．ただし θ_C は小さいから

$$\tan\theta \fallingdotseq \theta_C$$

とする．

まず図 7·11 の場合について考えてみよう．C 点のたわみは次のようである．式（7·9），式（7·10）より

$$\theta_C = \frac{Pb^2}{2EI} \qquad y_C = \frac{Pb^3}{3EI}$$

A 点のたわみは

$$y_A = y_C + a\tan\theta_C \fallingdotseq y_C + a\cdot\theta_C$$

よって

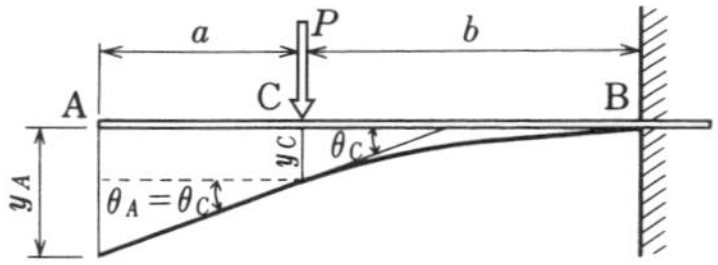

$$\boldsymbol{y_A = \frac{Pb^3}{3EI} + \frac{Pab^2}{2EI} = \frac{Pb^2}{6EI}(3a + 2b)} \tag{7·13}$$

図 7·11　集中荷重がはりの途中にある場合

C 点のたわみ角は A 点でお同じ角であるから

$$\boldsymbol{\theta_A = \theta_C = \frac{Pb^2}{2EI}} \qquad (7\cdot14)$$

次に図 7·12 のような等分布荷重が作用する場合の A 点のたわみ角とたわみについて考えてみよう．

θ_C と y_C は式（7·11），式（7·12）より

$$\theta_C = \frac{wb^3}{6EI} \qquad y_C = \frac{wb^4}{8EI}$$

A 点のたわみは

$$y_A = y_C + a\tan\theta_C \fallingdotseq y_C + a\cdot\theta_C$$

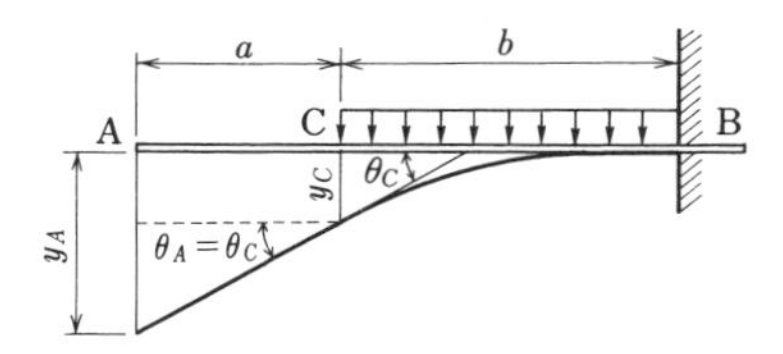

図 7·12　等分布荷重がはりの途中まである場合

よって

$$\boldsymbol{y_A = \frac{wb^4}{8EI} + \frac{wab^3}{6EI} = \frac{wb^3}{24EI}(4a + 3b)} \qquad (7\cdot15)$$

C 点のたわみ角は A 点でも同じ角であるから

$$\boldsymbol{\theta_A = \theta_C = \frac{wb^3}{6EI}} \qquad (7\cdot16)$$

関連知識　**微分方程式による解法**

図 7·10 において i 点の曲げモーメントを M_i とする．

$$\frac{d^2y}{dx^2} = -\frac{M_i}{EI} \qquad M_i = \frac{wx^2}{2EI}$$

i 点のたわみ角 θ，たわみを y とすると

$$\theta = \frac{dy}{dx} = \frac{w}{2EI}\left(\frac{x^3}{3} + c_1\right) \qquad y = \frac{w}{2EI}\left(\frac{x^4}{12} + c_1x + c_2\right)$$

境界条件は　$x = l$　のとき　$\theta = \theta_B = 0$，$y = y_B = 0$　であるから

$$c_1 = -l^3/3 \qquad c_2 = l^4/4$$

$$\boldsymbol{\theta = \frac{w}{6EI}(x^3 - l^3)}$$

$$\boldsymbol{y = \frac{w}{24EI}(x^4 - 4l^3x + 3l^4)}$$

$x = 0$　のとき　$\theta_A = -\dfrac{wl^3}{6EI}$　$y_A = \dfrac{wl^4}{8EI}$

4 象の鼻が動かなければ解ける

一端固定，他端可動支点のはり

図 7·13（a）のような，一端が固定され，他端が可動支点となっているはりに集中荷重 P が作用する場合について解いてみよう．

（1） **反力**　反力の数は以下のとおりである．

支点 A：R_A，H_A，M_A　　支点 B：R_B

となり，このはりには四つの反力が生じることになる．ところで，つりあいの条件式は $\Sigma H=0$，$\Sigma V=0$，$\Sigma M=0$ の三つであるから，このはりは，**不静定ばり**である．静定か不静定かについては次の式によって判別すればよい．

式（2·1）によれば，図 7·13（a）のはりは $r=4$，$h=0$ であるから

$$\boldsymbol{N}=\boldsymbol{r}-\mathbf{3}-\mathbf{h}=4-3-0=1$$

となり，これは**一次不静定ばり**である．このような不静定ばりは，つりあいの 3 条件式だけでは反力の計算ができないので，次のようにたわみの理論を活用する．すなわち

図 7·13（a）の不静定ばりを図 7·13（b），（c）のように二つに分けて考える．

図 7·13（b）：集中荷重 P が作用し，たわみ y_{B1} が生じる片持ばり．

図 7·13（c）：集中荷重 R_B が作用し，たわみ y_{B2} が生じる片持ばり．

ここで，**境界条件**（不静定ばりを解くときの基本となる条件）は，B 点が可動支点であるから，B 点のたわみ $y_B=0$ とおけばよい．

（a）
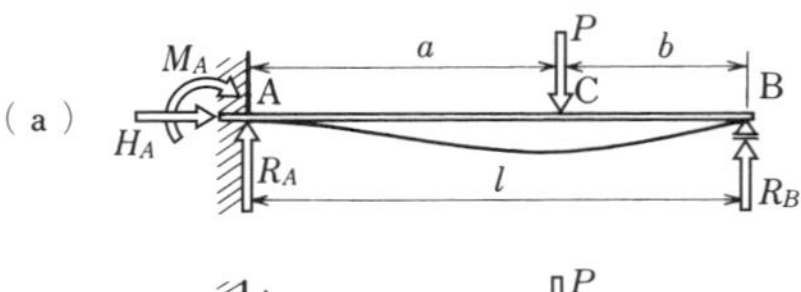

（b）

（c）

図 7·13　一端固定，他端可動支点の不静定ばり

式（7·13）より

$$y_{B1}=\frac{Pa^2}{6EI}(2a+3b)=\frac{Pa^2}{6EI}(3l-a)$$

式（7·10）より　$y_{B2}=-\dfrac{R_B\cdot l^3}{3EI}$　　$y_B=y_{B1}+y_{B2}=\dfrac{Pa^2}{6EI}(3l-a)-\dfrac{R_B\cdot l^3}{3EI}=0$

よって　$\boldsymbol{R_B=\dfrac{P\cdot a^2(3l-a)}{2l^3}}$　　(7·17)

$\Sigma V=R_A+R_B-P=0$　より　$R_A=P-R_B=P-\dfrac{Pa^2(3l-a)}{2l^3}$

よって　$\boldsymbol{R_A=\dfrac{P(2l^3-3a^2l+a^3)}{2l^3}}$　　(7·18)

$\Sigma M_A=M_A+P\times a-R_B\times 1=0$ より

$$M_A=R_B\times l-Pa=\frac{Pa^2(3l-a)\times l}{2l^3}-Pa=\frac{-Pab}{2l^2}(a+2b)$$

よって　$\boldsymbol{M_A=-\dfrac{Pab}{2l^2}(l+b)}$　　(7·19)

$M_A<0$ だから図 7·13（a）の M_A の表示と逆向きのモーメントとなる．

また，$\Sigma H=0$　より　$H_A=0$　となる．

（2）**せん断力**

AC 間　$S_{AC}=R_A=\dfrac{P(2l^3-3a^2l+a^3)}{2l^3}$　$(=P-R_B)$

CB 間　$S_{CB}=R_A-P=-R_B$

$$=-\frac{Pa^2(3l-a)}{2l^3}$$

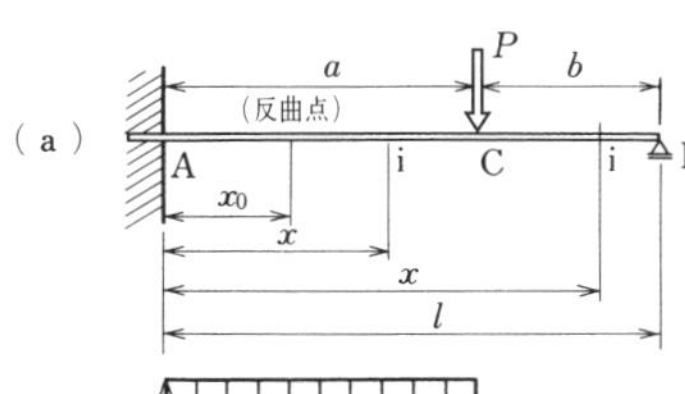

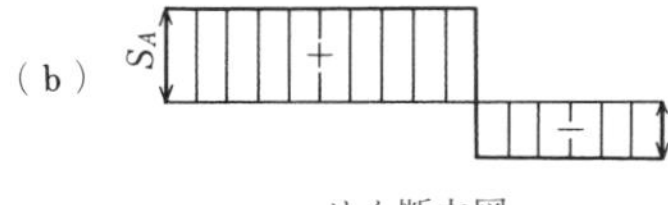

（3）**曲げモーメント**

AC 間　$M_i=R_A\cdot x+M_A$

$$[=R_B(l-x)-P(a-x)]$$

$$M_C=R_B\times b=\frac{Pa^2b(3l-a)}{2l^3}$$

CB 間　$Mi=R_A\cdot x+M_A-P(x-a)$

$$=R_B(l-x)$$

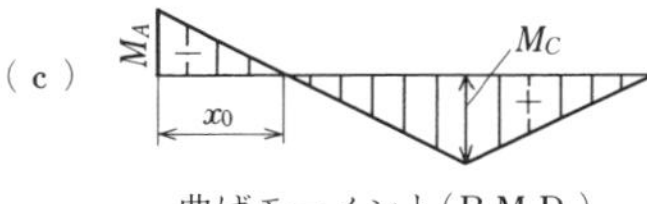

図 7·14　せん断力図と曲げモーメント図

反曲点は，AC 間の曲げモーメント $M_i=0$ とおくことによって求める．

$$R_A \cdot x + M_A = 0 \quad よって \quad x = x_0 = -\frac{M_A}{R_A}$$

以上の結果より，せん断力図，曲げモーメント図は図 7·14（b），（c）のようになる．

No. 1　一端固定，他端可動支点のはりのせん断力図，曲げモーメント図を描いてみよう

図 7·15（a）のように，$a=5$ m，$b=3$ m，$P=100$ kN のとき，S_{AC}，S_{CB}，M_A，M_C および反曲点 x_0 を求め，せん断力図，曲げモーメント図を描け，ただし EI は一定とする．

〔解〕

$$S_{AC} = \frac{P(2l^3 - 3a^2l + a^3)}{2l^3} = \frac{100 \times (2 \times 8^3 - 3 \times 5^2 \times 8 + 5^3)}{2 \times 8^3} = 53.61 \text{ kN}$$

$$S_{CB} = R_A - P = 53.61 - 100 = -46.39 \text{ kN}$$

$$M_A = -\frac{Pab}{2l^2}(l+b) = -\frac{100 \times 5 \times 3}{2 \times 8^2}(8+3) = -128.9 \text{ kN·m}$$

$$M_C = \frac{Pa^2b(3l-a)}{2l^3} = \frac{100 \times 5^2 \times 3(3 \times 8 - 5)}{2 \times 8^3} = +139.2 \text{ kN·m}$$

反曲点 x_0 は

$$x_0 = -\frac{M_A}{R_A} = -\frac{(-128.9)}{53.61} = 2.40 \text{ m}$$

以上より，せん断力図，曲げモーメント図は図 7·15 のようになる．

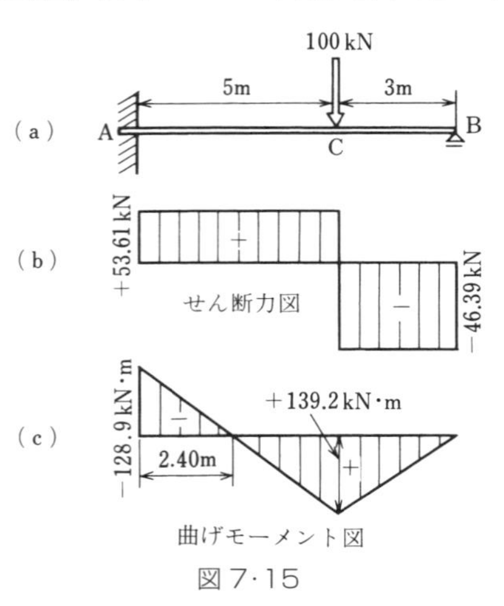

図 7·15

5
3連モーメント式の登場

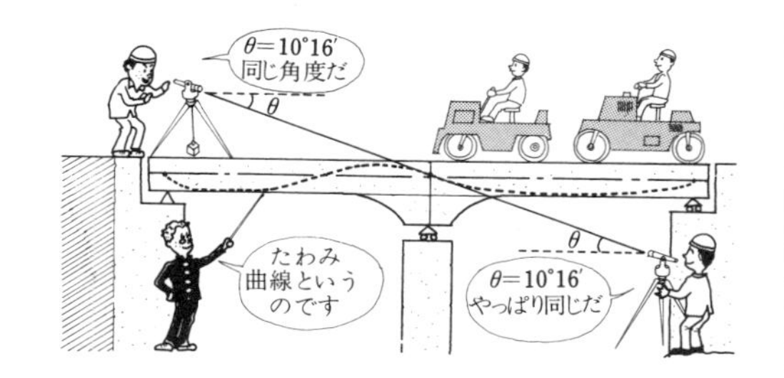

連続ばりとは

図 7·16 のように，はりが 3 個以上の支点で支えられているとき，または径間が二つ以上あるとき，これを**連続ばり**という．ただし，このときの支点は，一つは回転支点であり，他は可動支点である．したがって n 個の支点に対して，支点反力数は $n+1$ 個である．安定条件は三つなので，未知反力数は $n-2$ 個である．つまり連続ばりは，$(n-2)$ 次の不静定ばりである．径間（支間）が多くなるにつれて計算が繁雑になる．ここでは，たわみ角の理論を応用したクラパイロン（clapeyron）の **3 連モーメント式**について簡単に説明してみよう．

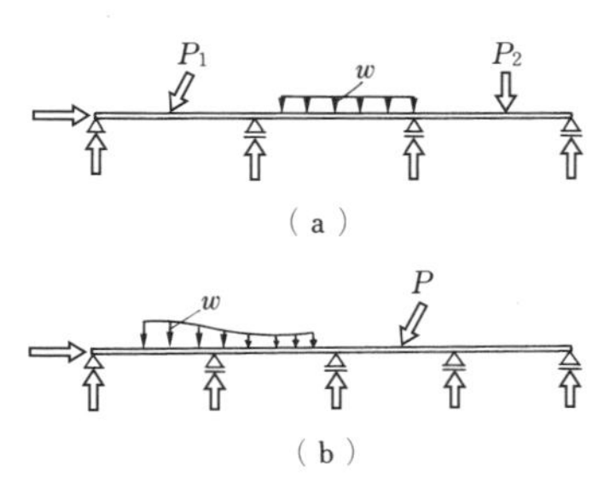

図 7·16　連続ばり

図 **7·17** (a) のように，連続ばりから 2 支間をとりだして考えてみる．ただし，ここではそれぞれの支点での沈下がなく，一つの支間において曲げこわさ EI が一定値であるとする．

連続したはりの中間支点 B におけるたわみ曲線は，図 **7·17** (b) のように連続し，その接線は一致しなければならないから，B 支点左右のたわみ角 θ_{BA} と θ_{BC} は等しい．したがって，張出しばりの支点と同じように支点 B には曲げモーメント M_B が作用し，たわみ曲線は図 **7·17** (b) のような波形になる．このように，3 連モーメント式は『**中間支点におけるたわみ角は等しい．**』つまり $\theta_{BA}=\theta_{BC}$ とする境界条件より，中間支点の曲げモー

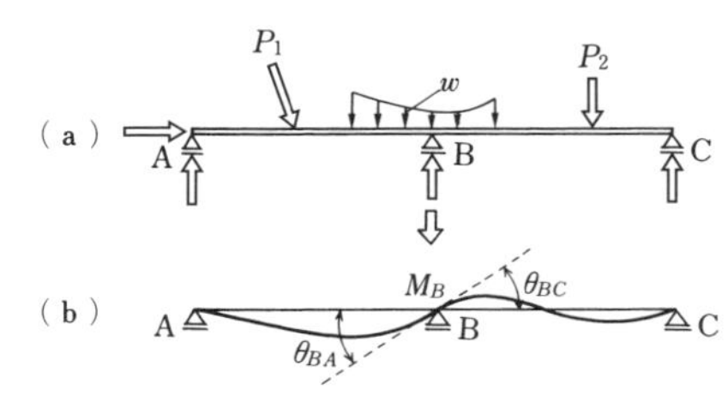

図 7·17　2 支間をとりだした連続ばり

メント M_B を明らかにし，連続する径間について順次解決していくものである．

まず，図 7·18 (a) のように支点に M_A，M_B の曲げモーメントが作用する単純ばりのたわみ角 θ_A，θ_B を求めてみよう．

$$\Sigma M_B = R_A \times l + M_A - M_B = 0$$

よって　$R_A = \dfrac{M_B - M_A}{l}$

$$M_i = R_A x + M_A = \frac{M_B - M_A}{l} x + M_A$$

したがって，モーメント荷重図は図 7·18 (b) のようになる．このときの支点反力 R_A'，R_B' を求める．

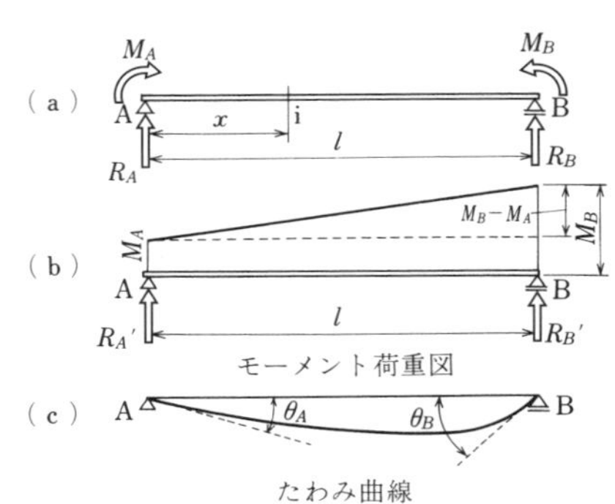

図 7·18　支点に M_A，M_B を受けるときのたわみとたわみ角

$$\Sigma M_B = R_A' \times l - M_A \times l \times \frac{l}{2} - (M_B - M_A) \times l \times \frac{1}{2} \times \frac{l}{3} = 0$$

よって　$R_A' = \dfrac{l}{6}(2M_A + M_B)$

$$\Sigma M_A = R_B' \times l - M_A \times l \times \frac{l}{2} - (M_B - M_A) \times l \times \frac{1}{2} \times \frac{2}{3} l = 0$$

よって　$R_B' = \dfrac{l}{6}(M_A + 2M_B)$

モーメント荷重図による A，B 点のせん断力は，$S_A' = R_A'$，$S_B' = R_B'$ となるので

$$\theta_A = \frac{S_A'}{EI} = \frac{l}{6EI}(2M_A + M_B) \quad (7·20)$$

$$\theta_B = \frac{S_B'}{EI} = \frac{l}{6EI}(M_A + 2M_B) \quad (7·21)$$

次に図 7·19 のような集中荷重が作用する単純ばりのたわみ角 θ_A, θ_B についてはすでに述べたが，もう一度まとめておく．図 7·19 (b) より

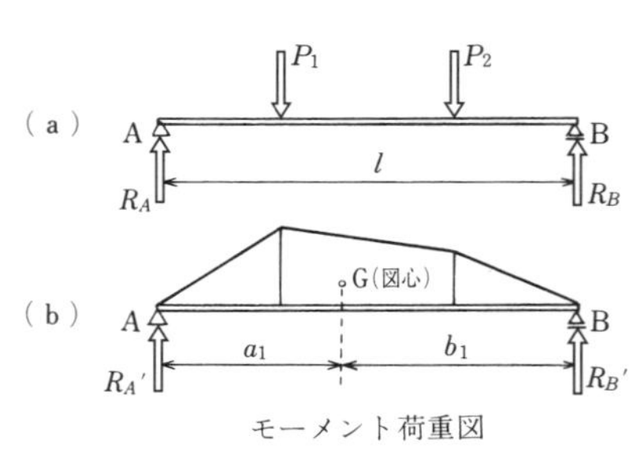

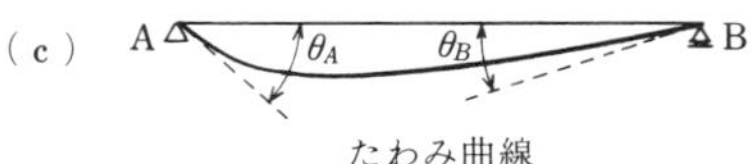

図 7·19　集中荷重が作用するときのたわみとたわみ角

$$\Sigma M_B = R_A' \times l - F \times b_1 = 0 \qquad R_A' = \frac{F \times b_1}{l}$$

$$\Sigma M_A = R_B' \times l - F \times a_1 = 0 \qquad R_B' = \frac{F \times a_1}{l}$$

F：モーメント荷重図の面積

モーメント荷重図によるA，B点のせん断力は

$$S_A' = R_A' \qquad S_B' = R_B'$$

モールの定理より

$$\theta_A = \frac{S_A'}{EI} = \frac{Fb_1}{EI \cdot l} \qquad (7 \cdot 22)$$

$$\theta_B = \frac{S_B'}{EI} = \frac{Fa_1}{EI \cdot l} \qquad (7 \cdot 23)$$

３連モーメント式

図 7･20（a）のような集中荷重が作用する連続ばりから，2 支間とりだして考えてみよう．

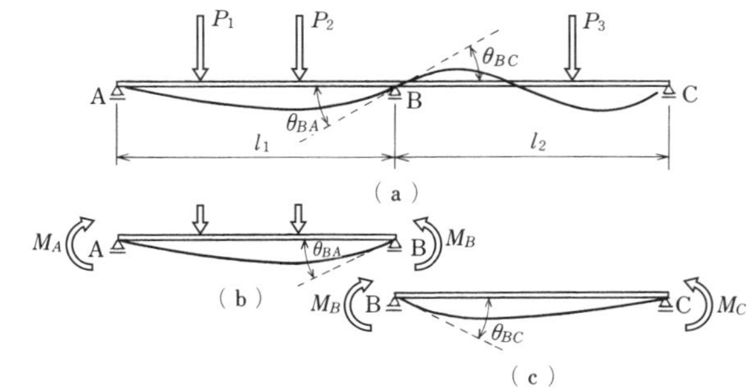

図 7･20　集中荷重が作用する連続ばり

境界条件は，図のようなたわみ曲線において，B点におけるたわみ角が等しいことである．すなわち

$$\boldsymbol{\theta_{BA} = \theta_{BC}}$$

θ_{BA}：AB 支間側での B 点のたわみ角

θ_{BC}：BC 支間側での B 点のたわみ角

そこで図 7･20（b），（c）のように AB 支間，BC 支間，二つの単純ばりに分けて，B 点のたわみ角について考えてみる．

AB 間は，図 7･21（a），（c）と式（7･21），式（7･23）より，たわみ角 θ_{BA}'，θ_{BA}'' は次のようになる．

$$\theta_{BA}' = -\frac{l_1}{6EI_1}(M_A + 2M_B)$$

$$\theta_{BA}'' = -\frac{F_1 \times a_1}{EI_1 \times l_1}$$

ただし F_1：モーメント荷重図（図 7・21（d））の面積

I_1：AB 間の中立軸に関する断面二次モーメント

よって AB 間における B 点のたわみ角 θ_{BA} は

$$\theta_{BA}=\theta_{BA}'+\theta_{BA}''$$

$$=-\frac{l_1}{6EI_1}(M_A+2M_B)-\frac{F_1\times a_1}{EI_1\times l_1}$$

$$\theta_{BA}=-\frac{M_A\times l_1}{6EI_1}-\frac{M_B\times l_1}{3EI_1}-\frac{F_1\times a_1}{EI_1\times l_1} \tag{7・24}$$

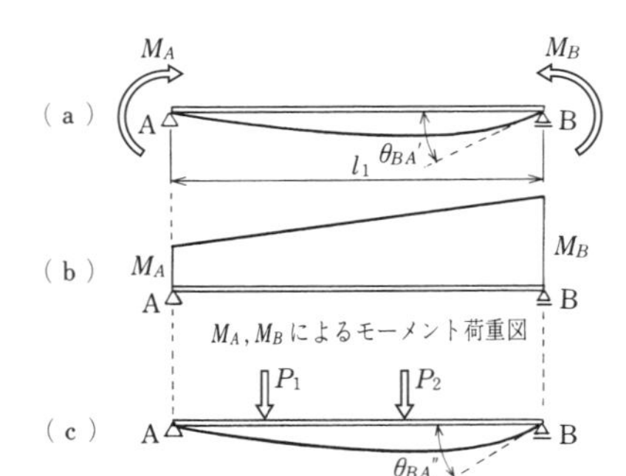

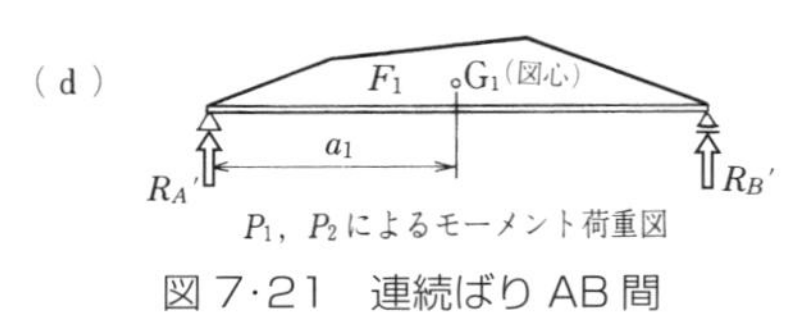

図 7・21　連続ばり AB 間

同じようにして，BC 間は図 7・22 よりたわみ角 θ_{BC}'，θ_{BC}'' は次のとおりである．

$$\theta_{BC}'=+\frac{l_2}{6EI_2}(2M_B+M_C)$$

$$\theta_{BC}''=+\frac{F_2\times b_2}{EI_2\times l_2}$$

ただし I_2：BC 間の中立軸に関する断面二次モーメント

以上より，BC 間における B 点のたわみ角 θ_{BC} は次のようになる．

$$\theta_{BC}=\theta_{BC}'+\theta_{BC}''$$

$$=\frac{l_2}{6EI_2}(2M_B+M_C)+\frac{F_2\times b_2}{EI_2\times l_2}$$

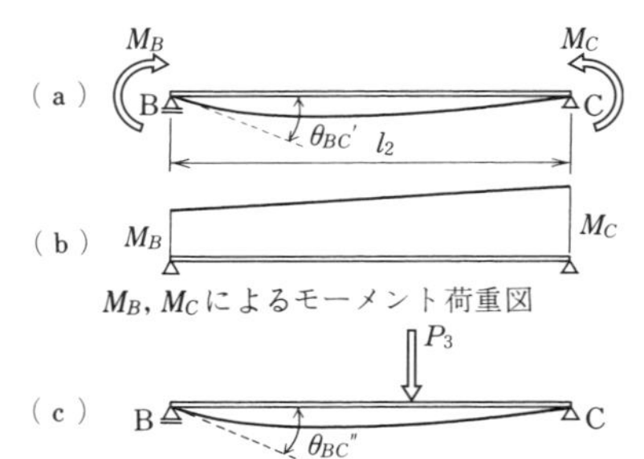

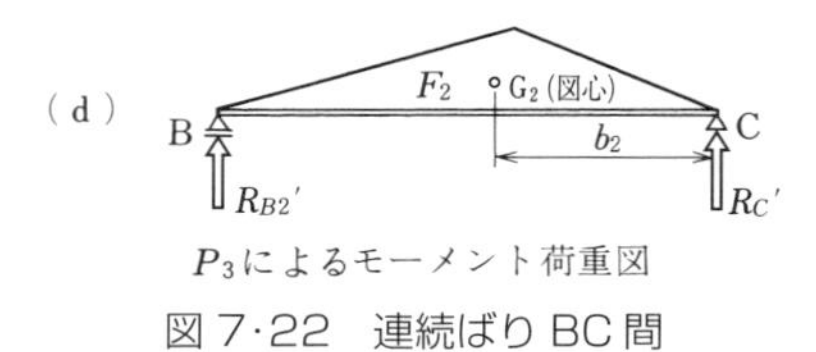

図 7・22　連続ばり BC 間

よって　$$\theta_{BC}=\frac{M_B\times l_2}{3EI_2}+\frac{M_C\times l_2}{6EI_2}+\frac{F_2\times b_2}{EI_2\times l_2} \tag{7・25}$$

ここで，$\theta_{BA}=\theta_{BC}$ が境界条件であるから，式（7・24），式（7・25）より

$$-\frac{M_A\times l_1}{6EI}-\frac{M_B\times l_1}{3EI_1}-\frac{F_1\times a_1}{E\times I_1\times l_1}=\frac{M_B\times l_2}{3EI_2}+\frac{M_C\times l_2}{6EI_2}+\frac{F_2\times b_2}{EI_2\times l_2}$$

$$-\frac{M_A\times l_1}{I_1}-\frac{2M_B\times l_1}{I_1}-\frac{6F_1\times a_1}{I_1\times l_1}=\frac{2M_B\times l_2}{I_2}+\frac{M_C\times l_2}{I_2}+\frac{6F_2\times b_2}{I_2\times l_2}$$

よって　$M_A\times\frac{l_1}{I_1}+2M_B\left(\frac{l_1}{I_1}+\frac{l_2}{I_2}\right)+M_C\times\frac{l_2}{I_2}=-6\left(\frac{F_1\times a_1}{I_1\times l_1}+\frac{F_2\times b_2}{I_2\times l_2}\right)$

これを3連モーメント公式として，次のようにまとめる．

$$\boldsymbol{M_A\frac{l_1}{I_1}+2M_B\left(\frac{l_1}{I_1}+\frac{l_2}{I_2}\right)+M_C\frac{l_2}{I_2}=-6\left(\frac{R_{B1}'}{I_1}+\frac{R_{B2}'}{I_2}\right)} \quad (7\cdot26)$$

ただし　$R_{B1}'=\frac{F_1a_1}{l_1}$：A～B間の外力のモーメント荷重図から求めたB点の反力

$R_{B2}'=\frac{F_2b_2}{l}$：B～C間の外力のモーメント荷重図から求めたB点の反力

$l=l_1=l_2$，$E=E_1=E_2$ なら式（7·26）は式（7·27）となる．

$$\boldsymbol{M_A+4M_B+M_C=-\frac{6}{l}(R_{B1}'+R_{B2}')} \quad (7\cdot27)$$

以上，式（7·26），式（7·27）が**3連モーメント式**である．

関連知識　**面積と図心**

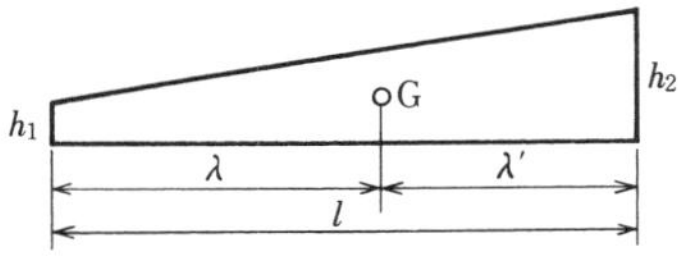

h_1　h_2　G　λ　λ'　l

図7·23　台形

$A=\frac{l}{2}(h_1+h_2)$　　$\lambda=\frac{l}{3}\times\frac{h_1+2h_2}{h_1+h_2}$

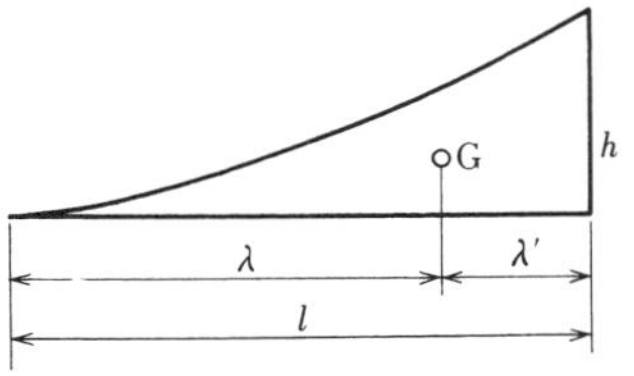

h　G　λ　λ'　l

図7·24　二次放物線

$A=\frac{1}{3}h\times l$　　$\lambda=\frac{3}{4}l$

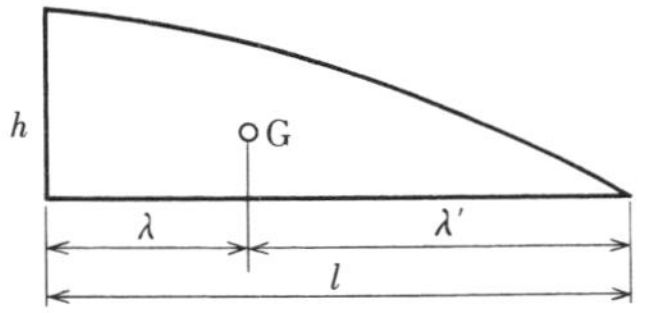

h　G　λ　λ'　l

図7·25　二次放物線

$A=\frac{2}{3}h\times l$　　$\lambda=\frac{3}{8}l$

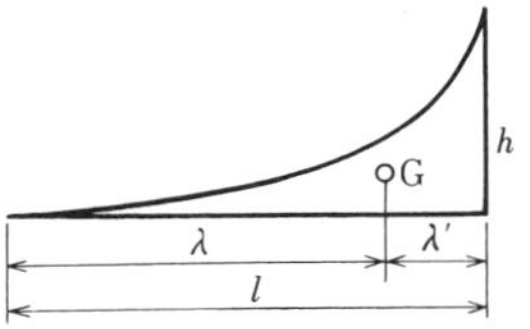

h　G　λ　λ'　l

図7·26　三次放物線

$A=\frac{1}{4}h\times l$　　$\lambda=\frac{4}{5}l$

6 ワンタッチで支点モーメント

2支間連続ばりで使おう

これまで，単純ばりや片持ばりなど静定ばりのたわみとたわみ角を皮切りに，とかく難解とされ敬遠されがちな不静定ばりについて，3連モーメントによる解法を学んできた．ここで理解が深まったところで，次からは計算を主体とした学習をすすめる．

No. 2　2支間連続ばりを3連モーメント式を使って解いてみよう

図7·27（a）のように集中荷重が作用する2支間の連続ばりについて，3連モーメント式を使って解け．ただし，断面は一様で，したがってE, Iも一定値とする．

〔解〕

（1）**支点曲げモーメント**

図7·27（c）におけるR_A', R_{B1}'を求める．

$$R_A' = R_{B1}' = \left(\frac{l}{2} \times \frac{Pl}{4}\right) \times \frac{1}{2} = \frac{Pl^2}{16}$$

$l = l_1 = l_2$で断面は一様であるから式（7·27）により

$$M_A + 4M_B + M_C = -\frac{6}{l}(R_{B1}' + R_{B2}')$$

ここで，$M_A = M_C = 0$，$R_{B2}' = 0$だから

$$4M_B = -\frac{6}{l}\left(\frac{Pl^2}{16} + 0\right) = -\frac{3}{8}Pl$$

$$M_B = -\frac{3}{32}Pl = -\frac{3 \times 100 \times 8}{32}$$

$$= -75\ \text{kN·m}$$

（2）**反力**　AB間は図7·27（b）より

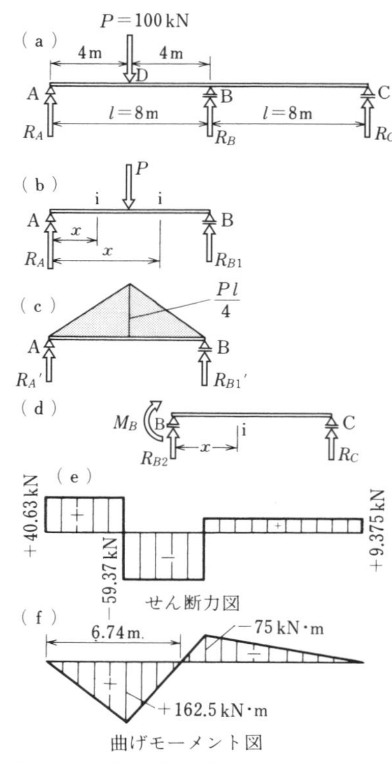

図7·27　集中荷重が作用する2支間連続ばり

$$\Sigma M_B = R_A \times l + M_A - P \times \frac{l}{2} = 0 \qquad R_A = \frac{13}{32} P$$

$$\Sigma V = R_A + R_{B1} - P = 0 \qquad R_{B1} = \frac{19}{32} P$$

BC 間は図 7･27（d）より

$$\Sigma M_C = R_{B2} \times l + M_B - M_C = 0 \qquad R_{B2} = -\frac{M_B}{l} = \frac{3}{32} P$$

$$\Sigma V = R_{B2} + R_C = 0 \qquad R_C = -R_{B2} = -\frac{3}{32} P$$

以上より

$$R_A = \frac{13}{32} P = \frac{13}{32} \times 100 = 40.63 \text{ kN}$$

$$R_B = R_{B1} + R_{B2} = \frac{19}{32} P + \frac{3}{32} P = \frac{11}{16} P = \frac{11 \times 100}{16} = 68.75 \text{ kN}$$

$$R_C = -\frac{3}{32} P = -\frac{3}{32} \times 100 = -9.375 \text{ kN}$$

（3）**せん断力**

AD 間　$S_{AD} = R_A = +40.63 \text{ kN}$

DB 間　$S_{DB} = R_A - P = 40.63 - 100 = -59.37 \text{ kN}$

BC 間　$S_{BC} = R_A - P + R_B = R_{B2} = +9.375 \text{ kN}$

（4）**曲げモーメント**　図 7･27（b），（d）より

AD 間　$M_i = R_A \times x + M_A = \frac{13}{32} Px \begin{cases} x=0 \text{ のとき} & M_A = 0 \\ x=4 \text{ のとき} & M_D = 162.5 \text{ kN·m} \end{cases}$

DB 間　$M_i = R_A \times x - P\left(x - \frac{l}{2}\right) = \frac{13}{32} Px - P\left(x - \frac{l}{2}\right)$

$x = \frac{l}{2}$ のとき　$M_{\max} = M_D = \frac{13}{64} Pl = \frac{13}{64} \times 100 \times 8 = 162.5 \text{ kN·m}$

$x = l$ のとき　$M_{\min} = M_{\mathrm{B}} = -\frac{3}{32} Pl = -\frac{3}{32} \times 100 \times 8 = -75 \text{ kN·m}$

反曲点は

$$M_i = \frac{13}{32} Px - P\left(x - \frac{l}{2}\right) = 0 \qquad x_0 = \frac{16}{19} l = \frac{16}{19} \times 8 = 6.74 \text{ m}$$

BC 間　$M_i = R_{B2} x + M_B = \frac{3}{32} P \times x - \frac{3}{32} Pl$

$x = 0$ のとき　$M_B = -\frac{3}{32} Pl = -75 \text{ kN·m}$

$x = l$ のとき　$M_C = 0$

以上の結果より，せん断力図，曲げモーメント図は図 7･27（e），（f）のようになる．

7 固定支点もらくらく

No. 3　一端が固定された連続ばりを解いてみよう

図7·28 (a) のような, 一端が固定された連続ばりについて解け. ただし, 弾性係数 E は一定とする.

〔解〕

(1)　**支点曲げモーメント**　一端が固定されているため, 固定端を図7·28 (b) のように延長した仮想支点Aとして考える.

B点から仮想支点Aまでの支間 l' では壁の中と考えるから

$$EI'=\infty \qquad 1/I'=0$$

また, 式 (7·28), 式 (7·29) において

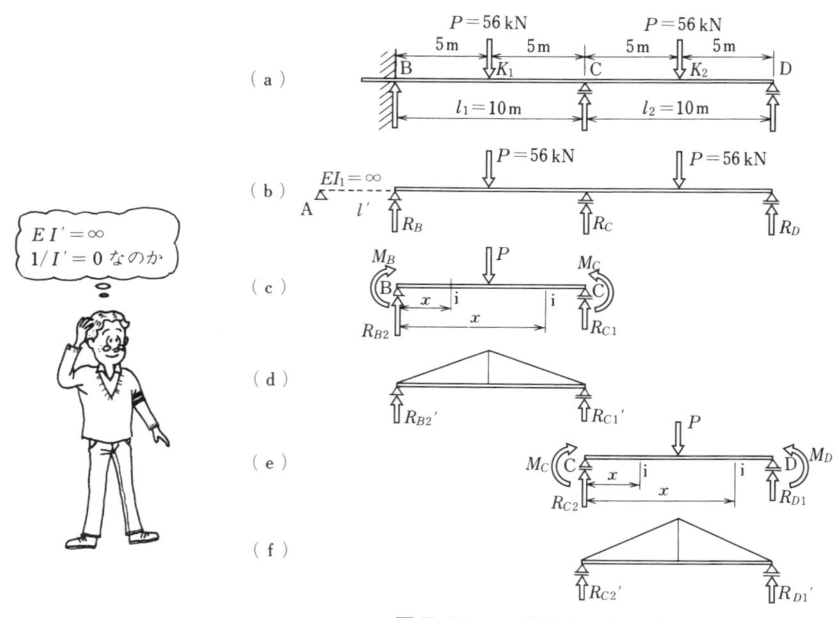

図7·28　一端固定の連続ばり

$$l = l_2 = l_3 \qquad I = I_2 = I_3 \qquad M_A = M_D = 0 \qquad R_{B1}{}' = 0$$

となる．

$$\boldsymbol{M_A \frac{l_1}{I_1} + 2M_B\left(\frac{l_1}{I_1} + \frac{l_2}{I_2}\right) + M_C \frac{l_2}{I_2} = -6\left(\frac{R_{B1}{}'}{I_1} + \frac{R_{B2}{}'}{I_2}\right)} \tag{7·28}$$

$$\boldsymbol{M_B \frac{l_2}{I_2} + 2M_C\left(\frac{l_2}{I_2} + \frac{l_3}{I_3}\right) + M_D \frac{l_3}{I_3} = -6\left(\frac{R_{C1}{}'}{I_2} + \frac{R_{C2}{}'}{I_3}\right)} \tag{7·29}$$

$$R_{B2}{}' = R_{C1}{}' = R_{D1}{}' = \frac{Pl^2}{16}$$

となるから

式（7·28）より

$$2M_B + M_C = -\frac{3}{8}Pl \tag{7·30}$$

式（7·29）より

$$M_B + 4M_C = -\frac{3}{4}Pl \tag{7·31}$$

式（7·30），式（7·31）より

$$M_B = -\frac{3}{28}Pl = -\frac{3}{28} \times 56 \times 10 = -60\ \mathrm{kN \cdot m}$$

$$M_C = -\frac{9}{56}Pl = -\frac{9}{56} \times 56 \times 10 = -90\ \mathrm{kN \cdot m}$$

（2）　**反力**

BC 間　$\Sigma M_C = R_{B2} \times l + M_B - P \times \frac{l}{2} - M_C = 0$

よって　$R_{B2} = \frac{25}{56}P$

$\Sigma V = R_{B2} + R_{C1} - P = 0 \qquad R_{C1} = P - R_{B2}$

よって　$R_{C1} = \frac{31}{56}P$

CD 間　$\Sigma M_D = R_{C2} \times l + M_C - P \times \frac{l}{2} - M_D = 0$

よって　$R_{C2} = \frac{37}{56}P$

$\Sigma V = R_{C2} + R_{D1} - P = 0 \qquad R_{D1} = P - R_{C2}$

よって　$R_{D1} = \frac{19}{56}P$

以上より　$R_B = R_{B2} = \frac{25}{56}P = \frac{25}{56} \times 56 = 25\ \mathrm{kN}$

$$R_C = R_{C1} + R_{C2} = \frac{17}{14}P = \frac{17}{14} \times 56 = 68\ \text{kN}$$

$$R_D = R_{D1} = \frac{19}{56}P = \frac{19}{56} \times 56 = 19\ \text{kN}$$

（3）　**せん断力**

BK_1 間　$S_{BK1} = R_B = \dfrac{25}{56}P = \dfrac{25}{56} \times 56 = +25\ \text{kN}$

K_1C 間　$S_{K1C} = R_B - P = -\dfrac{31}{56}P = -\dfrac{31}{56} \times 56 = -31\ \text{kN}$

CK_2 間　$S_{CK2} = R_{C2} = \dfrac{37}{56}P = \dfrac{37}{56} \times 56 = +37\ \text{kN}$

K_2D 間　$S_{K2D} = R_{C2} - P = -\dfrac{19}{56}P = -\dfrac{19}{56} \times 56 = -19\ \text{kN}$

（4）　**曲げモーメント**

BK_1 間　$M_i = R_{B1} \times x + M_B = \dfrac{25}{56}Px - \dfrac{3}{28}Pl$

$x = 0$ のとき　$M_B = -\dfrac{3}{28}Pl = -\dfrac{3}{28} \times 56 \times 10 = -60\ \text{kN·m}$

$x = \dfrac{l}{2}$ のとき　$M_{K1} = \dfrac{13}{112}Pl = +\dfrac{13}{112} \times 56 \times 10 = +65\ \text{kN·m}$

反曲点は $M_i = 0$ とおいて

$$x_0 = \frac{6}{25}l = \frac{6}{25} \times 10 = 2.4\ \text{m}$$

K_1C 間　$M_i = R_{B1} \times x + M_B - P\left(x - \dfrac{l}{2}\right) = -\dfrac{31}{56}Px + \dfrac{11}{28}Pl$

$x = l$ のとき　$M_C = -\dfrac{9}{56}Pl = -\dfrac{9}{56} \times 56 \times 10 = -90\ \text{kN·m}$

反曲点は $M_i = 0$ とおいて

$$x = \frac{22}{31}l = \frac{22}{31} \times 10 = 7.1\ \text{m}$$

CK_2 間　$M_i = R_{C2} \times x + M_C = \dfrac{37}{56}Px - \dfrac{9}{56}Pl$

$x = \dfrac{l}{2}$ のとき　$M_{K2} = \dfrac{19}{112}Pl = \dfrac{19}{112} \times 56 \times 10 = 95\ \text{kN·m}$

反曲点は $M_i = 0$ とおいて

$$x = \frac{9}{37}l = \frac{9}{37} \times 10 = 2.43\ \text{m}$$

$$\mathrm{K_2D}\text{ 間}\quad M_i = R_{C2} \times x + M_C - P\left(x - \frac{l}{2}\right) = -\frac{19}{56}P \times x + \frac{19}{56}Pl$$

以上より，せん断力図，曲げモーメント図は図 7·29 のようになる．

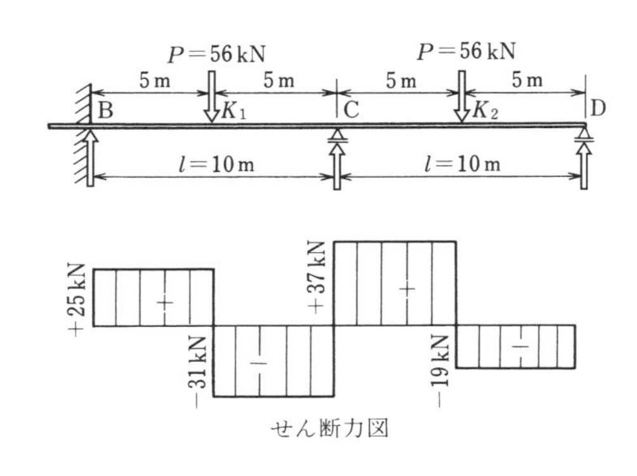

せん断力図

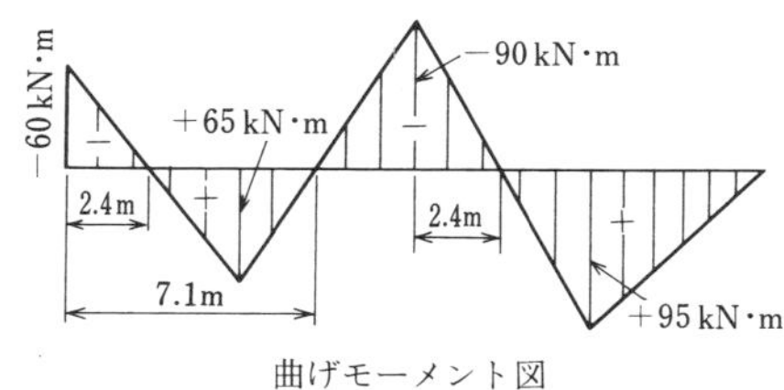

曲げモーメント図

図 7·29　一端固定の連続ばりのせん断力図と曲げモーメント図

8 中間支点はいつも負の曲げモーメント

No. 4　3支間連続ばりについても解いてみよう

図7·30（a）のような3支間を持つ連続ばりを3連モーメント式を用いて解け．

（1）**支点曲げモーメント**　一様な断面であるから式（7·27）より解く．

AC間　$M_A + 4M_B + M_C = -\dfrac{6}{l}(R_{B1}{}' + R_{B2}{}')$

$$4M_B + M_C = -\frac{6}{l}\left(\frac{wl^3}{24} + \frac{wl^3}{24}\right) = -\frac{wl^2}{2} \qquad (7·32)$$

BD間　$M_B + 4M_C + M_D = -\dfrac{6}{l}(R_{C1}{}' + R_{C2}{}')$

$$M_B + 4M_C = -\frac{6}{l}\left(\frac{wl^3}{24} + \frac{wl^3}{24}\right) = -\frac{wl^2}{2} \qquad (7·33)$$

式（7·32），式（7·33）より M_B，M_C を解く．

$$M_B = M_C = -\frac{wl^2}{10} = -\frac{5 \times 10^2}{10} = -50\ \mathrm{kN \cdot m}$$

（2）**反力**　図7·30（b）より

$$\Sigma M_B = R_A \times l + M_A - \frac{wl^2}{2} - M_B = 0 \quad よって \quad R_A = \frac{2}{5}wl$$

$$\Sigma V = R_A + R_{B1} - wl = 0 \quad よって \quad R_{B1} = \frac{3}{5}wl$$

図7·30（d）より

$$\Sigma M_C = R_{B2} \times l + M_B - \frac{wl^2}{2} - M_C = 0 \quad よって \quad R_{B2} = \frac{wl}{2}$$

$$\Sigma V = R_{B2} + R_{C1} - wl = 0 \quad よって \quad R_{C1} = \frac{wl}{2}$$

図7·30（f）より

$$\Sigma M_D = R_{C2} \times l + M_C - \frac{wl^2}{2} - M_D = 0 \quad よって \quad R_{C2} = \frac{3}{5}wl$$

$$\Sigma V = R_{C2} + R_D - wl = 0 \quad よって \quad R_D = \frac{2}{5}wl$$

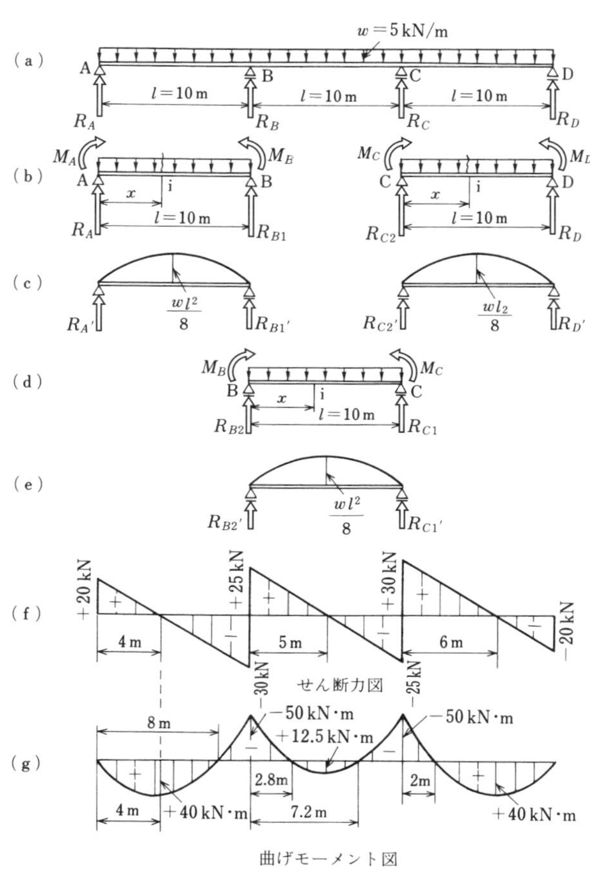

図 7·30　等分布荷重を受ける 3 支間連続ばり

以上より，それぞれの支点反力は次のようである．

$$R_A = R_D = \frac{2}{5}wl = \frac{2}{5}\times 5\times 10 = 20\ \mathrm{kN}$$

$$R_B = R_{B1} + R_{B2} = \frac{3}{5}wl + \frac{1}{2}wl = \frac{11}{10}wl = \frac{11}{10}\times 5\times 10 = 55\ \mathrm{kN}$$

$$R_C = R_{C1} + R_{C2} = \frac{1}{2}wl + \frac{3}{5}wl = \frac{11}{10}wl = \frac{11}{10}\times 5\times 10 = 55\ \mathrm{kN}$$

(3)　せん断力

AB 間　$S_i = R_A - wx = \dfrac{2}{5}wl - wx$

構造力学の基礎
はりの計算
部材断面の性質
はりの応力度と設計
柱
トラス
たわみと不静定ばり

$x=0$ のとき　$S_A=\dfrac{2}{5}wl=20\text{ kN}$

$x=1$ のとき　$S_B=-\dfrac{3}{5}wl=-30\text{ kN}$

$S_i=0$ とおくと　$x=\dfrac{2}{5}l=4\text{ m}$

BC 間　$S_i=R_{B2}-wx=\dfrac{wl}{2}-wx$

$x=0$ のとき　$S_B=\dfrac{wl}{2}=25\text{ kN}$

$x=1$ のとき　$S_C=-\dfrac{wl}{2}=-25\text{ kN}$

$S_i=0$ とおくと　$x=\dfrac{l}{2}=5\text{ m}$

CD 間　$S_i=R_{C2}-wx=\dfrac{3}{5}wl-wx$

$x=0$ のとき　$S_C=\dfrac{3}{5}wl=30\text{ kN}$

$x=1$ のとき　$S_D=-\dfrac{2}{5}wl=-20\text{ kN}$

$S_i=0$ とおくと　$x=\dfrac{3}{5}l=6\text{ m}$

(4)　曲げモーメント

AB 間　$M_i=R_A\times x+M_A-\dfrac{wx^2}{2}=\dfrac{2wl}{5}x-\dfrac{w}{2}x^2$

$x=0$ のとき　$M_A=0$

$x=l$ のとき　$M_B=-\dfrac{wl^2}{10}=-50\text{ kN·m}$

反曲点は $M_i=0$ とおいて x について解くと

$x=\dfrac{4}{5}l=8\text{ m}$

M_{max} は $x=\dfrac{2}{5}l$ の点に生じる．

$M_{max}=\dfrac{2}{25}wl^2=+40\text{ kN·m}$

BC 間　$M_i=R_{B2}\times x+M_B-\dfrac{wx^2}{2}=\dfrac{wl}{2}x-\dfrac{wl^2}{10}-\dfrac{wx^2}{2}$

$x=l$ のとき $M_C=-\dfrac{wl^2}{10}=-50\text{ kN·m}$

反曲点は $M_i=0$ とおいて x を解くと

$x=\dfrac{5\pm\sqrt{5}}{10}\times l=2.76\text{ m},\ 7.23\text{ m}$

M_{max} は $x=\dfrac{l}{2}$ の点に生じる．

$M_{max}=\dfrac{wl^2}{40}=+12.5\ \mathrm{kN\cdot m}$

CD 間　$M_i=R_{C2}\times x+\mathrm{M}_C-\dfrac{wx^2}{2}=\dfrac{3}{5}wl\times x-\dfrac{wl^2}{10}-\dfrac{wx^2}{2}$

反曲点は $\mathrm{M}_i=0$ とおいて　$x=\dfrac{l}{5}=2\ \mathrm{m}$

M_{max} は $x=\dfrac{3}{5}l$ の点に生じる．

$M_{max}=\dfrac{2}{25}wl^2=40\ \mathrm{kN\cdot m}$

以上より，せん断力図，曲げモーメント図は図 7･30（f），（g）のようになる．

関連知識　**積分法による図形の面積と図心**

①　二次曲線の場合

図 7･31 より

$$A=\int_0^l x^2dx=\frac{1}{3}\Big[x^3\Big]_0^l=\frac{l^3}{3}$$

$$\lambda\int_0^l x^2dx=\int_0^l x\cdot x^2dx$$

$$\frac{\lambda}{3}\Big[x^3\Big]_0^l=\frac{1}{4}\Big[x^3\Big]_0^l$$

$$\lambda=\frac{3}{4}l$$

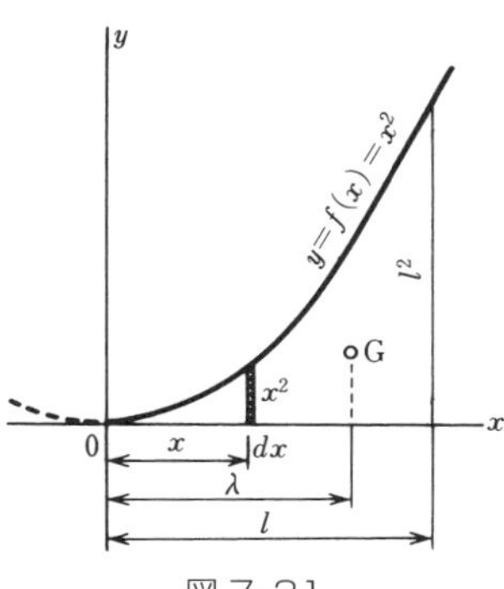

図 7･31

②　三次曲線の場合

図 7･32 より

$$A=\int_0^l x^3dx=\frac{1}{4}\Big[x^4\Big]_0^l=\frac{l^4}{4}$$

$$\lambda\int_0^l x^3dx=\int_0^l x\cdot x^3dx$$

$$\frac{\lambda}{4}\Big[x^4\Big]_0^l=\frac{1}{5}\Big[x^5\Big]_0^l$$

$$\lambda=\frac{4}{5}l$$

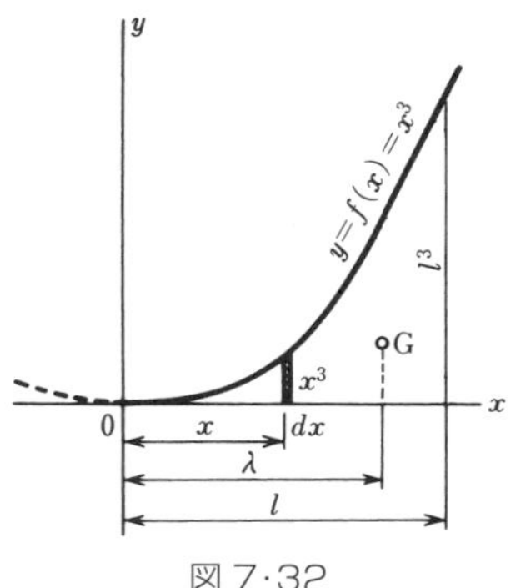

図 7･32

9 堅と剛は侍の魂

静定ラーメンってなに

二つ以上の部材の端部をまったく回転できないように，固く結合した骨組・構造物を「ラーメン（剛接構造）」といっている．

図 7·33 は，ラーメンの節点を示したものだが，この節点をトラスの場合の摩擦のない節点（ヒジン）に対して「剛節点」といっている．

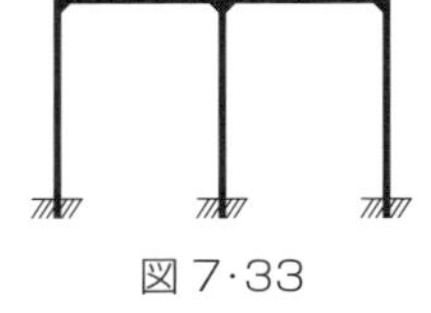

図 7·33

ラーメンを構成する部材，たとえばはりに荷重が作用すると，他の部材がそれぞれ変形する．しかし，各部材は独立に変形することができず，剛節点においては，部材相互の交角は変らず一定である．

図 7·34（a），（b），（c）のラーメンは，いずれもつり合いの 3 条件で反力が求められるもので，これらを静定ラーメンという．静定ラーメンには次のようなものがある．

（1） 図 7·34（a）のように，一端が回転支点，他端が可動支点で支えられたもので，ちょうど単純はりを門形に曲げたような形である．

（2） 図 7·34（b）のように一端が固定支点，他端が自由になっているもので，曲がった片持はりのような形となっている．

（3） 図 7·34（c）のように，前節で学んだ不静定ばりを曲げた形だが，適当な箇所にヒンジを入れて静定構造としたものである．図は両端回転支点の門形ラーメンの中央にヒンジを 1 個入れたもので静定ラーメンとなっている．

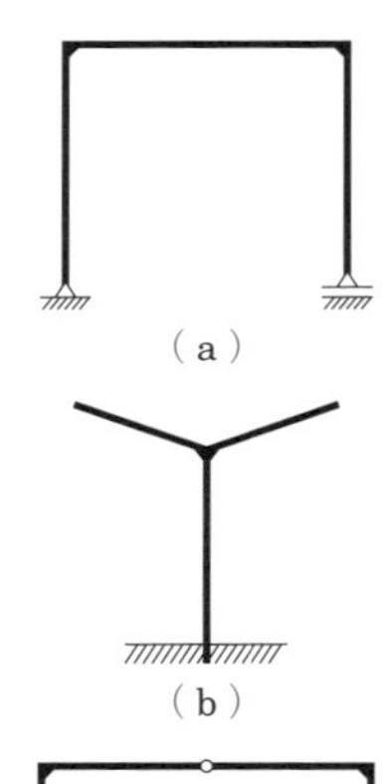

（a）

（b）

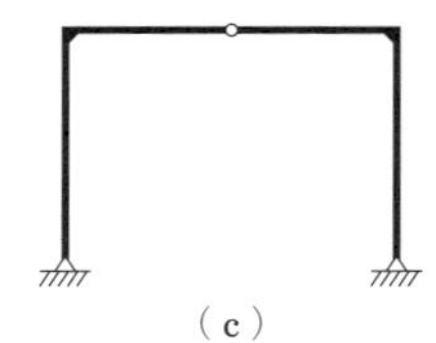

（c）

図 7·34

静定ラーメンの計算

静定ラーメンの計算は，前に述べた静定ばりの場合と同じようにやればよい．

図 7･35 のような一端が回転支点，他端が可動支点のラーメンのはりに，鉛直集中荷重 P が作用するとき，このラーメンを解いてみよう．

(1)　**反力**　反力は回転支点に R_A，H_A，可動支点に R_B が生ずる．

$\Sigma H=0$ から，水平方向の荷重はないから $H_1=0$

$\Sigma V=0$ から，

$R_A+R_B-P=0$

$\therefore R_A+R_B=P$

支点 A に $\Sigma M=0$ から，

$P_a-R_{Bl}=0$

$\therefore R_B=\dfrac{P_a}{l}$，

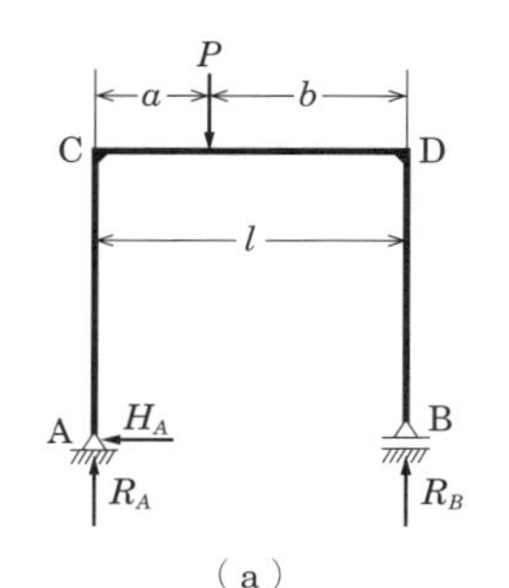

(a)

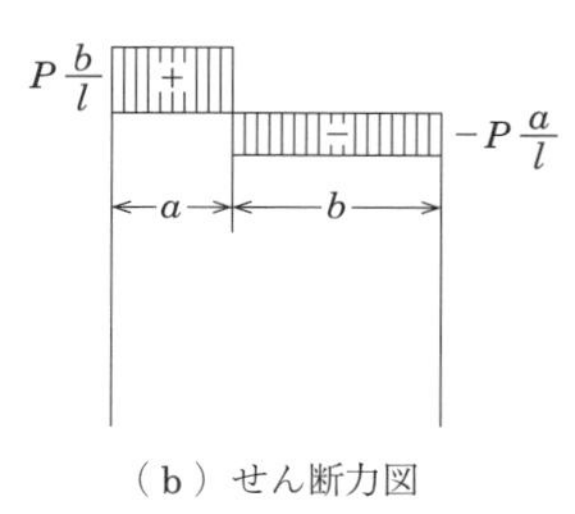

(b) せん断力図

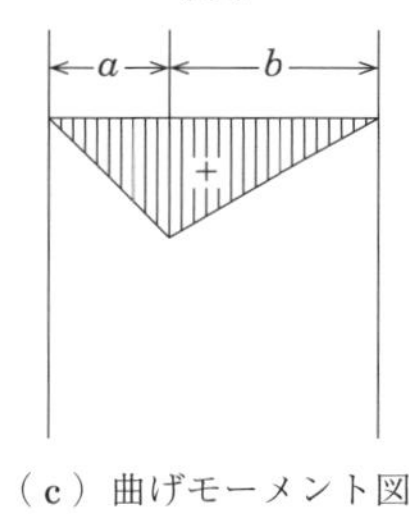

(c) 曲げモーメント図

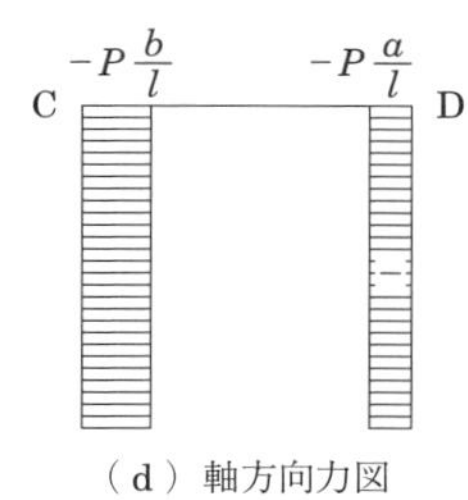

(d) 軸方向力図

図 7･35

$$R_A=P-R_B=\frac{P_b}{l}$$

曲げモーメントは $H_A=0$ であるから，部材 AC には曲げモーメントは生じない．

部材 CD は R_A，P，R_B の外力を受けていることになり，単純ばり CD と同じになる．これらの結果から，せん断力図，曲げモーメント図・軸方向力図は，それぞれ図 (b)，(c)，(d) のようになる．

次に図 7･36 (a) のように，鉛直部材に水平集中荷重 P が作用するラーメンを解いてみよう．

$\Sigma H=0$ から　$P-H_A=0$　$\therefore H_A=P$

$\Sigma V=0$ から　$R_A+R_B=0$　$\therefore R_A=-R_B$

支点 A について $\Sigma M=0$ から

$P_a-R_B=0$

$$\therefore R_B = \frac{Pa}{l},$$

$$R_A = P - R_B = \frac{Pb}{l}$$

(2) **曲げモーメント** $H_A = 0$ だから，部材 AC には曲げモーメントが生じない．部材 AC，BD は R_A，R_B の軸方向力を受けるだけである．部材 CD は R_A, P, R_B の外力を受けていることになり，単純ばり CD と同じになる．

以上の結果から，せん断力図・曲げモーメント図・軸方向力図は，それぞれ図 (b)，(e)，(d) のようになる．

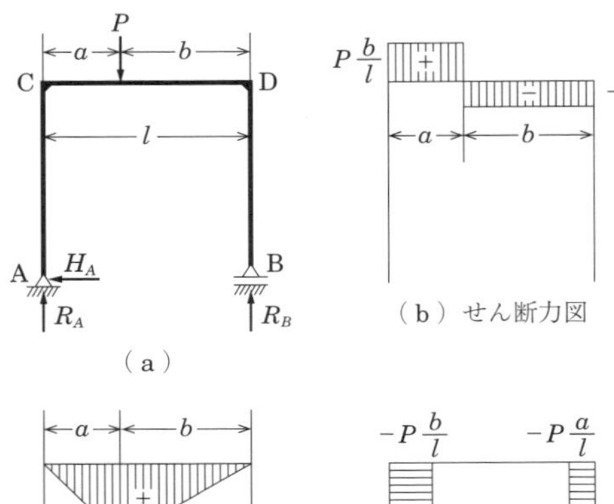

(a)

(b) せん断力図

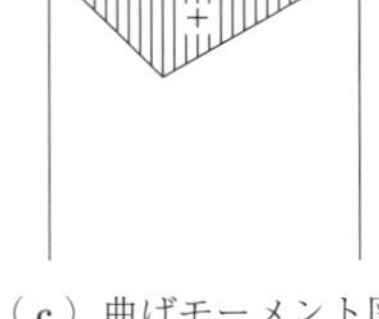

(c) 曲げモーメント図

(d) 軸方向力図

図 7·36

No. 5 図 7·37 (a) のようなはりの中央にヒンジをもつラーメンを解いてみよう

つりあいの 3 条件とヒンジ E 点の曲げモーメント $M_E = 0$ とから四つの未知数を求めることができる．

○反力の計算

$\Sigma M_B = 0$ より，$R_A \times 3.6 + P \times 3 = 0$ $\therefore R_A = -33.3$ kN

$\Sigma V = 0$ より，$R_A + R_B = -33.3 + R_B = 0$ $\therefore R_B = 33.3$ kN

E 点の曲げモーメント $M_E = 0$ より，$M_E = R_A \times 1.8 - H_A \times 6 - P \times 3$

$= -33.3 \times 1.8 - H_A \times 6 - 40 \times 3 = 0$

$\therefore H_A = -30.0$ kN

$\Sigma H = 0$ より，$H_A + P - H_B = -30.0 + 40 - H_B = 0$ $\therefore H_B = -10.0$ kN

○せん断力の計算

部材 AC，DB についてせん断力を計算すると，次のようになる．

$S_{AF} = H_A = -30.0$ kN，$S_{FC} = H_A + 40 = -30.0 + 40 = 10.0$ kN

同様に，部材 CE，ED についてせん断力を計算すと，次のようになる．

$S_{CE} = R_A = -33.3$ kN

$S_{ED} = R_A = -33.3$ kN

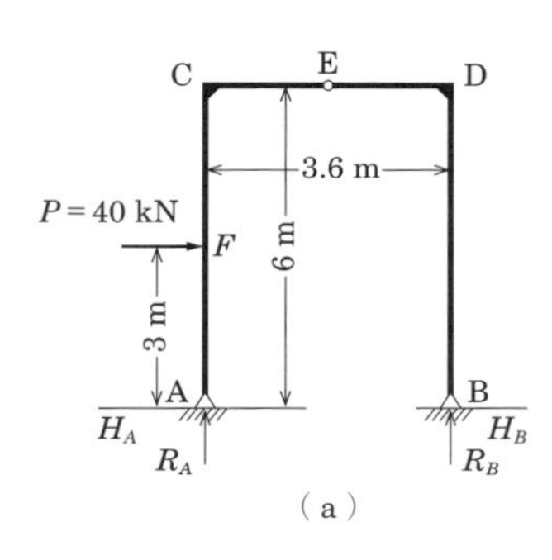

（a）

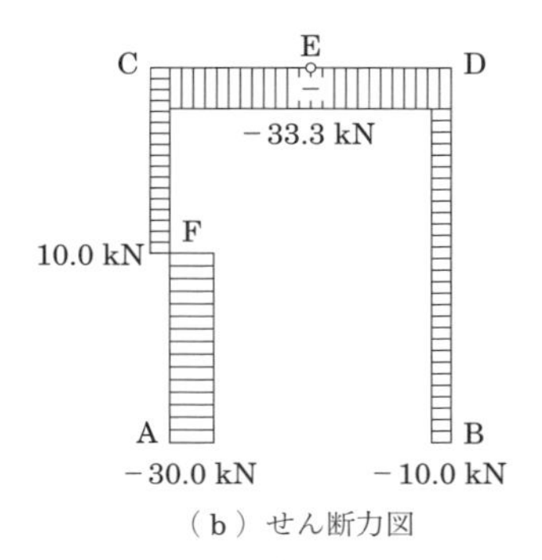

（b）せん断力図

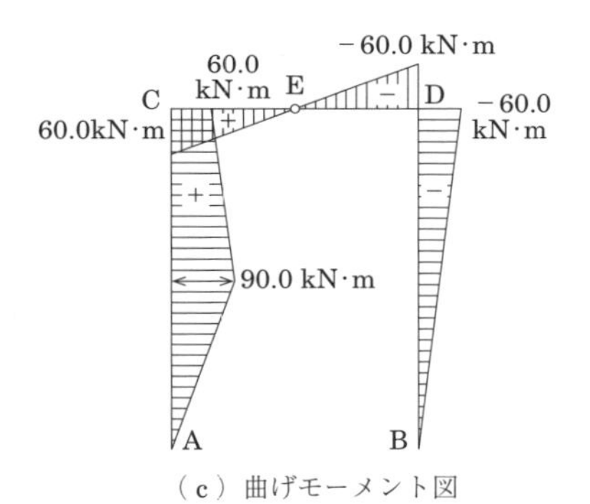

（c）曲げモーメント図

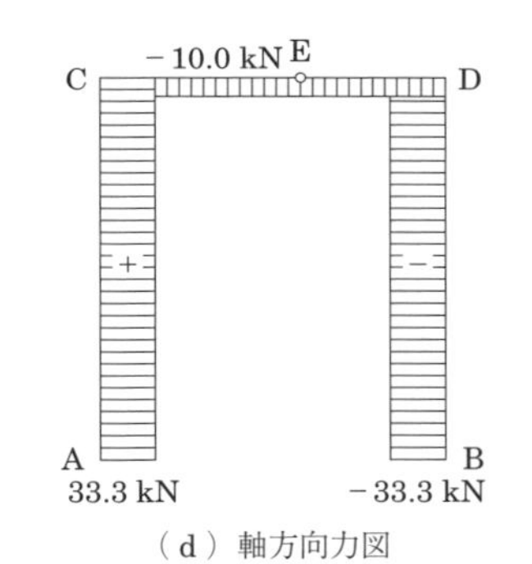

（d）軸方向力図

図 7·37

$S_{DB} = H_B = -10.0$ kN

○曲げモーメントの計算

$M_A = M_E = M_B = 0$ kN·m

$M_F = -H_A \times 3 = 90.0$ kN·m

$M_C = -H_A \times 6 - P \times 3 = 30.0 \times 6 - 40 \times 3 = 60.0$ kN·m

M_D はラーメンの右から求める．

$M_D = H_B \times 6 = -10.0 \times 6 = 60.0$ kN·m

○軸方向力の計算

$N_{AC} = -R_A = 33.3$ kN

$N_{CE} = N_{ED} = -H_A - P = 30.0 - 40 = -10.0$ kN

$N_{BD} = -R_B = -33.3$ kN

7章のまとめ問題

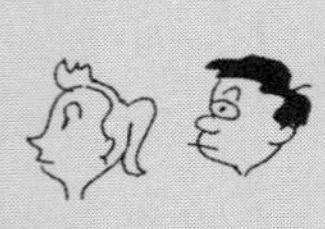

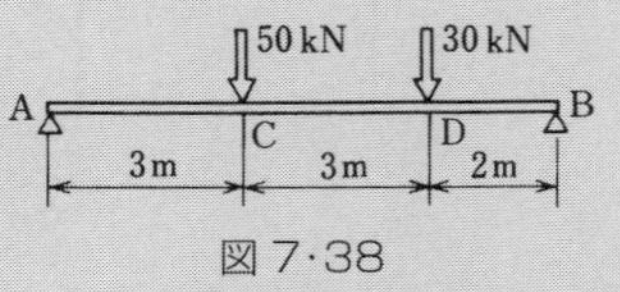

図 7·38

【問題 1】 図 7·38 のような単純ばりの A, B 支点のたわみ角 θ_A, θ_B, および C, D 点のたわみ y_C, y_D を求めよ．ただし，はりはＩ形鋼（250×125×10×19：巻末付録参照）とし，$I=7\,310\ \mathrm{cm}^4$, $E=2.06\times10^5\ \mathrm{N/mm^2}$ とする．

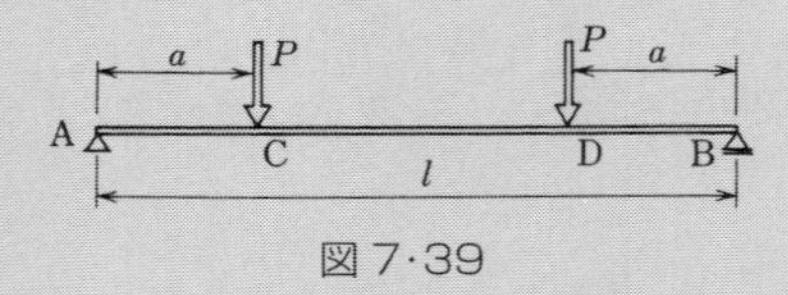

図 7·39

【問題 2】 図 7·39 のような単純ばりの A, B 支点のたわみ角 θ_A, θ_B, C, D 点のたわみ y_C, y_D および y_{max} を求めよ．ただし曲げこわさを EI とする．

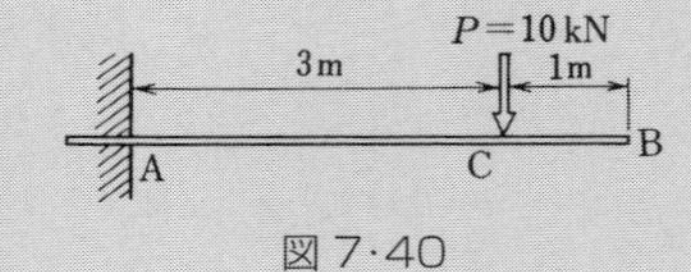

図 7·40

【問題 3】 図 7·40 の片持ばりの自由端におけるたわみ角 θ_B とたわみ y_B を求めよ，ただし，断面は長方形とし，$b=20\ \mathrm{cm}$, $h=30\ \mathrm{cm}$, $E=6.86\times10^3\ \mathrm{N/mm^2}$ とする．

【問題 4】 図 7·41 のように，一端固定，他端が可動支点の不静定ばりに $w=8\ \mathrm{kN/m}$ の等分布荷重が作用するとき，R_A, R_B, M_B, 反曲点の位置を求めよ．またせん断力図，曲げモーメント図を描け．

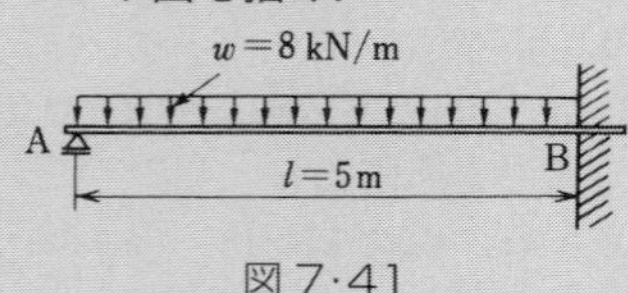

図 7·41

【問題 5】 図 7･42 のような 2 径間連続ばりの支点反力 R_A，R_B，R_C，および M_B，M_D を求めよ．また，せん断力図，曲げモーメント図を描け．ただし，曲げこわさ EI は一定とする．

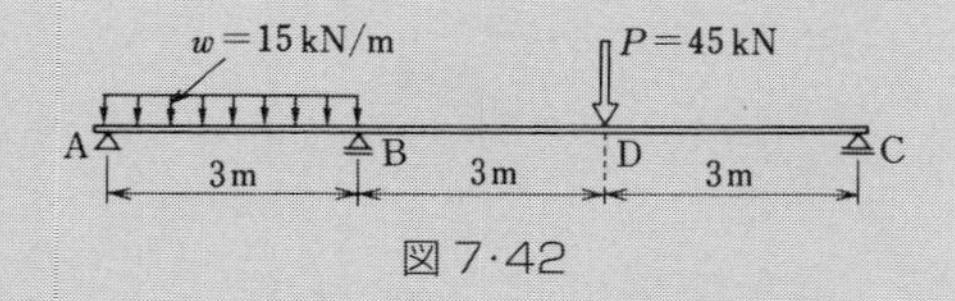

図 7･42

【問題 6】 図 7･43 のような等分布荷重が一様に作用する連続ばりの支点反力 R_A，R_B，R_C，R_D，R_E，および M_A，M_B，M_C，M_D，M_E を求めよ．また，せん断力図，曲げモーメント図を描け，ただし，EI は一定とする．

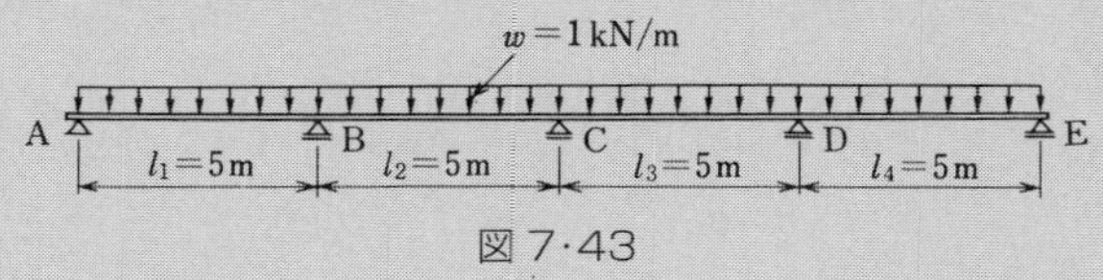

図 7･43

【問題 7】 図 7･44 のラーメンを解け．

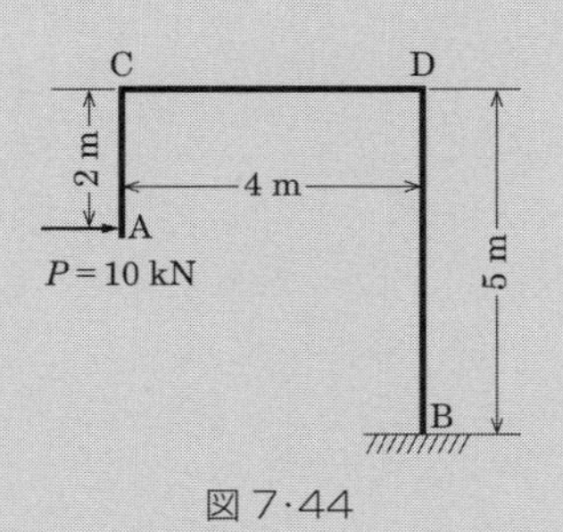

図 7･44

まとめ問題解答

1章 構造力学の基礎

〔問題 1〕

$$\Sigma H = 300 + 400 \times \cos 60^\circ = 500\ \mathrm{N}$$

$$\Sigma V = 400 \times \sin 60^\circ = 200\sqrt{3}\ \mathrm{N}$$

$$\therefore \quad R = \sqrt{(\Sigma H)^2 + (\Sigma V)^2} = \sqrt{500^2 + (200\sqrt{3})^2} = 608.3\ \mathrm{kN}$$

$$\tan\beta = \frac{\Sigma V}{\Sigma H} = \frac{200\sqrt{3}}{500} = 0.6928 \quad \therefore \quad \beta = 34^\circ 43'$$

〔問題 2〕

一般に 2 力の合成，とくに 2 力の作用線のなす角度が 90° 以上の場合は，次の式を用いると便利である．

$$R = \sqrt{P_1{}^2 + P_2{}^2 + 2P_1P_2\cos\alpha} = \sqrt{50^2 + 40^2 + 2 \times 50 \times 40 \times \cos 120^\circ}$$

$$= 45.83\ \mathrm{kN}$$

$$\tan\beta = \frac{P_2\sin\alpha}{P_1 + P_2\cos\alpha} = \frac{40 \times \sin 120^\circ}{50 + 40 \times \cos 120^\circ} = 1.155 \quad \therefore \quad \beta = 49^\circ 07'$$

〔問題 3〕

一つの力を x, y の 2 方向に分解するには，次の式を用いると便利である．

$$P_x = \frac{P\sin(\alpha - \beta)}{\sin\alpha} = \frac{50 \times \sin(120^\circ - 30^\circ)}{\sin 120^\circ} = 57.74\ \mathrm{kN}$$

$$P_y = \frac{P\sin\beta}{\sin\alpha} = \frac{50 \times \sin 30^\circ}{\sin 120^\circ} = 28.87\ \mathrm{kN}$$

〔問題 4〕

合力 R の大きな 60 kN，作用点は 50 kN より左へ 1.83 m 下向き．

〔問題 5〕

$$\Sigma H = 4 + 5 \times \cos 45^\circ - 2.5 \times \cos 30^\circ = 5.370\ \mathrm{kN}$$

$$\Sigma V = 5 \times \sin 45^\circ + 2.5 \times \sin 30^\circ = 4.785\ \mathrm{kN}$$

$$\therefore \quad R = \sqrt{(\Sigma H)^2 + (\Sigma V)^2} = \sqrt{5.370^2 + 4.785^2} = 7.193\ \text{kN}$$

$$\tan\beta = \frac{\Sigma V}{\Sigma H} = \frac{4.785}{5.370} = 0.8911 \qquad \therefore \quad \beta = 41^\circ 42'$$

〔問題 6〕

$$\Sigma V = P_A \sin 45^\circ - P_B \sin 30^\circ - 800 = 0$$

$$\Sigma H = -P_A \cos 45^\circ + P_B \cos 30^\circ = 0$$

$$P_B = P_A \times \frac{\cos 45^\circ}{\cos 30^\circ}$$

$$P_A \sin 45^\circ - P_A \times \frac{\cos 45^\circ}{\cos 30^\circ} \times \sin 30 = 800 \quad \therefore \quad P_A = 2\,677\ \text{N}$$（引張）

$$P_B = 2\,677 \times = \frac{\sqrt{6}}{3} = 2\,186\ \text{N}$$（引張）

〔問題 7〕

ひずみ度 $\varepsilon = \Delta l / l = 0.06/300 = 0.0002$

$$A = \frac{\pi d^2}{4} = \frac{3.14 \times 3^2}{4} = 7.07\ \text{cm}^2$$

$$\sigma = \frac{P}{A} = \frac{30\,000}{7.07} = 4\,240\ \text{N/cm}^2 = 4.24\ \text{kN/cm}^2 = 42.4\ \text{N/mm}^2$$

$$E = \frac{\sigma}{\varepsilon} = \frac{4.24}{0.0002} = 21\,200\ \text{kN/cm}^2 = 2.12 \times 10^5\ \text{N/mm}^2$$

〔問題 8〕

リベットの断面積 $A = 3.14 \times 2.2^2/4 = 3.80\ \text{cm}^2$

せん断応力度 $\tau = P/A = 15\,000/3.80 = 3\,950\ \text{N/cm}^2$

〔問題 9〕

$\tau = P/A = \tau_a$ とおいて，安全であるための必要なリベットの断面積を求めると $A = P/\tau_a = 350\,000/9\,800 = 35.7\ \text{cm}^2$ となる．

リベット 1 本の断面積は $3.80\ \text{cm}^2$ であるから，リベットの本数 n は，$n = 35.7/3.80 = 9.4$．よって，10 本必要である．

2章 はりの計算

〔問題 1〕

(a) $R_A = 60$ kN　$R_B = 70$ kN

$S_{AC} = 60$ kN　$S_{CD} = 40$ kN　$S_{DE} = -20$ kN

$S_{EB} = -R_B = -70$ kN

$M_A = 0$　$M_C = 60$ kN·m　$M_D = 180$ kN·m

$M_E = 140$ kN·m　$M_B = 0$

(b) $R_A = 120$ kN　$R_B = 160$ kN

$S_{AC} = 120$ kN　$S_{CD} = 80$ kN　$S_{EB} = -R_B = -160$ kN

$M_A = 0$　$M_C = 240$ kN·m　$M_D = 320$ kN·m

$M_E = 160$ kN·m　$M_B = 0$

〔問題 2〕

(a) $R_B = 230$ kN

$S_{AC} = -50$ kN　$S_B = -230$ kN

$M_A = 0$　$M_C = 100$ kN·m　$M_D = -170$ kN·m

$M_B = -550$ kN·m

(b) $R_A = 30$ kN　$R_B = 20$ kN

$S_{AC} = -10$ kN　$S_{EB} = -10$ kN　$S_{BD} = 10$ kN

せん断力 0 の点は支点 A から x の位置におけるせん断力 S_i を 0 とおくと

$S_i = -10 + 30 - 5x = 0$　∴　$x = 4$ m

$M_A = -30$ kN·m　$M_E = 0$　$M_B = -20$ kN·m

〔問題 3〕

支点 A から x の位置における曲げモーメント M_i を 0 とおくと

$M_i = -10 \times (3 + x) + 30 \times x - 5 \times x \times x/2 = 0$

$x = 2$ m，6 m

〔問題 4〕

(a) $R_A = 5$ kN　$R_D = 45$ kN　$R_B = 35$ kN

$S_{AE} = 5$ kN　$S_{ED} = -15$ kN　$S_{FG} = 10$ kN　$S_{GB} = -35$ kN

$M_A = 0$　$M_E = 15$ kN·m　$M_C = 0$　$M_D = -30$ kN·m

$M_F = 50$ kN·m　$M_G = 70$ kN·m　$M_B = 0$

(b) $R_A = 80$ kN　$R_B = 30$ kN　$R_C = 165$ kN　$R_D = 205$ kN

$S_{EC} = -80$ kN　$S_{CG} = 85$ kN　$S_{DH} = 50$ kN　$S_{HB} = -30$ kN

$M_A = 0$　$M_E = 0$　$M_C = -160$ kN·m　$M_G = 180$ kN·m

$M_D = -100$ kN·m　$M_F = 0$　$M_H = 150$ kN·m　$M_B = 0$

〔問題 5〕

(a) $S_i = -0.2 \times 30 - 0.4 \times 40 + 0.3 \times 20 = -16$ kN

$M_i = 1.0 \times 30 + 2.0 \times 40 + 1.5 \times 20 = 140$ kN·m

(b) $S_i = -(0.2 + 0.4) \times 2 \times \dfrac{1}{2} \times 20 + (0.6 + 0.4) \times 2 \times \dfrac{1}{2} \times 20 + 0.2 \times 40$

$= 16$ kN

$M_i = (1.2 + 2.4) \times 2 \times \dfrac{1}{2} \times 20 + (2.4 + 1.6) \times 2 \times \dfrac{1}{2} \times 20 + 0.8 \times 40$

$= 184$ kN·m

〔問題 6〕

(a) $S_i = 0.3 \times 40 - 0.4 \times 4 \times \dfrac{1}{2} \times 30 - 0.7 \times 100 - 0.4 \times 4 \times \dfrac{1}{2} \times 20$

$= 98$ kN

$M_i = -0.6 \times 40 + 0.8 \times 4 \times \dfrac{1}{2} \times 30 + 1.4 \times 100 - 3.2 \times 4 \times \dfrac{1}{2} \times 20$

$= 36$ kN·m

(b) $S_i = \dfrac{1}{8} \times 60 - \dfrac{1}{2} \times 100 - \dfrac{1}{4} \times 12 \times \dfrac{1}{2} \times 20 = -72.5$ kN

$M_i = -\dfrac{1}{2} \times 60 + 2 \times 100 - 3 \times 12 \times 20 = -550$ kN·m

〔問題 7〕

最大せん断力 $S_{i\,\max}$

前輪が断面 i 上のとき　$R/l = 70/10, P_1/d_1 = 14/4 < R/l$　満足しない.

前進して後輪が断面 i 上のとき　$R/l = 70/10$, $P_2/d_2 = 56/6 > R/l$　満足する.

よって，$S_{i\,\max} = 0.6 \times 56 = 33.6$ kN

最大曲げモーメント $M_{i\,\max}$

前輪が断面 i 上のとき

$R_1/x=0$　　$R/l=70/10$　　$(R_1+P_r)/x=14/4$

$\therefore$　$R_1/x<R/l>(R_1+P_r)/x$　　満足しない．

後輪が断面 i 上のとき

$R_1/x=14/4$　　$R/l=70/10$　　$(R_1+P_r)/x=70/4$

$\therefore$　$R_1/x<R/l(R_1+P_r)/x$

よって，$M_{i\ \max}=2.4\times 56=134$ kN·m

〔問題 8〕

絶対最大せん断力 $S_{ab\ \max}$

後輪が支点 B 上のときその点において生じる．

$S_{ab\ \max}=0.6\times 14+1\times 56=64.4$ kN

絶対最大曲げモーメント $M_{ab\ \max}$

はりの中央点より右 0.4 m に後輪が作用するとき，その断面に生じる．

$M_{ab\ \max}=0.14\times 4.6\times 14+0.46\times 5.4\times 56=148$ kN·m

3章　部材断面の性質

〔問題 1〕

底面に x 軸，前壁の鉛直面に y 軸をとり，擁壁断面を $A_1\sim A_7$ に分け，次表のように整理して計算する．

断面	寸　法〔m×m〕	断面積 A_i〔m²〕	x 軸からの距離 y_i〔m〕	y 軸からの距離 x_i〔m〕	x 軸に対する断面一次モーメント A_iy_i〔m³〕	y 軸に対する断面一次モーメント A_ix_i〔m³〕
A_1	0.3×0.4	1.20	3.20	0.15	3.84	0.18
A_2	0.3×4.0×1/2	0.60	2.53	0.40	1.52	0.24
A_3	1.2×1.0×1/2	0.60	0.53	−0.40	0.32	−0.24
A_4	1.2×0.2	0.24	0.10	−0.60	0.02	−0.14
A_5	0.6×1.2	0.72	0.60	0.30	0.43	0.22
A_6	1.8×1.0×1/2	0.90	0.53	1.20	0.48	1.08
A_7	1.8×0.2	0.36	0.10	1.50	0.04	0.54
合　計		$A=4.62$			$Q_x=6.65$	$Q_y=1.88$

x 軸および y 軸から図心までの距離 y_o，x_o は

$$y_o=\frac{Q_x}{A}=\frac{6.65}{4.62}=1.44\ \text{m}\qquad x_o=\frac{Q_y}{A}=\frac{1.88}{4.62}=0.41\ \text{m}$$

〔問題 2〕

図心の位置

$A = 20 \times 20 - 3.14 \times 10^2/4 = 400 - 78.5 = 322\ \mathrm{cm}^2$

$Q_y = 20 \times 20 \times 10 - 3.14 \times 10^2 \times 1/4 \times 15 = 2\,820\ \mathrm{cm}^3$

よって，nx 軸上 y 軸より右へ図心までの距離 x_o は

$x_o = 2\,820/322 = 8.76\ \mathrm{cm}$

図心軸に対する断面二次モーメント

$I_{nx} = 20 \times 20^3/12 - 3.14 \times 10^4/64 = 12\,800\ \mathrm{cm}^4$

$I_{ny} = (20 \times 20^3/12 + 20 \times 20 \times 1.22^2) - (3.14 \times 10^4/64 + 78.5 \times 6.22^2)$

$= 13\,900 - 3\,530 = 10\,370\ \mathrm{cm}^4$

〔問題 3〕

組み合わせたみぞ形鋼の図心軸に対する形面二次モーメント I_{nx}，I_{ny} は

$I_{nx} = 1\,950 \times 2 = 3\,900\ \mathrm{cm}^4$

$I_{ny} = \{168 + 31.33 \times (2.21 + x/2)^2\} \times 2 = 15.7x^2 + 138x + 642$

$I_{nx} = I_{ny}$ とおいて x を求めると $x = 10.7\ \mathrm{cm}$

〔問題 4〕

$I_x = (277 + 33.65 \times 7.26^2) \times 2 = 4\,630\ \mathrm{cm}^4$

$Z_x = 4\,630/10 = 463\ \mathrm{cm}^3$

$I_y = 2\,490 \times 2 = 4\,980\ \mathrm{cm}^3$

$Z_y = 4\,980/10 = 498\ \mathrm{cm}^3$

$\therefore\ Z_x < Z_y$　よって，y 軸を水平にしたときのほうが強い．

〔問題 5〕

ウェブの図心を通る x 軸に対する断面二次モーメントを次表のように計算し，これから I 形断面の図心を通る nx 軸に対する断面二次モーメント I_{nx} を求める．

断面寸法〔cm〕	断面積〔cm²〕	断面一次モーメント Q_x〔cm³〕	断面二次モーメント I_x〔cm⁴〕		
			$bh^3/12$	Ay_o^2	I_x
上フランジ（40×4）	160	160×32 =5 120	$\frac{40 \times 4^3}{12}$ =213	160×32^2 =163 840	164 053

ウェブ (1.2×60)	72	0	$\frac{1.2\times60^3}{12}$ $=21\ 600$	0	21 600
下フランジ (30×4)	120	120×(−32) =−3 840	$\frac{30\times4^3}{12}$ $=160$	120×(−32)² =122 880	123 040
計	352	1 280	21 973	286 720	308 693

x 軸から図心までの距離 y_o は

$y_o=Q_x/A=1\ 280/352=3.64\ \mathrm{cm}$

$I_{nx}=I_x-A_{yo}{}^2=308\ 693-352\times3.64^2=304\ 000\ \mathrm{cm}^4$

$I_{ny}=4\times40^3\times1/12+60\times1.2^3\times1/12+4\times30^3\times1/12=30\ 300\ \mathrm{cm}^4$

$Z_c=304\ 000/30.36=10\ 000\ \mathrm{cm}^3$

$Z_t=304\ 000/37.64=8\ 080\ \mathrm{cm}^3$

$i_x=\sqrt{304\ 000/352}=29.4\ \mathrm{cm}$

$i_y=\sqrt{34\ 300/352}=9.3\ \mathrm{cm}$

nx 軸に対する核点は

$K_c=8\ 080/352=23.0\ \mathrm{cm}$

$K_t=10\ 000/352=28.4\ \mathrm{cm}$

4章 はりの応力度と設計

〔問題 1〕

I 形断面の断面係数 $Z=\dfrac{I_n}{h/2}=\dfrac{1.096\times10^9}{25}=4.38\times10^6\ \mathrm{mm}^3$

$$\sigma=\sigma_c=\sigma_t=\frac{M}{Z}=\frac{500\times10^6}{4.38\times10^6}=114.2\ \mathrm{N/mm^2}$$

$$Q_n=40\times200\times230+40\times210\times210/2=2\ 722\times10^3\ \mathrm{mm}^3$$

$$\tau_{\max}=\frac{S\cdot Q}{I\cdot b}=\frac{180\ 000\times2\ 722\times10^3}{1.096\times10^9\times40}=11.18\ \mathrm{N/mm^2}$$

$$\tau_{\mathrm{mean}}=\frac{S}{A}=\frac{180\ 000}{40\times200\times2+40\times420}=5.49\ \mathrm{N/mm^2}$$

〔問題 2〕

$$Z_1 = \frac{bh^2}{6} = \frac{200 \times 100^2}{6} = 3.33 \times 10^5 \text{ mm}^3$$

$$\sigma_1 = \frac{M}{Z_1} = \frac{18 \times 10^6}{3.33 \times 10^5} = 54 \text{ N/mm}^2$$

$$Z_2 = \frac{bh^2}{6} = \frac{100 \times 200^2}{6} = 6.67 \times 10^5 \text{ mm}^3$$

$$\sigma_2 = \frac{M}{Z_2} = \frac{18 \times 10^6}{6.67 \times 10^5} = 27 \text{ N/mm}^2$$

$$Z_3 = \frac{I_n}{h/2} = \frac{9.17 \times 10^7}{6} = 9.17 \times 10^5 \text{ mm}^3$$

$$\sigma_3 = \frac{M}{Z_3} = \frac{18 \times 10^6}{9.17 \times 10^5} = 20 \text{ N/mm}^2$$

〔問題 3〕

$$I_n = 4.975 \times 10^9 \text{ mm}^4 \qquad Z = \frac{I_n}{h/2} = \frac{4.975 \times 10^9}{350} = 1.42 \times 10^7 \text{ mm}^3$$

$$\sigma_{\max} = \frac{M}{Z} = \frac{170 \times 10^6}{1.42 \times 10^7} = 11.97 \text{ N/mm}^2$$

$$Q_n = 300 \times 50 \times 325 + 2(50 \times 300 \times 300/2) = 9.375 \times 10^6 \text{ mm}^3$$

$$\tau_{\max} = \frac{S \cdot Q}{I \cdot b} = \frac{25 \times 10^3 \times 9.375 \times 10^6}{4.975 \times 10^9 \times 100} = 0.47 \text{ N/mm}^2$$

〔問題 4〕

$$Z = bh^2/6 = 100 \times 150^2/6 = 3.75 \times 10^5 \text{ mm}^3$$

$$M_r = \sigma_a \cdot Z = 8 \times 3.75 \times 10^5 = 3 \times 10^6 \text{ N·mm}$$

単位長さあたりの自重 w は

$$w = 8 \times 0.1 \times 0.15 = 0.12 \text{ kN/m} = 0.12 \text{ N/mm}$$

$$l^2 = 8\, M_r/w = 8 \times 3 \times 10^6/0.12 = 200 \times 10^6$$

$$\therefore l = 14.14 \times 10^3 \text{ mm} = 14.14 \text{ m}$$

〔問題 5〕

(1) $$M_{\max} = \frac{Pl}{4} + \frac{wl^2}{8} = \frac{100 \times 8}{4} + \frac{1.0 \times 8^2}{8} = 208 \text{ kN·m}$$

$$= 2.08 \times 10^8 \text{ N·mm}$$

(2)　$Z \leqq \dfrac{M_{\max}}{\sigma_a} = \dfrac{2.08 \times 10^8}{140} = 1.486 \times 10^6\ \text{mm}^3 = 1\,486\ \text{cm}^3$

(3)　$H = 400\ \text{mm}$　　$B = 150\ \text{mm}$　　$t_1 = 12.5\ \text{mm}$　　$t_2 = 25\ \text{mm}$

　このとき　$Z_x = 1\,580\ \text{cm}^3$　　$w' = 95.8\ \text{kg/m} = 0.940\ \text{kN/m} < w$

(4)　$M_r = \sigma_a \cdot Z = 140 \times 1\,580 \times 10^3 = 2.21 \times 10^8\ \text{N·mm} > M_{\max}$

$M_r > M_{\max}$　となり，よって安全である．

5章 柱

〔問題 1〕

$$\sigma_c = -\frac{P}{A} = -\frac{400\,000}{\pi \times 20^2/4} = 1\,273\ \text{N/cm}^2$$

$$\sigma_{ca} = \frac{\sigma_c}{s} = \frac{-1\,273}{3} = -424\ \text{N/cm}^2$$

〔問題 2〕

$$M_y = P \cdot e = 200\,000 \times 15 = 3\,000\,000\ \text{N·cm} \qquad Z = \frac{bh^2}{6} = 15\,000\ \text{cm}^3$$

$$\sigma_{AD} = -\frac{P}{A} + \frac{M}{Z} = \frac{200\,000}{36 \times 50} + \frac{3\,000\,000}{15\,000} = +88.9\ \text{N/cm}^2\ （引張）$$

$$\sigma_{BC} = -\frac{P}{A} - \frac{M}{Z} = -\frac{200\,000}{36 \times 50} - \frac{3\,000\,000}{15\,000} = -311\ \text{N/cm}^2\ （圧縮）$$

〔問題 3〕

$\sigma = -P/A = -120/20 = -6\ \text{kN/m}^2$

$M_x = 120 \times 1 = 120\ \text{kN·m}$　　$Z = bh^2/6 = 5 \times 4^2/6 = 13.3\ \text{m}^3$

$\sigma_{AB} = -M_x/Z = -120/13.3 = -9.02\ \text{kN/m}^2$

$\sigma_{CD} = +M_x/Z = +120/13.3 = +9.02\ \text{kN/m}^2$

$M_y = 120 \times 2 = 240\ \text{kN·m}$　　$Z = bh^2/6 = 4 \times 5^2/6 = 16.7\ \text{m}^3$

$\sigma_{AD} = +M_y/Z = +240/16.7 = +14.4\ \text{kN/m}^2$

$\sigma_{BC} = -M_y/Z = -240/16.7 = -14.4\ \text{kN/m}^2$

$\sigma_A = \sigma + \sigma_{AD} + \sigma_{AB} = -6 + 14.4 - 9.02 = -0.62\ \text{kN/m}^2$

$\sigma_B = \sigma + \sigma_{AB} + \sigma_{BC} = -6 - 9.02 - 14.4 = -29.42\ \text{kN/m}^2$

$\sigma_C = \sigma + \sigma_{BC} + \sigma_{CD} = -6 - 14.4 + 9.02 = -11.38\ \text{kN/m}^2$

$\sigma_D = \sigma + \sigma_{CD} + \sigma_{AD} = -6 + 9.02 + 14.4 = +17.42\ \mathrm{kN/m^2}$

〔問題 4〕

$i = \sqrt{I/A} = \sqrt{b^2/12} = \sqrt{10^2/12} = 2.89\ \mathrm{cm}$

細長比　$l/i = 250/2.89 = 86.5 < 100$

イ）　両端ヒンジの場合

$\sigma_{cr,a1} = 70 - 0.48(l/i) = 70 - 0.48 \times 86.51 = 28.48\ \mathrm{kgf/cm^2}$

$P_{cr,a1} = \sigma_{cr,a1} \times A = 28.48 \times 10^2 = 2\,848\ \mathrm{kgf} = 27.93\ \mathrm{kN}$

ロ）　一端固定，他端自由の場合

$l_r = 2l \qquad l_r/i = 500/2.89 = 173.01 > 100$

$$\sigma_{cr,a} = \frac{220\,000}{(l_r/i)^2} = \frac{220\,000}{173^2} = 7.35\ \mathrm{kgf/cm^2}$$

$P_{cr,a} = \sigma_{cr,a} \times A = 7.35 \times 10^2 = 735\ \mathrm{kgf} = 7.21\ \mathrm{kN}$

〔問題 5〕

巻末付録より　$I_x = 7\,870\ \mathrm{cm^4}$, $I_y = 379\ \mathrm{cm^4}$, $A = 61.60\ \mathrm{cm^2}$, $C_y = 22.8\ \mathrm{cm}$

$e = 300/2 - C_y = 150 - 22.8 = 127.2\ \mathrm{mm} = 12.72\ \mathrm{cm}$

$I_{nx} = 2 \times 7\,870 = 15\,740\ \mathrm{cm^4}$

$I_{ny} = 2(I_y + A \times e^2) = 2(379 + 61.9 \times 12.72^2) = 20\,788\ \mathrm{cm^4}$

$I_{nx} < I_{ny}$ より最小断面二次半径は i_{nx} である．

$$i_{nx} = \sqrt{\frac{I_{nx}}{2A}} = \sqrt{\frac{15\,740}{2 \times 61.9}} = 11.28\ \mathrm{cm}$$

細長比 $l/i_{nx} = 850/11.28 = 75.4 \qquad 20 < l/i < 93$

$$\sigma_{cr,a} = 1\,400 - 8.4\left(\frac{l}{i} - 20\right) = 1\,400 - 8.4(75.4 - 20) = 934.6\ \mathrm{kgf/cm^2}$$

$P_{cr,a} = \sigma_{cr,a} \times 2A = 934.6 \times 2 \times 61.90 = 115\,700\ \mathrm{kgf} = 1\,135\ \mathrm{kN}$

$P_{cr,a} > P_{cr} = 800\ \mathrm{kN}$　よって安全である．

〔問題 6〕

$i = \sqrt{I/A} = \mathrm{b}/\sqrt{12} \qquad \sigma_{cr,a} = 70 - 0.48(l/i)$

$P_{cr,a} = \sigma_{cr,a} \times A = \{70 - 0.48(\sqrt{12}/\mathrm{b}) \times l\} \times b^2$

$56\ \mathrm{kN} = 56\,000/9.806\,65 = 5\,714\ \mathrm{kgf}$

$5\,714 = (70 - 0.48 \times \sqrt{12} \times 400/b) \times b^2$

$70b^2 - 665.1b - 5\,714 = 0 \qquad b = 15$ cm

$l/i = 93 < 100$　よって　$b = 15$ cm（最小寸法）

6章 トラス

〔問題 1〕

$R_A = R_B 140$ kN　　$\sin\theta = 4/5$　　$\cos\theta = 3/5$

$$\begin{cases} \Sigma V = RA + \overline{D_1}\sin\theta = 0 & \overline{D_1} = -175 \text{ kN（圧縮）} \\ \Sigma H = \overline{L_1} + \overline{D_1}\cos\theta = 0 & \overline{L_1} = +105 \text{ kN（引張）} \end{cases}$$

$$\begin{cases} \Sigma V = \overline{D_1}\sin\theta + \overline{D_2}\sin\theta + 30 = 0 & \overline{D_2} = +137.5 \text{ kN（引張）} \\ \Sigma H = \overline{U_1} + \overline{D_2}\cos\theta - \overline{D_1}\cos\theta = 0 & \overline{U_1} = -187.5 \text{ kN（圧縮）} \end{cases}$$

$$\begin{cases} \Sigma V = -80 + \overline{D_2}\sin\theta + \overline{D_3}\sin\theta = 0 & \overline{D_3} = -37.5 \text{ kN（圧縮）} \\ \Sigma H = \overline{L_2} - \overline{L_1} + \overline{D_3}\cos\theta - \overline{D_2}\cos\theta = 0 & \overline{L_2} = +210 \text{ kN（引張）} \end{cases}$$

左右対称であるから答は次のようである．

$\overline{L_1} = \overline{L_3} = +105$ kN（引張）　　$\overline{L_2} = +210$ kN（引張）

$\overline{D_1} = \overline{D_6} = -175$ kN（圧縮）　　$\overline{D_2} = \overline{D_5} = +137.5$ kN（引張）

$\overline{D_3} = \overline{D_4} = -37.5$ kN（圧縮）　　$\overline{U_1} = \overline{U_2} = -187.5$ kN（圧縮）

〔問題 2〕

$R_A = R_B = 60$ kN　　$\sin\theta = 2/\sqrt{13}$　　$\cos\theta = 3/\sqrt{13}$

$$\begin{cases} \Sigma V = R_A + \overline{D_0}\sin\theta = 0 & \overline{D_0} = -108.2 \text{ kN} \\ \Sigma H = \overline{D_0}\cos\theta + \overline{L_0} = 0 & \overline{L_0} = +90 \text{ kN} \end{cases}$$

√13
2
θ
3

$$\begin{cases} \Sigma V = -\overline{D_0}\sin\theta + \overline{D_1}\sin\theta - \overline{D_2}\sin\theta - 4 = 0 \\ \Sigma H = \overline{D_0}\cos\theta + \overline{D_1}\cos\theta + \overline{D_2}\cos\theta = 0 \end{cases}$$

これを解いて，$\overline{D_2} = -36.1$ kN　　$\overline{D_1} = -72.1$ kN（$= \overline{D_3}$）

$\Sigma V = -4 - \overline{D_1}\sin\theta - \overline{D_3}\sin\theta - \overline{V_0} = 0 \qquad \overline{V_0} = +40$ kN

左右対称であるから答は次のようである．

$\overline{L_0} = \overline{L_1} = +90$ kN（引張）　　$\overline{D_0} = \overline{D_5} = -108.2$ kN（圧縮）

$\overline{D_1} = \overline{D_3} = -72.1$ kN（圧縮）　　$\overline{D_2} = \overline{D_4} = -36.1$ kN（圧縮）

$\overline{V_0} = +40$ kN（引張）

〔問題 3〕

$R_A = R_B = 60\ \text{kN} \qquad \cos\theta = 6/\sqrt{45} \qquad \sin\theta = 3/\sqrt{45}$

$$\begin{cases} \Sigma V = R_A + \overline{D_0}\sin\theta = 0 & \overline{D_0} = -134.2\ \text{kN} \\ \Sigma H = \overline{D_0}\cos\theta + \overline{L_0} = 0 & \overline{L_0} = +120\ \text{kN} \end{cases}$$

$$\begin{cases} \Sigma V = -40 - \overline{D_0}\sin\theta + \overline{D_1}\sin\theta - \overline{D_2}\cos\theta = 0 \\ \Sigma H = -\overline{D_0}\cos\theta + \overline{D_1}\cos\theta + \overline{D_2}\sin\theta = 0 \end{cases}$$

$\overline{D_1} = -116.3\ \text{kN} \qquad \overline{D_2} = -35.8\ \text{kN}$

$$\begin{cases} \Sigma V = \overline{D_2}\cos\theta + \overline{D_3}\cos\theta = 0 & \overline{D_3} = +35.8\ \text{kN} \\ \Sigma H = -\overline{L_0} + \overline{L_1} - \overline{D_2}\sin\theta + \overline{D_3}\sin\theta = 0 & \overline{L_1} = +88\ \text{kN} \end{cases}$$

左右対称であるから答は次のようである．

$\overline{D_0} = \overline{D_7} = -134.2\ \text{kN}$（圧縮）　$\overline{D_1} = \overline{D_4} = -116.3\ \text{kN}$（圧縮）

$\overline{D_2} = \overline{D_6} = -35.8\ \text{kN}$（圧縮）　$\overline{D_3} = \overline{D_5} = +35.8\ \text{kN}$（引張）

$\overline{L_0} = \overline{L_2} = +120\ \text{kN}$（引張）　$\overline{L_1} = +88\ \text{kN}$（引張）

〔問題 4〕

$R_A = R_B = 150\ \text{kN} \qquad \sin\theta = 4/5 \qquad \cos\theta = 3/5$

図 1 より

⓪-⓪断面において

$\Sigma V = R_A + \overline{L_0 U_1}\sin\theta = 0 \qquad \overline{L_0 U_1} = -187.5\ \text{kN}$

$\Sigma H = \overline{L_0 U_1}\cos\theta + \overline{L_0 L_1} = 0 \qquad \overline{L_0 L_1} = +112.5\ \text{kN}$

①-①断面において

$\Sigma V = R_A - \overline{U_1 L_1} = 0$

$\overline{U_1 L_1} = +150\ \text{kN}$

$\Sigma M_{L1} = 150 \times 3 + \overline{U_1 U_2} \times 4 = 0$

$\overline{U_1 U_2} = -112.5\ \text{kN}$

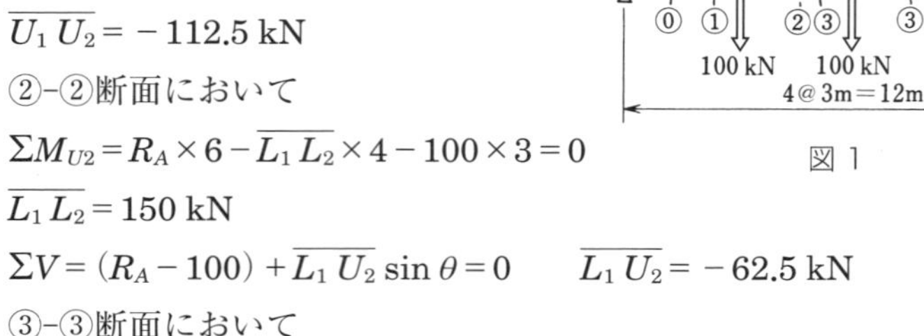

図 1

②-②断面において

$\Sigma M_{U2} = R_A \times 6 - \overline{L_1 L_2} \times 4 - 100 \times 3 = 0$

$\overline{L_1 L_2} = 150\ \text{kN}$

$\Sigma V = (R_A - 100) + \overline{L_1 U_2}\sin\theta = 0 \qquad \overline{L_1 U_2} = -62.5\ \text{kN}$

③-③断面において

$\Sigma V = \overline{L_2 U_2} - 100 = 0 \qquad \overline{L_2 U_2} = +100\ \text{kN}$

左右対称であるから答は次のようである.

$\overline{L_0 U_1} = \overline{L_4 U_3} = -187.5$ kN（圧縮）　$\overline{L_0 L_1} = \overline{L_3 U_4} = +112.5$ kN（引張）

$\overline{U_1 L_1} = \overline{U_3 L_3} = +150$ kN（引張）　$\overline{U_1 U_2} = \overline{U_2 U_3} = -112.5$ kN（圧縮）

$\overline{L_1 L_2} = \overline{L_2 L_3} = +150$ kN（引張）　$\overline{L_1 U_2} = \overline{L_3 U_2} = -62.5$ kN（圧縮）

$\overline{L_2 U_2} = +100$ kN（引張）

〔**問題 5**〕

$R_A = R_B = 150$ kN　　$\sin\theta = 4/5$　　$\cos\theta = 3/5$

図 2 より

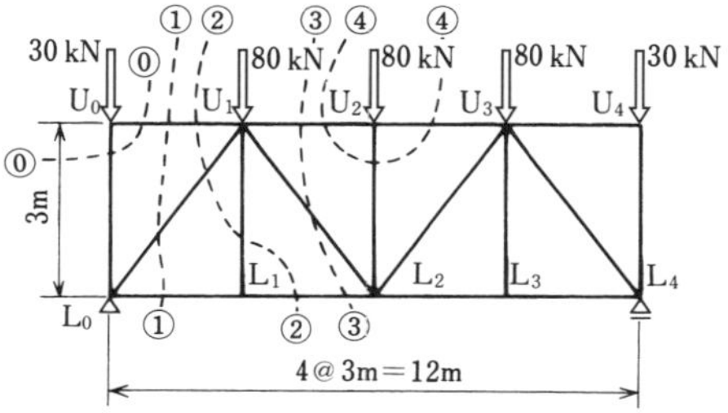

⓪-⓪断面において

$\Sigma V = -30 - \overline{U_0 L_0} = 0$

$\overline{U_0 L_0} = -30$ kN

①-①断面において

$\Sigma M_{L0} = \overline{U_0 U_1} \times 4 = 0$

$\overline{U_0 L_1} = 0$

図２

$\Sigma M_{L1} = R_A \times 3 + \overline{U_0 U_1} \times 4 - 30 \times 3 + \overline{L_0 U_1} \times 3 \times \sin\theta = 0$

$\overline{L_0 U_1} = -150$ kN

$\Sigma M_{L0} = -\overline{L_0 U_1} \times 4 - \overline{L_0 U_1} \times 3 \times \sin\theta = 0$　　$\overline{L_0 L_1} = +90$ kN

②-②断面において

$\Sigma V = \overline{L_1 U_1} + \overline{L_0 U_1} \sin\theta + R_A - 30 = 0$　　$\overline{L_1 U_1} = 0$

③-③断面において

$\Sigma M_{U1} = -\overline{L_1 L_2} \times 4 + R_A \times 3 - 30 \times 3 = 0$　$\overline{L_1 L_2} = +90$ kN

$\Sigma V = R_A - 30 - 80 - \overline{U_1 L_2} \sin\theta = 0$　　$\overline{U_1 L_2} = +50$ kN

$\Sigma M_{L1} = R_A \times 3 - 30 \times 3 + \overline{U_1 U_2} \times 4 + \overline{U_1 L_2} \times 3 \times \sin\theta = 0$

$\overline{U_1 U_2} = -60$ kN

④-④断面において

$\Sigma V = -80 - \overline{U_2 L_2} = 0$　　$\overline{U_2 L_2} = -80$ kN

左右対称であるから答は次のようである.

$\overline{U_0 L_0} = \overline{U_4 L_4} = -30$ kN（圧縮）　　$\overline{U_0 U_1} = \overline{U_3 U_4} = 0$

$\overline{L_0 U_1} = \overline{L_4 U_3} = -150$ kN（圧縮）　　$\overline{L_1 U_1} = \overline{L_3 L_3} = 0$

$\overline{L_0 L_1} = \overline{L_3 L_4} = +90$ kN（引張）　　$\overline{L_1 U_2} = \overline{L_2 U_3} = +90$ kN（引張）

$\overline{U_1 L_2} = \overline{U_3 L_2} = +50\ \mathrm{kN}$（引張）　$\overline{U_1 U_2} = \overline{U_2 U_3} = -60\ \mathrm{kN}$（圧縮）

$\overline{U2\,L2} = -80\ \mathrm{kN}$（圧縮）

〔問題 6〕

$R_A = R_B = 210\ \mathrm{kN}$

図 3 より

①-①断面において

$\Sigma M_F = R_A \times 6 - (40+100) \times 3 + \overline{U_2}\,h = 0$

$h = 12/\sqrt{10} = 3.8\ \mathrm{m}$

$\overline{U_2} = -221.1\ \mathrm{kN}$（圧縮）

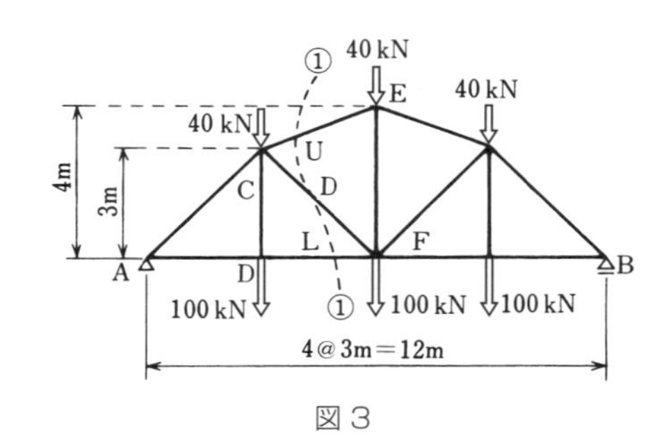

図３

図 4 より

$\Sigma M_0 = -R_A \times a + (40+100) \times (a+3) + \overline{D_2} \times b = 0$

$a = 6.0\ \mathrm{m}$　　$b = 8.5\ \mathrm{m}$　　$\overline{D_2} = 0$

$\Sigma M_C = R_A \times 3 - \overline{L_2} \times 3 = 0$

$\overline{L_2} = +210\ \mathrm{kN}$（引張）

ただし，図 4 から

CM/CE ＝ h/EF より

$3/\sqrt{10} = h/4$

$h = 12/\sqrt{10}$

OF/EF ＝ CM/ME より

$\mathrm{OF}/4 = 3/1$　　$\mathrm{OF} = 12$

$a = 12 - 6 = 6$

b/OF ＝ CD/CF より

$b = 36/\sqrt{18} = 8.5$

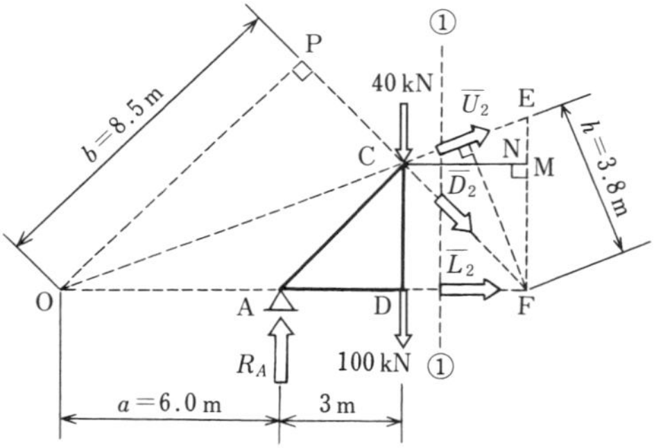

図４

7章 たわみと不静定ばり

〔問題 1〕

$R_A = 38.75\ \mathrm{kN}$　　$R_B = 41.25\ \mathrm{kN}$　　$M_C = 116.25\ \mathrm{kN \cdot m}$

$M_D = 82.5\ \mathrm{kN \cdot m}$

仮想荷重による支点反力 R_A'，R_B'

$R_A' = 2\,225/8 = 278.125\ \mathrm{kN \cdot m^2}$　　$R_B' = 276.875\ \mathrm{kN \cdot m^2}$

$$\theta_A=\frac{R_A'}{EI}=\frac{278.125\times10^3\times10^4}{2.06\times10^5\times10^2\times7\,310}=0.018\,47\ \text{rad}=1°03'30''$$

$$\theta_B=\frac{R_B'}{EI}=-\frac{276.875\times10^3\times10^4}{2.06\times10^5\times10^2\times7\,310}=-0.018\,39\ \text{rad}=-1°03'13''$$

仮想荷重による C，D 点の曲げモーメント M_C'，M_D'

$$M_C'=R_A'\times3-\frac{1}{2}\times3\times M_C\times\frac{1}{3}\times3=660\ \text{kN}\cdot\text{m}^3$$

$$M_D'=R_B'\times2-\frac{1}{2}\times2\times M_D\times2\times\frac{1}{3}=498.75\ \text{kN}\cdot\text{m}^3$$

$$y_C=\frac{M_C'}{EI}=\frac{660\times10^3\times(10^2)^3}{2.06\times10^5\times10^2\times7\,310}=4.38\ \text{cm}$$

$$y_D=\frac{M_D'}{EI}=\frac{498.75\times10^3\times(10^2)^3}{2.06\times10^5\times10^2\times7\,310}=3.31\ \text{cm}$$

〔問題 2〕

仮想荷重による支点反力 R_A'，R_B'

$$R_A'=R_B'=\frac{1}{2}\{a\times Pa+Pa(l-2a)\}=\frac{1}{2}Pa(l-a)$$

$$\theta_A=\frac{R_A'}{EI}\qquad\theta_B=\frac{R_B'}{EI}\qquad\theta_A=-\theta_B=\frac{Pa}{2EI}(l-a)$$

$$y_C=\frac{M_C'}{EI}=\frac{1}{EI}\left(R_A'\cdot a-\frac{1}{2}\times a\times Pa\times\frac{a}{3}\right)=\frac{Pa^2}{6EI}(3l-4a)$$

左右対称荷重だから $y_C=y_D$

$y_{\max}$ は，はり中央の点を E として仮想荷重による E 点曲げモーメント M_E'

$$M_E'=\frac{1}{2}Pa(l-a)\times\frac{l}{2}-\frac{1}{2}Pa\times a\times\left(\frac{l}{2}-\frac{2}{3}a\right)-(l-2a)\times Pa\times\frac{1}{2}$$

$$\times\frac{(l-2a)}{4}$$

$$y_{\max}=\frac{M_E'}{EI}=\frac{Pa}{24EI}(3l^2-4a^2)$$

〔問題 3〕

図 7·11 の考え方によって

$M_A=-3\times10=-30\ \text{kN}\cdot\text{m}\qquad I=bh^3/12=20\times30^3/12=45\,000\ \text{cm}^4$

曲げモーメント図の面積 $F = 30 \times 3 \times 1/2 = 45\ \mathrm{kN \cdot m^2}$

$$\theta_C = \theta_B = \frac{F}{EI} = \frac{45 \times 10^3 \times (10^2)^2}{6.86 \times 10^3 \times 10^2 \times 45\,000}$$

$$= 0.014\,58\ \mathrm{rad} = 50'07''$$

$$y_C = \frac{F \times 2}{EI} = \frac{45 \times 10^7 \times 2}{6.86 \times 10^3 \times 10^2 \times 45\,000}$$

$$= 0.029\ \mathrm{cm}$$

$$y_B = y_C + \overline{\mathrm{CB}} \tan \theta_C = y_C + \overline{\mathrm{CB}} \cdot \theta_{C,\,\mathrm{rad}}$$

$$= 0.029 + 100 \times 0.014\,58 = 1.487\ \mathrm{cm}$$

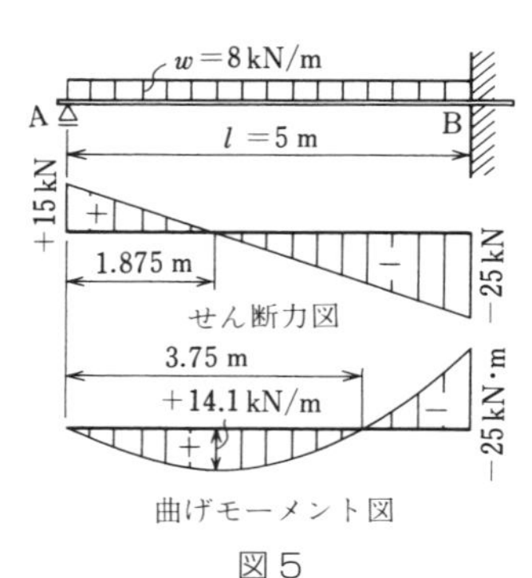

図 5

〔問題 4〕

$$M_B = -wl^2/8 = -8 \times 5^2/8 = -25\ \mathrm{kN \cdot m}$$

$$\Sigma M_B = R_A \cdot l - wl^2/2 - M_B = 0$$

$$R_A = \frac{1}{l}\left(M_B + \frac{wl^2}{2}\right) = \frac{1}{5}\left(-25 + \frac{8 \times 5^2}{2}\right) = 15\ \mathrm{kN}$$

$$\Sigma V = R_A + R_B - wl = 0$$

$$R_B = wl - R_A = 8 \times 5 - 15 = 25\ \mathrm{kN}$$

反曲点の計算

$M_i = R_A \cdot x - \dfrac{w}{2} x^2 = 15x - 4x^2 = 0$ とおいて

$x = 15/4 = 3.75\ \mathrm{m}$（支点 A から反曲点までの距離）

せん断力図，曲げモーメント図は，図 5 のとおり．

〔問題 5〕

支点曲げモーメント M_B の計算

3 連モーメント公式から

$$M_A \frac{l_1}{I_1} + 2M_B\left(\frac{l_1}{I_1} + \frac{l_2}{I_2}\right) + M_C \frac{l_2}{I_2} = -6\left(\frac{R_{B1}'}{I_1} + \frac{R_{B2}'}{I_2}\right)$$

$M_A = M_C = 0 \qquad I_1 = I_2 = I \qquad l_2 = 2l_1$ とおく．

$$M_B \cdot l_1 = -(R_{B1}' + R_{B2}') = \left(\frac{wl_1^3}{24} + \frac{Pl_1^2}{4}\right)$$

$$M_B = -\frac{1}{24}(wl_1^2 + 6Pl_1) = -\frac{1}{24}(15\,000 \times 3^2 + 6 \times 45\,000 \times 3)$$

$$= -39\,375\ \mathrm{N \cdot m}$$

BD 間において

$$M_i = \frac{P}{2x} - \frac{M_B}{2l_1}x + M_B$$

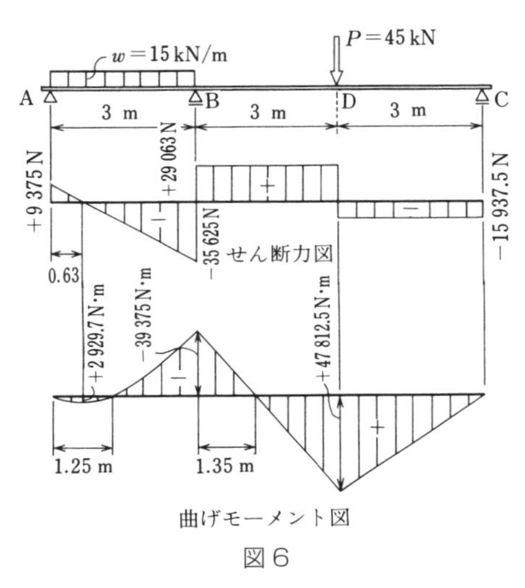

曲げモーメント図

図 6

$x=3$ とおいて　$M_D = 47\,812.5$ N·m

支点力の計算

$$R_A = R_{A1} + R_{A2} = \frac{wl_1}{2} + \frac{M_B}{l_1} = \frac{15\,000 \times 3}{2} - \frac{39\,375}{3} = 9\,375 \text{ N}$$

$$R_B = (R_{B1} + R_{B2}) + (R_{B1}{}' + R_{B2}{}') = \left(\frac{wl_1}{2} - \frac{M_B}{l_1}\right) + \left(\frac{P}{2} - \frac{M_B}{l_2}\right)$$

$$= \left(\frac{15\,000 \times 3}{2} + \frac{39\,375}{3}\right) + \left(\frac{45\,000}{2} + \frac{39\,375}{6}\right) = 64\,687.5 \text{ N}$$

$$R_C = R_{C1} + R_{C2} = \frac{P}{2} - \frac{M_B}{l_2} = \frac{45\,000}{2} - \frac{39\,375}{6} = 15\,937.5 \text{ N}$$

せん断力図，曲げモーメント図は，図 6 のとおり．

〔問題 6〕

支点曲げモーメントの計算

3 連モーメント公式から

AC 間　$M_A + 4M_B + M_C = -\dfrac{6}{l}(R_{B1}{}' + R_{B2}{}')$　より

$$4M_B + M_C = -\frac{wl_1}{2} \cdots\cdots① $$

BD 間　$M_B + 4M_C + M_D = -\dfrac{6}{l}(R_{C1}{}' + R_{C2}{}') = -\dfrac{wl_2}{2} \cdots\cdots②$

CE 間　$M_C + 4M_D + M_E = -\dfrac{6}{l}(R_{D1}{}' + R_{D2}{}')$　より

$$M_C + 4M_D = -\frac{wl_2}{2} \cdots\cdots③$$

①，②，③，より M_B，M_C，M_D を解いて

$$M_B = -\frac{3}{28}wl^2 = -\frac{3}{28} \times 1\,000 \times 5^2 = -2.679\ \mathrm{N \cdot m}$$

$$M_C = -\frac{1}{14}wl^2 = -\frac{1}{14} \times 1\,000 \times 5^2 = -1\,786\ \mathrm{N \cdot m}$$

$$M_D = -\frac{3}{28}wl^2 = -\frac{3}{28} \times 1\,000 \times 5^2 = -2\,679\ \mathrm{N \cdot m}$$

なお，$M_A = M_E = 0$

支点反力の計算

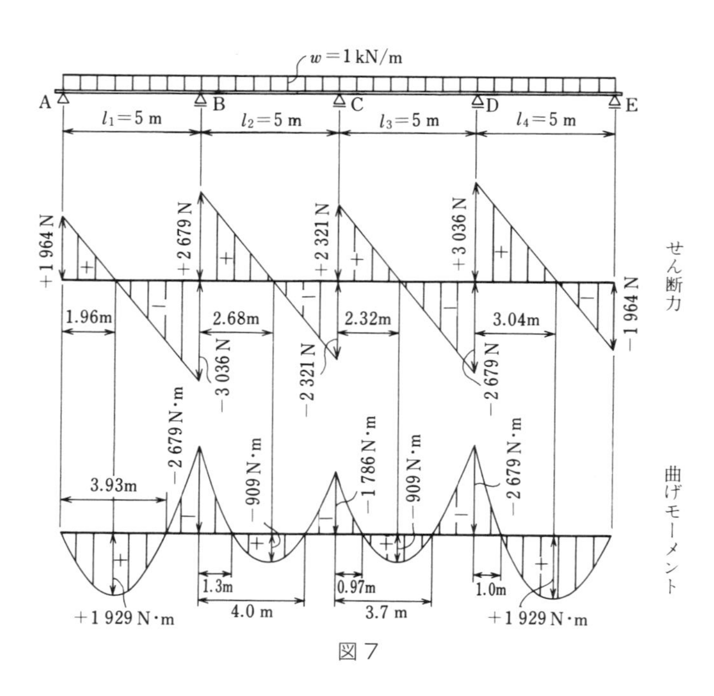

図 7

$$R_A = \frac{wl}{2} + \frac{M_B}{l} = \frac{11}{28}wl = \frac{11}{28} \times 1\,000 \times 5 = 1\,964\ \mathrm{N}$$

$$R_B = wl + \frac{M_C - 2M_B}{l} = \frac{8}{7}wl = \frac{8}{7} \times 1\,000 \times 5 = 5\,714\ \mathrm{N}$$

$$R_C = wl + \frac{M_B - 2M_C + M_D}{l} = \frac{13}{14}wl = \frac{13}{14} \times 1\,000 \times 5 = 4\,643\ \mathrm{N}$$

$$R_D = wl + \frac{M_C - 2M_d}{l} = \frac{8}{7}wl = \frac{8}{7} \times 1\,000 \times 5 = 5\,714\ \mathrm{N}$$

$$R_E = \frac{wl}{2} + \frac{M_D}{l} = \frac{11}{28}wl = \frac{11}{28} \times 1\,000 \times 5 = 1\,964\ \mathrm{N}$$

せん断力図，曲げモーメント図は，図７のとおり．

〔問題 7〕

反力

$\Sigma M_B = P \times 3 - M_B = 10 \times 3 - M_B = 0$

$\therefore M_B = 30\ \mathrm{kN \cdot m}$（反時計まわり）

$\Sigma V = R_B = 0$

$\therefore R_B = 0\ \mathrm{kN}$

$\Sigma H = P - H_B = 10 - H_B = 0$

$\therefore H_B = 10\ \mathrm{kN}$

せん断力

$S_{AC} = -P = -10\ \mathrm{kN}$

$S_{CD} = 0\ \mathrm{kN}$

$S_{DB} = P = 10\ \mathrm{kN}$

曲げモーメント

$M_A = 0\ \mathrm{kN \cdot m}$

$M_C = -P \times 2 = -10 \times 2 = -20\ \mathrm{kN \cdot m}$

$M_D = -P \times 2 = -10 \times 2 = -20\ \mathrm{kN \cdot m}$

$M_B = P \times 3 = 10 \times 3 \fallingdotseq 30\ \mathrm{kN \cdot m}$

軸方向力

$N_{AC} = 0\ \mathrm{kN}$

$N_{CD} = -P = -10\ \mathrm{kN}$

$N_{DB} = 0\ \mathrm{kN}$

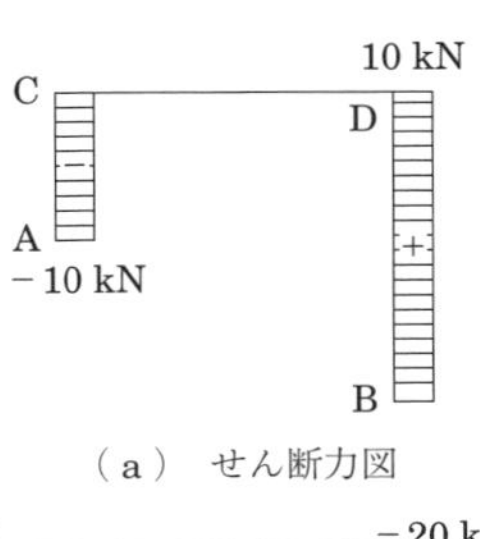

（a） せん断力図

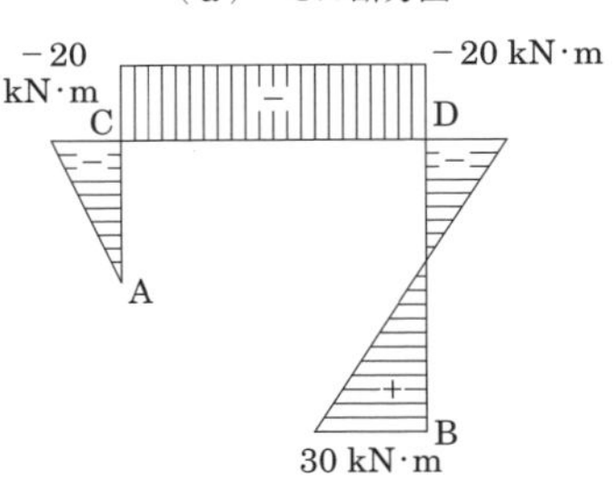

（b） 曲げモーメント図

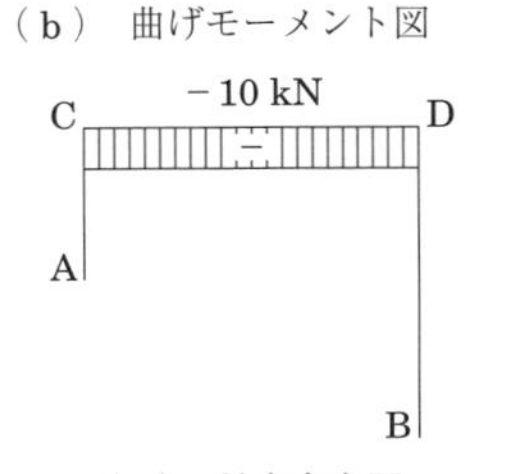

（c） 軸方向力図

図８

付　録

1. 力学使用記号

記号	名　称	記号	名　称
A	面　積	h	高　さ
N	軸方向応力	k	剛　比
E	弾性係数	l	長さ，支間
H	水平力	m	ポアソン数
V	鉛直力	i	断面二次半径
I	断面二次モーメント	t	厚さ，温度
M	力のモーメント，曲げモーメント	w	分布荷重
P	集中荷重	y	影響線縦距，たわみ
Q	断面一次モーメント	λ	節点距離
R	反力，合力	θ	たわみ角
S	せん断力	σ	応力度
T	引張応力	σ_a	許容応力度
C	圧縮応力	τ	せん断応力度
Z	断面係数	τ_a	許容せん断応力度
r	半径	ε	ひずみ度
d	厚さ，直径	ϕ	回転角，せん断ひずみ度
e	偏心距離	ν	ポアソン比

2. ギリシャ文字

大文字	小文字	呼び方	大文字	小文字	呼び方	大文字	小文字	呼び方
A	α	アルファ	I	ι	イオタ	P	ρ	ロー
B	β	ベータ	K	κ，$\varkappa$	カッパ	Σ	σ	シグマ
Γ	γ	ガンマ	Λ	λ	ラムダ	T	τ	タウ
Δ	δ	デルタ	M	μ	ミュー	Y	υ	ユプシロン
E	ε	エプシロン	N	ν	ニュー	Φ	φ，ϕ	ファイ
Z	ζ	ジータ	Ξ	ξ	クサイ	X	χ	カイ
H	η	イータ	O	o	オミクロン	Ψ	ψ	プサイ
Θ	ϑ，θ	シータ，テータ	Π	π	パイ	Ω	ω	オメガ

（JIS Z 8202_1978 による）

3. 無筋コンクリートの許容応力度

(1)　コンクリートの許容応力度は，一般に 28 日設計基準強度をもとにしてこれを定める.

(2)　無筋コンクリートの許容応力度は，下表の値とする.

無筋コンクリート許容応力度〔N/mm²〕

応力度の種類	許容応力度	備考
圧縮応力度	$\frac{\sigma_{ck}}{4} \leqq 5.5$	σ_{ck}：コンクリートの設計基準強度
曲げ引張応力度	$\frac{\sigma_{ck}}{80} \leqq 0.3$	
せん断応力度	$\frac{\sigma_{ck}}{100} + 0.16$	
支圧応力度	$0.3\,\sigma_{ck} \leqq 6.0$	

ただし，支承面を鉄筋で補強した場合の許容支圧応力度は 7 N/mm² まで高めてよい.

また，局部載荷の場合許容支圧応力度は式 (1) を用いて算出する.

$$\sigma_{ca} \leqq \left(0.25 + 0.05\frac{A_c}{A_b}\right)\sigma_{ck} \leqq 0.5\,\sigma_{ck} \cdots\cdots\cdots\cdots (1)$$

$$\leqq 12\ \mathrm{N/mm^2}$$

ただし，A_c：局部載荷の場合のコンクリート面の全面積〔mm²〕

　　　　A_b：局部載荷の場合の支圧を受けるコンクリート面の面積〔mm²〕

【解　説】

補修工事等，短期間を対象とする場合は，既設コンクリートの試験値から許容応力を別途定めてもよい．ただし，著しくクラックなどの損傷を受けている場合は適用しないものとする.

4. 鉄筋コンクリートの許容応力度

(1) 大気中で施工する鉄筋コンクリート部材

1) コンクリートの許容圧縮応力度および許容せん断応力度は下表の値によるものを原則とする.

コンクリートの許容圧縮応力度および許容せん断応力度 〔N/mm²〕

応力度の種類 ＼ コンクリートの設計基準強度(σ_{ck})		21	24	27	30
圧縮応力度	曲げ圧縮応力度	7	8	9	10
	軸圧縮応力度	5.5	6.5	7.5	8.5
せん断応力度	コンクリートのみでせん断を負担する場合(τ_{a1})	0.22	0.23	0.24	0.25
	斜引張鉄筋と共同して負担する場合(τ_{a2})	1.6	1.7	1.8	1.9

2) コンクリートの許容付着応力度は，直径 51 mm 以下の鉄筋に対して次の値とする.

コンクリートの許容付着応力度 〔N/mm²〕

鉄筋の種類 ＼ コンクリートの設計基準強度(σ_{ck})	21	24	27	30
普通丸鋼	0.7	0.8	0.85	0.9
異形棒鋼	1.4	1.6	1.7	1.8

3) コンクリートの許容曲げ圧縮応力度は，下表の値とする.

コンクリートの許容曲げ圧縮応力度 〔N/mm²〕

構造物の代表例	設計基準強度 σ_{ck}	許容曲げ圧縮応力度 σ'_{ca}
擁壁，覆道，カルバート	24	$\sigma_{ck}/3=8.0$
深礎ぐい	24	$(\sigma_{ck}\times 0.9)/3 = 7.0$

(備考) 深礎杭は，大気中でコンクリートの打込みができる場合であるが，狭い孔内作業であり，施工管理，検査が地上の構造物に比べむずかしいので，許容応力度を 90%に低減したものである.

(2) 杭基礎の場合のフーチングコンクリートの許容押抜きせん断応力度

杭基礎の場合のフーチングコンクリートの許容押抜きせん断応力度

	設計基準強度　σ_{ck}〔N/mm²〕				
	18	21	24	30	40 以上
スラブの場合※	0.8	0.85	0.9	1.0	1.1

※　押抜きせん断に対する値である．

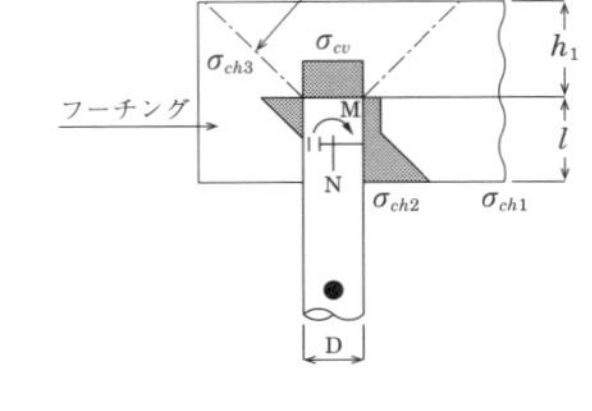

コンクリートの許容支圧応力度は，式（2）により算出した値とする．

$$\sigma'_{ba} \leqq \left(0.25 + 0.05\frac{A_c}{A_b}\right)\sigma_{ck} \cdots\cdots\cdots\cdots \quad (2)$$

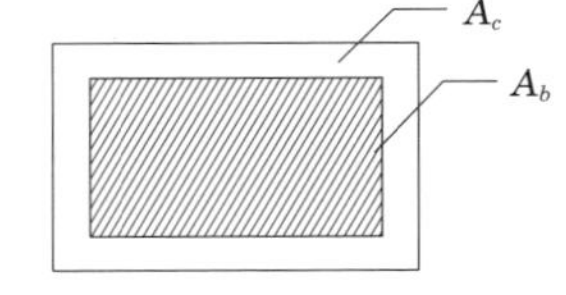

局部載荷の場合の支圧応力度

ただし，$\sigma_{ba} \leqq 0.5\,\sigma_{ck}$

σ_{ba}：コンクリートの許容支圧応力度〔N/mm²〕

A_c：局部載荷の場合のコンクリート面の全面積〔mm²〕

A_b：局部載荷の場合の支圧を受けるコンクリート面の面積〔mm²〕

σ_{ck}：コンクリートの設計基準強度〔N/mm²〕

注）　現場吹付のり枠工の許容応力度については，「のり枠工の設計・施工指針」（改訂版）（社）全国特定法面保護協会（H18.11）によるものとする．

【解　説】

（1）　水中で施工する鉄筋コンクリート部材について

水中で施工する鉄筋コンクリート部材のうち場所打ち杭のコンクリートの許容応力度は表の値とする．ただし，コンクリートの配合は単位セメント量 350 kg/m³ 以上，水セメント比 55％以下，スランプ 15〜21 cm とし，標準供試体の 28 日圧縮強度は 30 N/mm² 以上でなければならない．

水中で施工する場所打ち杭のコンクリート許容応力度〔N/mm²〕

コンクリートの呼び強度		30	36	40
水中コンクリートの設計基準強度		24	27	30
圧縮応力度	曲げ圧縮応力度	8	9	10
	軸圧縮応力度	6.5	7.5	8.5
せん断応力度	コンクリートのみでせん断力を負担する場合（τ_{a1}）	0.23	0.24	0.25
	斜引張鉄筋と協同して負担する場合（τ_{a2}）	1.7	1.8	1.9
付着応力度	異形棒鋼に対して	1.2	1.3	1.4

5. 鉄筋の許容応力度

鉄筋の許容応力度は，以下によることを標準とする．

(1)　鉄筋の許容応力度は，直径 51 mm 以下の鉄筋に対して下表の値とする．

鉄筋の許容応力度〔N/mm²〕

<table>
<tr><td colspan="3">鉄筋の種類
応力度，部材の種類</td><td>SD345</td></tr>
<tr><td rowspan="4">引張応力度</td><td rowspan="2">荷重の組合せに衝突荷重あるいは地震の影響を含まない場合</td><td>一部の部材[注1)]</td><td>180</td></tr>
<tr><td>厳しい環境下の部材[注2)]</td><td>160</td></tr>
<tr><td colspan="2">荷重の組合せに衝突荷重あるいは地震の影響を含む場合の許容応力度の基本値</td><td>200</td></tr>
<tr><td colspan="2">鉄筋の重ね継手長あるいは定着長を算出する場合</td><td>200</td></tr>
<tr><td colspan="3">圧縮応力度</td><td>200</td></tr>
</table>

注 1)　通常の環境や常時水中，土中の場合．
注 2)　一般の環境と比べて乾湿の繰り返しが多い場合や有害な物質を含む地下水位以下の土中の場合．（海洋環境などでは別途かぶりなどについて考慮する．）
注 3)　現場吹付のり枠工の許容応力度については，「のり枠工の設計・施工指針」（改訂版）全国特定法面保護協会（H18.11）によるものとする．

(2)　ガス圧接継手の許容応力度は十分な管理を行う場合，母材の許容応力度と同等としてよい．

(3)　鉄筋と他の鋼材とのアーク溶接によるすみ肉溶接部の許容せん断応力度は，右表の値とする．

アーク溶接によるすみ肉溶接部の許容応力度〔N/mm²〕

鉄筋の種類 溶接の種類	SD345
工　場　溶　接	105
現　場　溶　接	上記の 90%

ただし，鉄筋よりも強度の劣る鋼材と接合する場合の許容せん断応力度は，鋼材の許容せん断応力度を用いるものとする．

【解　説】

鉄筋の許容応力度については，「道路土工，擁壁工指針」（日本道路協会　平成 24 年）「道路土工　カルバート工指針」（日本道路協会　平成 22 年）によった．

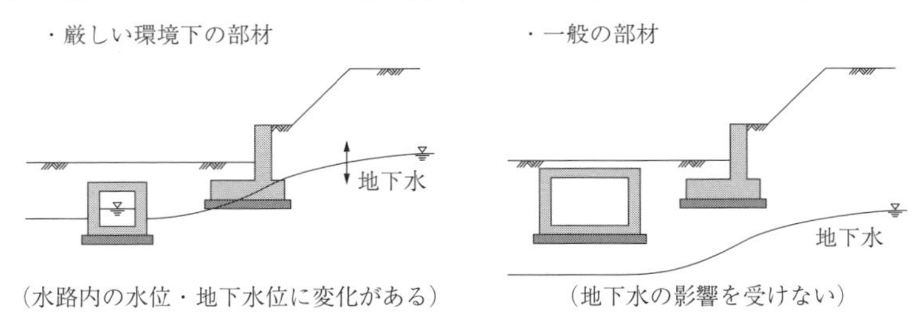

（水路内の水位・地下水位に変化がある）　（地下水の影響を受けない）

6. I形鋼の形状・寸法および重量

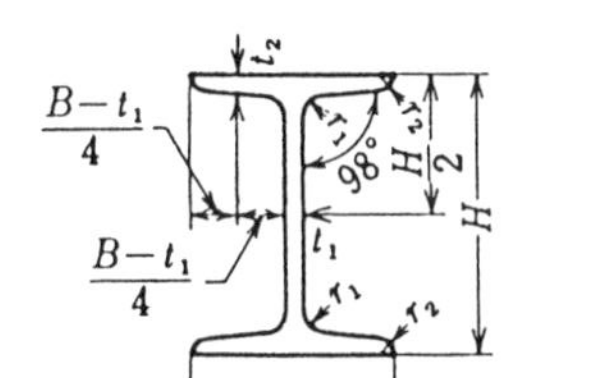

断面二次モーメント　$I=ai^2$

断　面　二　次　半　径　$i=\sqrt{I/a}$

断　　面　　係　　数　$Z=I/e$

a：断面積

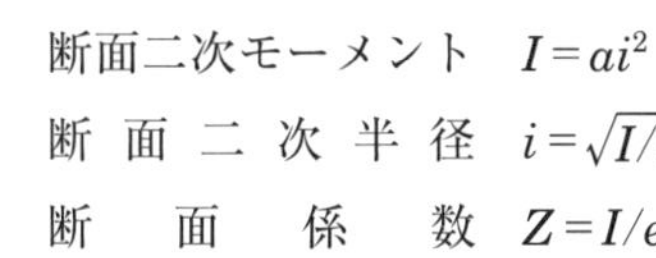

寸法〔mm〕					断面積〔cm²〕	単位質量〔kg/m〕	重心の位置〔cm〕		断面二次モーメント〔cm⁴〕		断面二次半径〔cm〕		断面係数〔cm³〕	
$H\times B$	t_1	t_2	r_1	r_2			C_x	C_y	I_x	I_y	i_x	i_y	Z_x	Z_y
200×150	9	16	15	7.5	64.16	50.4	0	0	4 460	753	8.34	3.43	446	10.0
250×125	7.5	12.5	12	6	48.79	38.3	0	0	5 180	337	10.3	2.63	414	53.9
250×125	10	19	21	10.5	70.73	55.5	0	0	7 310	538	10.2	2.76	585	86.0
300×150	8	13	12	6	61.58	48.3	0	0	9 800	588	12.4	3.09	632	78.4
300×150	10	18.5	19	9.5	83.47	65.5	0	0	12 700	886	12.0	3.26	849	118
300×150	11.5	22	23	11.5	97.88	76.8	0	0	14 700	1 080	12.2	3.32	978	143
350×150	9	15	13	6.5	74.58	58.5	0	0	15 200	702	14.3	3.07	870	93.5
350×150	12	24	25	12.5	111.1	87.2	0	0	22 400	1 180	14.2	3.26	1 280	158
400×150	10	18	17	8.5	91.73	72.0	0	0	24 100	864	16.2	3.07	1 200	115
400×150	12.5	25	27	13.5	122.1	95.8	0	0	31 700	1 240	16.1	3.18	1 580	165
450×175	11	20	19	9.5	116.8	91.7	0	0	39 200	1 510	18.3	3.60	1 740	173
450×175	13	26	27	13.5	146.1	115	0	0	48 800	2 020	18.3	3.72	2 170	231
600×190	13	25	25	12.5	169.4	133	0	0	98 400	2 460	24.1	3.81	3 280	259
600×190	16	35	38	19	224.5	176	0	0	130 000	3 540	24.1	3.97	4 330	373

（JIS G 3192-1990 による）

7. みぞ形鋼の形状・寸法および重量

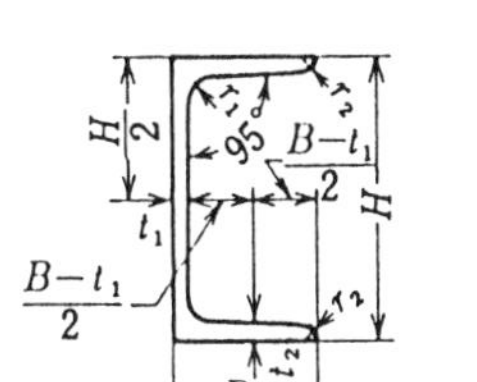

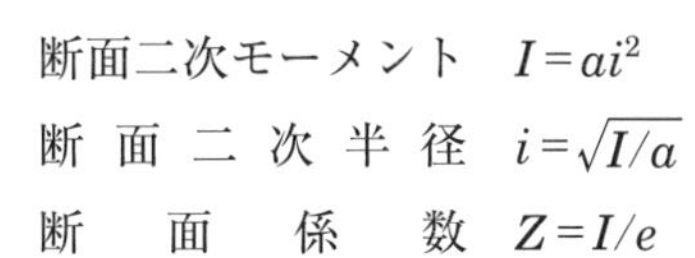

断面二次モーメント　$I=ai^2$

断　面　二　次　半　径　$i=\sqrt{I/a}$

断　　面　　係　　数　$Z=I/e$

a：断面積

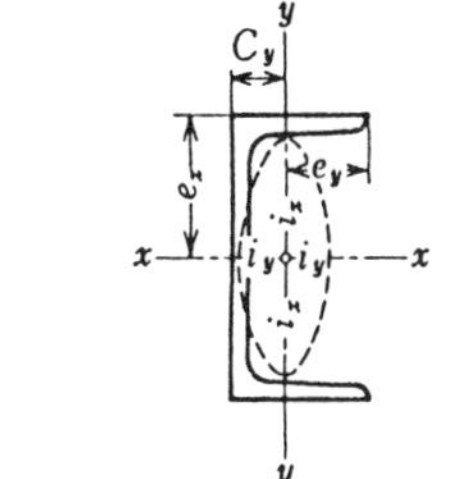

寸　法〔mm〕					断面積〔cm²〕	単位質量〔kg/m〕	重心の位置〔cm〕		断面二次モーメント〔cm⁴〕		断面二次半径〔cm〕		断面係数〔cm³〕	
$H\times B$	t_1	t_2	r_1	r_2			C_x	C_y	I_x	I_y	i_x	i_y	Z_x	Z_y
200×80	7.5	11	12	6	31.33	24.6	0	2.21	1 950	168	7.88	2.32	195	29.1
200×90	8	13.5	14	7	38.65	30.3	0	2.74	2 490	277	8.02	2.68	249	44.2
250×90	9	13	14	7	44.07	34.6	0	2.40	4 180	294	9.74	2.58	334	44.5
250×90	11	14.5	17	8.5	51.17	40.2	0	2.40	4 680	329	9.56	2.54	374	49.9
300×90	9	13	14	7	48.57	38.1	0	2.22	6 440	309	11.5	2.52	429	45.7
300×90	10	15.5	19	9.5	57.74	43.8	0	2.34	7 410	360	11.5	2.54	494	54.1
300×90	12	16	19	9.5	61.90	48.6	0	2.28	7 870	379	11.3	2.48	525	56.4
380×100	10.5	16	18	9	63.69	54.5	0	2.41	14 500	535	14.5	2.78	763	70.5
380×100	13	16.5	18	9	78.96	62.0	0	2.33	15 600	565	14.1	2.67	823	73.6
380×100	13	20	24	12	85.71	67.3	0	2.54	17 600	655	14.3	2.76	926	87.8

（JIS G 3192-1990 による）

8. H 形鋼の形状・寸法および重量

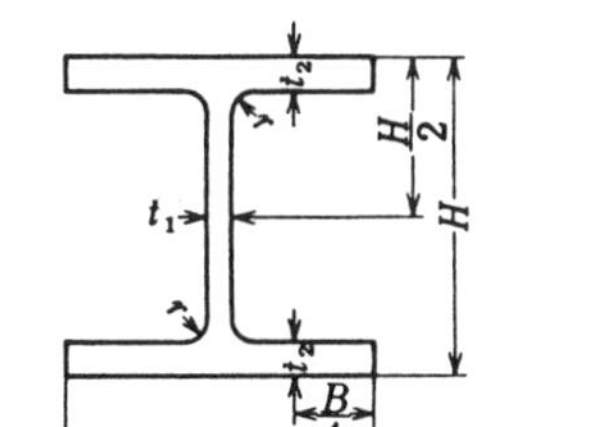

断面二次モーメント　$I=ai^2$

断面二次半径　$i=\sqrt{I/a}$

断面係数　$Z=I/e$

a：断面積

寸法〔mm〕				断面積〔cm²〕	単位質量〔kg/m〕	断面二次モーメント〔cm⁴〕		断面二次半径〔cm〕		断面係数〔cm³〕	
$H\times B$	t_1	t_2	r			I_x	I_y	i_x	i_y	Z_x	Z_y
500×200	10	16	20	114.2	89.6	47 800	2 140	20.5	4.33	1 910	214
596×199	10	15	22	120.5	94.6	68 700	1 980	23.9	4.05	2 310	199
600×200	11	17	22	134.4	106	77 600	2 280	24.0	4.12	2 590	228
606×201	12	20	22	152.5	120	90 400	2 720	24.3	4.22	2 980	271
582×300	12	17	28	174.5	137	103 000	7 670	24.3	6.63	3 530	511
588×300	12	20	28	192.5	151	118 000	9 020	24.8	6.85	4 020	601
692×300	13	20	28	211.5	166	172 000	9 020	28.6	6.53	4 980	602
700×300	13	24	28	235.5	185	201 000	10 800	29.3	6.78	5 760	722
792×300	14	22	28	243.4	191	254 000	9 930	32.3	6.39	6 410	662
800×300	14	26	28	267.4	210	292 000	11 700	33.0	6.62	7 290	782
890×299	15	23	28	270.9	213	345 000	10 300	35.7	6.16	7 760	688
900×300	16	28	28	309.8	243	411 000	12 600	36.4	6.39	9 140	843
912×302	18	34	28	364.0	286	498 000	15 700	37.0	6.56	10 900	1 040

（JIS G 3192-1990 による）

9. 等辺山形鋼の形状・寸法および重量

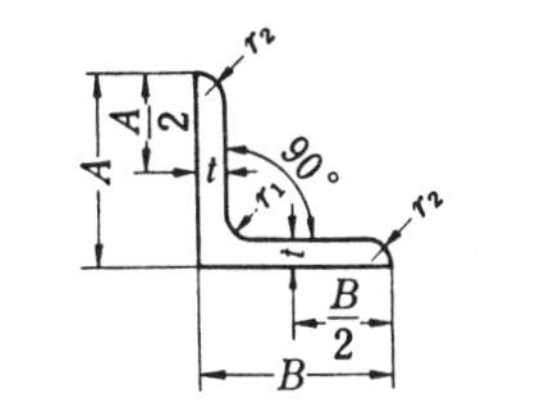

断面二次モーメント　$I=ai^2$

断面二次半径　$i=\sqrt{I/a}$

断面係数　$Z=I/e$

a：断面積

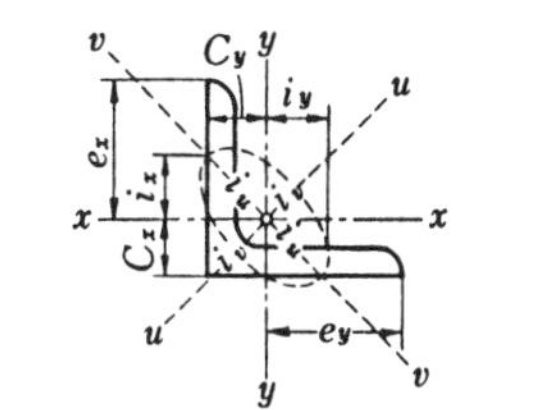

寸法〔mm〕			断面積〔cm²〕	単位質量〔kg/m〕	重心の位置〔cm〕		断面二次モーメント〔cm⁴〕				断面二次半径〔cm〕				断面係数〔cm³〕	
$A\times B\times t$	r_1	r_2			C_x	C_y	I_x	I_y	最大 I_u	最小 I_v	i_x	i_y	最大 i_u	最小 i_v	Z_x	Z_y
75×75×9	8.5	6	12.69	9.96	2.17	2.17	64.4	64.4	102	26.7	2.25	2.25	2.84	1.45	12.1	12.1
75×75×12	8.5	6	16.56	13.0	2.29	2.29	81.9	81.9	129	34.5	2.22	2.22	2.79	1.44	15.7	15.7
90×90×10	10	7	17.00	13.3	2.57	2.57	125	125	199	51.7	2.71	2.71	3.42	1.74	19.5	19.5
90×90×13	10	7	21.71	17.0	2.69	2.69	156	156	248	65.3	2.68	2.68	3.38	1.73	24.8	24.8
100×100×10	10	7	19.00	14.9	2.82	2.82	175	175	278	72.0	3.04	3.04	3.83	1.95	24.4	24.4
100×100×13	10	7	24.31	19.1	2.94	2.94	220	220	348	91.1	3.00	3.00	3.78	1.94	31.1	31.1
130×130×9	12	6	22.74	17.9	3.53	3.53	366	366	583	150	4.01	4.01	5.06	2.57	38.7	38.7
130×130×12	12	8.5	29.76	23.4	3.64	3.64	467	467	743	192	3.96	3.96	5.00	2.54	49.9	49.9
130×130×15	12	8.5	36.75	28.8	3.76	3.76	568	568	902	234	3.93	3.93	4.95	2.53	61.5	61.5
150×150×12	14	7	34.77	27.3	4.14	4.14	740	740	1 180	304	4.61	4.61	5.82	2.96	68.1	68.1
150×150×15	14	10	42.74	33.6	4.24	4.24	888	888	1 410	365	4.56	4.56	5.75	2.92	82.6	82.6
150×150×19	14	10	53.38	41.9	4.40	4.40	1 090	1 090	1 730	451	4.52	4.52	5.69	2.91	103	103
200×200×15	17	12	57.75	45.3	5.46	5.46	2 180	2 180	3 470	891	6.14	6.14	7.75	3.93	150	150
200×200×20	17	12	76.00	59.7	5.67	5.67	2 820	2 820	4 490	1 160	6.09	6.09	7.68	3.90	197	197
200×200×25	17	12	93.75	73.6	5.86	5.86	3 420	3 420	5 420	1 410	6.04	6.04	7.61	3.88	242	242

（JIS G 3192－1990 による）

10. 不等辺山形鋼の形状・寸法および重量

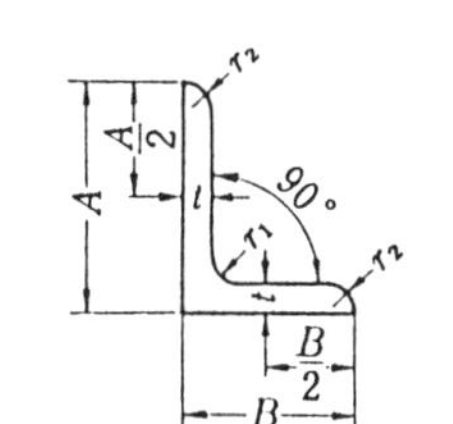

断面二次モーメント　$I = ai^2$

断 面 二 次 半 径　$i = \sqrt{I/a}$

断　面　係　数　$Z = I/e$

a：断面積

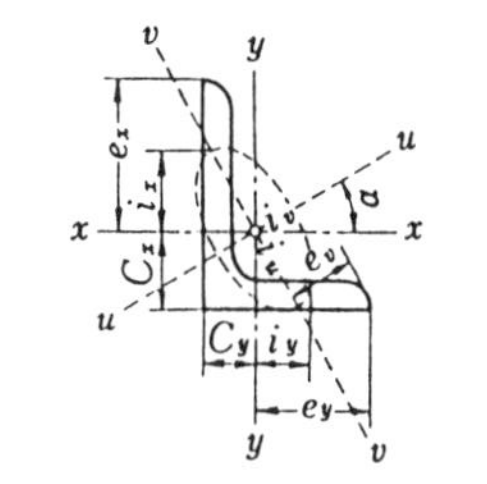

寸法〔mm〕			断面積〔cm²〕	単位質量〔kg/m〕	重心の位置〔cm〕		断面二次モーメント〔cm⁴〕				断面二次半径〔cm〕				$\tan\alpha$	断面係数〔cm³〕	
$A \times B \times t$	r_1	r_2			C_x	C_y	I_x	I_y	最大 I_u	最小 I_v	i_x	i_y	最大 i_u	最小 i_v		Z_x	Z_y
90×75×9	8.5	6	14.04	11.0	2.75	2.00	109	68.1	143	34.1	2.78	2.20	3.19	1.56	0.676	17.4	12.4
100×75×7	10	5	11.87	9.32	3.06	1.83	118	56.9	144	30.8	3.15	2.19	3.49	1.61	0.548	17.0	10.0
100×75×10	10	7	16.50	13.0	3.17	1.94	159	76.1	194	41.3	3.11	2.15	3.43	1.58	0.543	23.3	13.7
125×75×7	10	5	13.62	10.7	4.10	1.64	219	60.4	243	36.4	4.01	2.11	4.23	1.64	0.362	26.1	10.3
125×75×10	10	7	19.00	14.9	4.22	1.75	299	80.8	330	49.0	3.96	2.06	4.17	1.61	0.357	36.1	14.1
125×75×13	10	7	24.31	19.1	4.35	1.87	376	101	415	61.9	3.93	2.04	4.13	1.60	0.352	46.1	17.9
125×90×10	10	7	20.50	16.1	3.95	2.22	318	138	380	76.2	3.94	2.59	4.30	1.93	0.505	37.2	20.3
125×90×13	10	7	26.26	20.6	4.07	2.34	401	173	477	96.3	3.91	2.57	4.26	1.91	0.501	47.5	25.9
150×90×9	12	6	20.94	16.4	4.95	1.99	485	133	537	80.4	4.81	2.52	5.06	1.96	0.361	48.2	19.0
150×90×12	12	8.5	27.36	21.5	5.07	2.10	619	167	685	102	4.76	2.47	5.00	1.93	0.357	62.3	24.3
150×100×9	12	6	21.84	17.1	4.76	2.30	502	181	579	104	4.79	2.88	5.15	2.18	0.439	49.1	23.5
150×100×12	12	8.5	28.56	22.4	4.88	2.41	642	228	738	132	4.74	2.83	5.09	2.15	0.435	63.4	30.1
150×100×15	12	8.5	35.25	27.7	5.00	2.53	782	276	897	161	4.71	2.80	5.04	2.14	0.431	78.2	37.0

（JIS G 3192-1990 による）

参考文献

1） 大槻義彦著：力・作用・反作用力，共立出版，1988
2） 広井禎著：力学は宇宙船に乗って，コロナ社，1989
3） 町田輝史著：図解材料強さ学の学び方，オーム社，1981
4） 高橋慶夫著：構造はむずかしくない，井上書院，1976
5） 小西一郎他著：構造力学，丸善，1951
6） 奥津敏著：楽しく学ぶ構造力学，彰国社，1991
7） 成岡昌太，内海達雄，山之内繁夫著：土木応用力学，実教出版，1975
8） 田中武一著：建物とストレスの話，井上書院，1986

索引

ア行

カ行

サ行

タ行

ナ行

ハ行

マ行

ヤ行

ラ行

ワ行

〈監修者略歴〉
粟津清蔵（あわづ　せいぞう）
昭和19年　日本大学工学部卒業
昭和33年　工学博士
現　　在　日本大学名誉教授

〈著者略歴〉
石川　敦（いしかわ　あつし）
昭和31年　日本大学理工学部卒業
昭和62年　山形県立米沢工業高等学校教頭
平成5年　山形県立産業技術短期大学校
非常勤講師

絵とき　構造力学

2015年8月25日　第1版第1刷発行
2021年5月10日　第1版第6刷発行

著　者　石川　敦
発行者　村上和夫
発行所　株式会社オーム社
郵便番号　101-8460
東京都千代田区神田錦町3-1
電話　03(3233)0641(代表)
URL https://www.ohmsha.co.jp/

印刷・製本　三美印刷
ISBN978-4-274-21779-1　Printed in Japan